21世纪高等教育计算机规划教材

Linux 编程基础

Linux Fundamentals

李养群 王攀 周梅 编著

人民邮电出版社

北　京

图书在版编目（CIP）数据

Linux编程基础 / 李养群，王攀，周梅编著．－－北京：人民邮电出版社，2015.2
21世纪高等教育计算机规划教材
ISBN 978-7-115-38059-3

Ⅰ．①L… Ⅱ．①李… ②王… ③周… Ⅲ．①Linux操作系统－程序设计－高等学校－教材 Ⅳ．①TP316.89

中国版本图书馆CIP数据核字(2015)第011162号

内 容 提 要

本书是 Linux 编程方面的入门教材，主要针对 Linux 基础读者。本书介绍了 Linux 编程方面的基础知识，主要包括三部分：Linux 基本概念及 Linux 基本操作；Linux 编程环境；Linux 编程。其中，Linux 基本概念及 Linux 基本操作主要介绍了 Linux 操作系统基本概念和特点、Linux 常用命令和 VI 编辑器的基本使用；Linux 编程环境主要介绍了 Linux 的 Shell 编程、GCC/GDB 的使用及 Make 工具的使用；Linux 编程主要介绍了 Linux 文件和目录操作、进程管理、进程间通信、信号及信号处理、多线程编程、网络编程及数据库编程等内容。最后，还提供了与 Linux 编程相关的实验指导手册。本书通过丰富实例，详细展示了 Linux 基本知识的使用方法，以帮助读者进一步深入学习 Linux 技术。

本书可作为高等学校本、专科工科类专业的教材，也可作为编程爱好者的入门参考书。

◆ 编　著　李养群　王攀　周梅
责任编辑　武恩玉
责任印制　沈蓉　彭志环

◆ 人民邮电出版社出版发行　北京市丰台区成寿路11号
邮编 100164　电子邮件 315@ptpress.com.cn
网址 http://www.ptpress.com.cn
固安县铭成印刷有限公司印刷

◆ 开本：787×1092　1/16
印张：17.25　　　　　　2015年2月第1版
字数：452千字　　　　　2025年2月河北第14次印刷

定价：39.80元

读者服务热线：(010) 81055256　印装质量热线：(010) 81055316
反盗版热线：(010) 81055315

前　言

随着开源软件和技术的发展，Linux 操作系统得到广泛的应用，为企业提供各种服务的服务器以及嵌入式开发应用等领域。Linux 操作系统的广泛应用，使得对其进行有效管理和在其之上进行应用开发成为一种重要技能。本书主要介绍 Linux 操作系统的基础操作和 Linux 的基础应用开发，初学者通过本书的学习，可熟悉和掌握 Linux 的基本概念和开发技能。

本书的编写集中了作者多年在"Linux 编程"教学过程中的一些经验。本课程是一门实践性和应用性很强的课程。在教学过程中，我们发现虽然学生已经学习了操作系统等课程，但在动手能力方面仍有所欠缺，无法将所学理论真正地和编程开发结合起来。另外，学生对 Windows 的所见即所得的操作方式非常熟练，但对于 Linux 的命令行操作模式非常陌生。同时，在使用现有的教材过程中，我们发现教材中的知识点过于分散，无法在课时有限的情况下，掌握 Linux 的基本操作和基本编程知识。还有就是，部分教材内容过于冗杂，部分内容更适合于自学或者后续进一步学习。也有些教材知识点较深，实例较少，不利于基本知识的掌握和应用。

本书着眼于 Linux 基本操作、Linux 编程环境和 Linux 编程基本开发三方面的内容，立足于全面介绍 Linux 开发所需相关的基础知识，同时着眼于提高学生的动手能力，进而加强对基本概念的认识。书中对主要概念和知识点都进行了实例验证和分析。本书按照基本概念介绍、使用方法说明、详细案例分析和结果分析的思路进行编写，便于在学习过程中、在了解知识的基础上进行理解和实践。

本书主要针对 Linux 操作系统的初学者和对 Linux 开发有兴趣准备入门的读者。通过本书，读者可对 Linux 编程有基本的认知，并能掌握基本的应用知识。本书内容相对独立，可根据自己需要选择部分章节进行学习，建议初学者先从第 1 章开始阅读。

作者在编写本书过程中参考了部分书籍和互联网上的资料，学到了很多知识并从中受益，在此表示衷心的感谢。李养群负责第 1 章～第 8 章内容的编写，王攀负责编写第 9 章～第 11 章的内容，周梅负责资料的搜集整理和本书的校订。在编写本书期间，作者还得到了很多同事和人民邮电出版社编辑的帮助，在此表示衷心感谢。

虽然作者多年从事 Linux 方面的教学工作，但由于时间仓促，加之水平有限，书中不足之处在所难免，敬请读者批评指正。如有什么问题，可通过电子邮箱 sxlyq@sina.com 联系，欢迎来信与作者进行进一步的交流。

编　者
2014 年 10 月

目　录

第 1 章　Linux 基础 ················· 1
1.1　什么是 Linux? ················ 1
1.1.1　Linux 操作系统特点 ········ 1
1.1.2　Linux 操作系统组成部分 ···· 1
1.2　Linux 版本及 Fedora 操作系统 ··· 2
1.2.1　Linux 内核版本 ············ 2
1.2.2　Linux 发行版 ·············· 2
1.2.3　Fedora 操作系统 ··········· 3
1.2.4　Fedora 发行方式 ··········· 3
1.2.5　Fedora 系统安装基本要求 ··· 3
1.3　Fedora 20 的安装 ·············· 4
1.3.1　虚拟机下的 Fedora 20 的安装准备 ·················· 4
1.3.2　Fedora 20 安装 ············ 5
1.4　Linux 常用命令 ················ 7
1.4.1　Linux 命令执行方法 ········ 8
1.4.2　Linux 常用各种命令 ········ 8
1.5　VI 编辑器的使用 ··············· 24
1.6　POSIX 标准和 LSB 标准 ········ 27
总结 ···························· 28
习题 ···························· 28

第 2 章　Linux 编程环境 ············ 29
2.1　GCC 编译器的使用 ············· 29
2.1.1　GCC 编译器简介 ··········· 29
2.1.2　GCC 常用选项：预处理控制 ····· 30
2.1.3　GCC 常用选项：编译及警告信息控制选项 ·············· 31
2.1.4　GCC 常用选项：C 语言标准控制选项和程序调试及优化选项 ······ 33
2.1.5　GCC 常用选项：搜索路径控制和 GCC 链接选项 ············ 34
2.1.6　利用 GCC 创建库文件 ······· 34
2.2　GDB 调试器的使用 ············· 37
2.2.1　GDB 调试器的使用 ········· 37
2.2.2　GDB 调试器使用实例 ······· 43
2.3　Make 工具 ···················· 44
2.3.1　第一个 Makefile 文件 ······· 45
2.3.2　Makefile 编写规则 ·········· 46
2.3.3　Make 的基本工作原理及过程 ···· 46
2.3.4　Makefile 文件 ············· 47
总结 ···························· 59
习题 ···························· 60

第 3 章　Shell 编程 ················· 61
3.1　Shell 基础 ···················· 61
3.1.1　Shell 交互方式 ············· 61
3.1.2　Shell 基本功能 ············· 61
3.2　Bash 编程 ···················· 62
3.3　Shell 中的特殊字符 ············· 63
3.3.1　转义符 "\" ················ 63
3.3.2　单引号 ··················· 64
3.3.3　双引号 ··················· 64
3.3.4　命令替换符号 ············· 65
3.4　Shell 变量 ···················· 65
3.4.1　Shell 用户变量定义 ········· 65
3.4.2　Shell 环境变量 ············· 66
3.4.3　Shell 内部变量 ············· 67
3.4.4　Shell 参数扩展 ············· 67
3.4.5　Shell 变量的算术扩展 ······· 68
3.4.6　条件表达式 ··············· 69
3.4.7　Shell 字符串操作 ··········· 71
3.5　Shell 控制语句 ················ 73
3.5.1　条件语句 ················· 73
3.5.2　循环语句 ················· 75
3.6　Shell 其他命令 ················ 77
3.6.1　管道命令 ················· 77
3.6.2　重定向命令 ··············· 78
3.6.3　echo 命令 ················ 79
3.6.4　shift 命令 ················ 79
3.7　Shell 函数 ···················· 80

3.8　Shell 数组 ·········· 81
3.9　Shell 中 Dialog 工具 ·········· 82
3.10　Bash 调试 ·········· 84
总结 ·········· 85
习题 ·········· 86

第 4 章　文件 I/O 操作 ·········· 87

4.1　概述 ·········· 87
4.2　文件 I/O 操作 ·········· 87
 4.2.1　文件的创建 ·········· 88
 4.2.2　文件的打开及关闭 ·········· 88
 4.2.3　文件的读取/写入 ·········· 89
 4.2.4　文件的定位 ·········· 90
 4.2.5　文件删除 ·········· 90
 4.2.6　文件描述符属性控制 fcntl ·········· 91
 4.2.7　文件操作实例 ·········· 95
4.3　目录 ·········· 97
 4.3.1　目录概述 ·········· 97
 4.3.2　Linux 文件系统 ext2 基本结构 ·········· 98
 4.3.3　与目录有关的系统调用 ·········· 100
4.4　文件与目录的属性 ·········· 102
 4.4.1　获得文件或目录属性 ·········· 102
 4.4.2　文件或目录的模式 ·········· 103
 4.4.3　符号链接 ·········· 105
 4.4.4　文件属性的更改 ·········· 107
4.5　标准文件 I/O ·········· 108
4.6　处理系统调用中的错误 ·········· 109
总结 ·········· 110
习题 ·········· 110

第 5 章　Linux 进程管理 ·········· 112

5.1　进程基本概念 ·········· 112
5.2　进程创建和命令执行 ·········· 113
5.3　进程退出 ·········· 117
 5.3.1　守护进程 ·········· 118
 5.3.2　僵尸进程 ·········· 120
 5.3.3　进程退出状态 ·········· 121
5.4　进程开发实例 ·········· 123
总结 ·········· 124
习题 ·········· 124

第 6 章　信号及信号处理 ·········· 126

6.1　信号的基本概念 ·········· 126
 6.1.1　信号的使用和产生 ·········· 126
 6.1.2　信号的状态 ·········· 127
6.2　信号的分类 ·········· 127
 6.2.1　可靠与不可靠信号 ·········· 127
 6.2.2　实时信号与非实时信号 ·········· 127
6.3　信号的处理 ·········· 128
 6.3.1　signal 信号处理机制 ·········· 129
 6.3.2　sigaction 信号处理机制 ·········· 131
6.4　信号发送函数 ·········· 134
6.5　可重入函数 ·········· 135
6.6　父子进程的信号处理 ·········· 136
6.7　信号处理机制的应用 ·········· 137
6.8　系统定时信号 ·········· 138
 6.8.1　睡眠函数 ·········· 138
 6.8.2　计时器 ·········· 139
总结 ·········· 140
习题 ·········· 141

第 7 章　进程间通信 ·········· 142

7.1　进程间通信基本概念 ·········· 142
 7.1.1　进程通信的作用 ·········· 142
 7.1.2　进程通信的实现和方法 ·········· 142
7.2　管道通信 ·········· 143
 7.2.1　无名管道 ·········· 144
 7.2.2　管道与重定向 ·········· 146
 7.2.3　popen 的介绍 ·········· 149
 7.2.4　命名管道 ·········· 151
7.3　System V 信号量 ·········· 156
 7.3.1　信号量的用法 ·········· 156
 7.3.2　信号量实例 ·········· 157
7.4　POSIX 有名信号量 ·········· 160
 7.4.1　POSIX 有名信号量的使用 ·········· 160
 7.4.2　有名信号量实例 ·········· 161
7.5　共享内存 ·········· 163
 7.5.1　共享内存步骤 ·········· 164
 7.5.2　System V 共享内存 API ·········· 164
 7.5.3　共享内存实例 ·········· 165
 7.5.4　mmap 共享内存机制 ·········· 168

7.6 消息队列···171
   7.6.1 消息队列的实现原理·················171
   7.6.2 消息队列系统调用······················171
   7.6.3 消息队列实例·····························173
总结··175
习题··175

第 8 章 多线程编程·······································177

8.1 多线程概念··177
8.2 线程状态与线程编程······························178
   8.2.1 线程的创建和参数传递·············178
   8.2.2 线程终止 pthread_exit··············180
   8.2.3 线程挂起 pthread_join··············183
   8.2.4 线程其他相关系统调用·············184
8.3 线程的同步与互斥·································184
   8.3.1 互斥量···184
   8.3.2 互斥量的使用·····························185
   8.3.3 信号量···188
   8.3.4 信号量的使用方法·····················188
   8.3.5 条件变量·······································192
   8.3.6 条件变量的使用·························192
总结··195
习题··195

第 9 章 Linux 网络编程·····························197

9.1 计算机网络概述······································197
   9.1.1 计算机网络的组成及特点·········197
   9.1.2 计算机网络协议··························197
   9.1.3 网络协议分层······························198
   9.1.4 TCP/IP··198
   9.1.5 Client/Server 模型······················199
   9.1.6 Linux 网络编程概述···················199
   9.1.7 网络协议栈··································199
9.2 Socket 编程···200
   9.2.1 什么是 Socket?···························200
   9.2.2 Socket 编程基本系统调用·········201
   9.2.3 Socket stream 服务·····················208
   9.2.4 Socket 数据包服务·····················211
   9.2.5 Socket 原始套接字服务············213
9.3 Linux 网络编程高级 I/O······················218
   9.3.1 Socket 阻塞/非阻塞方式············218
   9.3.2 非阻塞 Socekt 用法····················220
   9.3.3 Socket 与多路复用·····················222
9.4 Linux 网络并发编程······························235
总结··239
习题··239

第 10 章 Linux 下的数据库编程·············240

10.1 MySQL 数据库简介····························240
   10.1.1 Linux 数据库编程应用············240
   10.1.2 MySQL API 的两种形式·········241
   10.1.3 MySQL C API 的使用············241
10.2 Linux 数据库编程基本方法···············241
10.3 MySQL 数据库数据结构及 API·······242
   10.3.1 数据结构····································242
   10.3.2 MySQL 操作 API······················242
10.4 MySQL 数据库编程实例····················248
总结··253
习题··253

附录 Linux 编程基础实验·······················254

实验一 Linux 基本命令使用
      （验证性实验）························254
实验二 Linux Shell 编程
      （设计性实验）························258
实验三 Makefile 实验
      （验证性和设计性）················259
实验四 GCC/GDB 实验····························262
实验五 Linux 文件系统编程····················264
实验六 Linux 多进程与进程间通信········267

参考文献··268

第 1 章
Linux 基础

Linux 操作系统由于其具有开源、开放和免费的特点，得到了广泛的应用，在企业的服务器领域，如 Web 服务器、FTP 服务器、数据库服务器等都有大量的使用。基于 Linux 的应用开发需求也越来越多，因而在进行 Linux 编程开发之前，对 Linux 操作系统需要有一个基本的了解。本章对 Linux 的基本知识、安装方法和常用命令做了基本介绍，以为后面的编程开发学习提供基础。

1.1 什么是 Linux？

1.1.1 Linux 操作系统特点

Linux 内核是一位名叫 Linus Torvalds 的芬兰赫尔辛基大学的学生于 1991 年完成开发的。Linus 当时使用 Minix（用来示范教学的一种操作系统）学习操作系统。期间，他自己编写了一个操作系统原型，然后将其放在因特网上公开，后来许多人陆续参与到内核的改进、扩充以及完善之中，从而促进了 Linux 的快速发展。Linux 是一种开放源码、能够免费使用及自由传播的类似于 UNIX 操作系统。它可运行于各种平台（如 Intel x86 系列、SUN 的 Sparc 工作站等不同硬件平台）之上。因为它不但具有 UNIX 系统的良好性能（如稳定性、安全性），同时还具有很好的性价比，所以广泛被应用于企业、政府、教育等部门中。同时，由于其具有开源和免费的特点，也越来越广泛地应用于各种嵌入式系统中。

1.1.2 Linux 操作系统组成部分

Linux 内核加上来自于开源组织 GNU（GNU's Not UNIX）的各种应用软件及开发库组成了 Linux 操作系统，如图 1.1 所示。Linux 内核负责对计算机硬件的管理并通过 Shell 向用户提供使用计算机硬件资源的接口。应用层中包含了多种应用软件，例如，开发工具包括 Linux 操作系统中的 GCC 编译器、Make 工具、GDB 调试器、Bash Shell 环境、Emacs 编辑器等，还包括用户使用的一些娱乐软件、办公软件等。Linux 是一个类 UNIX 操作系统，因此它上面的很多软件可以不加改变地运行在 UNIX 操作系统中。同样，UNIX 操作系统中的软件也可以以二进制的形式运行在 Linux 操作系统中。与 UNIX 一样，Linux 操作系统具有多用户、多任务、多进

图 1.1 Linux 操作系统

程、多线程、实时性好等特点，它比 UNIX 更加灵活，允许用户针对内核进行定制。

Linux 操作系统主要由内核、Shell、文件结构和实用工具组成。内核是 Linux 的心脏，是在系统引导时装入系统执行的应用程序。它为应用程序访问底层硬件各种资源提供了统一的接口，使得应用程序开发人员不需关心太多的物理硬件的细节。内核主要包括了进程管理、内存管理、硬件设备驱动管理、文件系统驱动、网络管理等部分。因此内核是操作系统的核心部分，负责管理各种资源。Shell 是用户与内核交互操作的接口，它接收用户的命令然后传递给内核，内核执行命令并将执行结果通过该 Shell 返回给用户。Shell 有自己的脚本语言，用户可根据需要利用 Shell 脚本执行各种任务。Shell 既是一种命令解释器，也是一种编程语言。它有自身的语言结构，例如循环、条件语句等。Shell 有很多种版本，目前主要包括如下版本的 Shell：

Bourne Shell，源于 UNIX 早期版本的 Shell；

Bash，又名 Bourne Again Shell，来自 GNU 项目，它是 Linux 的主要 Shell，可以免费获取其源代码，它与 Korn Shell 有许多相似的地方；

Korn Shell，它是对 Bourne Shell 的发展；

C Shell，是 SUN 公司 Shell 的 BSD 版本。

1.2　Linux 版本及 Fedora 操作系统

经过多年的发展，Linux 产生了多种版本。关于版本一般而言主要分别指内核版本和发行版本。内核版本是指 Linux 最核心部分的版本，内核在原作者的领导下已经发展到 3.x 版本。Linux 的开发版本是指由开发商或者相关组织在内核的基础上加上定制或者自行开发的软件、文档构成的商业发行版本。它是各大 IT 企业在开源 Linux 内核的基础上通过定制，包含了自身的一些管理工具和应用软件，从而发展出具有不同特色的 Linux 操作系统发行版。

1.2.1　Linux 内核版本

内核版本指的是在 Linus Torvalds 领导下的开发小组开发出来的系统内核版本号。内核版本号一般表示为：×.×.×。其中第一位表示主版本号，表示有较大的改动。第二位表示内核的稳定性版本号。如果是偶数（如 0、2、4 等）表示为稳定版本号，若为奇数（如 1、3、5 等）表示是处于开发过程中的版本号，一般不太稳定，有可能包含致命错误。第三位为修订号，表明是对这一版本的增补。目前（2014 年 9 月）最新的版本号是 3.12.27，这表明该版本是一个稳定的版本。

1.2.2　Linux 发行版

当前有很多公司开发了自己的发行版，主要有 Red Hat Linux、Debian Linux、Ubuntu Linux、Mandriva Linux 以及国产的 Turbo Linux、红旗 Linux、CLEEX For Linux、Xteam Linux 等。下面主要介绍并且使用 Fedora 操作系统。之所以介绍 Fedora 操作系统，是因为与 Ubuntu 操作系统相比，Fedora 提供了更为完整的开发工具和软件，一般情况下，当安装了开发软件时，就可方便地进行软件开发。而 Ubuntu 的强项则在于桌面系统和个人用户使用的便捷性方面，在某些情况下，在开发相关软件时，需要额外的软件安装和管理。

1.2.3 Fedora 操作系统

Fedora 操作系统由来自全球开源社区开发人员共同参与的 Fedora 项目所开发，Fedora 由红帽（Red Hat）赞助，后者是目前世界上最受信赖的开源技术提供商。它是可自由使用的开源操作系统，具有稳定、安全及易使用等特点。当前 Fedora 得到了广泛的使用，使用者包括 Linux 内核的作者 Linus Torvalds、美国国家航空和宇宙航行局系统、世界排名第一的超级计算机系统 Roadrunner 等。Fedora 发行版操作系统具有如下几个特点。

（1）100%自由软件和开源：Fedora 是 100%免费并且只包含自由和开源软件。

（2）丰富的应用软件和系统工具：提供了超过 10000 的软件和工具。

（3）大量的用户和开放成熟的社区：具有超过百万的用户在使用 Fedora。

（4）强大、稳定、可靠的操作系统：它是 Red Hat 开发的企业版 Linux 操作系统 Red Hat Enterprise 的基础。

Fedora 20 是目前最新和稳定的版本。相比较之前的版本，其所增加的新的特征主要包括：

- 将 ARM 作为主要支持架构，意味着绝大多数软件包必须可以在 ARM 上构建通过。
- 强化 Network Manager，允许其在命令行界面上创建和编辑链接，且支持接口桥接和绑定。
- 不再默认安装 Sendmail，systemd journal 将替代 syslog 成为默认日志记录系统。
- 可以在图形化管理工具中创建虚拟机快照，允许在 x86 主机上运行 ARM 镜像。
- 将 Ruby on Rails 升级至 4.0，Perl 升级至 5.18。
- 搭载 GNOME 3.10 预览版，除了新的音乐和地图程序，还包括 Wayland 支持。
- 集成 KDE 4.11 桌面环境。

1.2.4 Fedora 发行方式

Fedora 操作系统的主要发行方式包括如下几种：

（1）Fedora DVD/CD，包含了所有主要软件包的 DVD 或 CD 套装，大约 4.3GB；

（2）Live 光盘，CD 或 DVD 大小的光盘镜像，可用于创建 Live CD 或从 USB 设备启动，并可选安装到硬盘，大约 900MB；

（3）最小 CD，用于通过 HTTP、FTP 或 NFS 安装，大于 300MB。

其中 Fedora DVD 的发行方式最全面，所占用空间最大。而 Live 光盘主要为了方便携带，主要提供了 Fedora 核心功能和核心工具，有些软件需要通过 Fedora DVD 中的软件包安装或者通过网络下载的方式安装。而网络形式的安装为了节省下载软件的时间，因此其只提供最核心和最基本的功能。

1.2.5 Fedora 系统安装基本要求

Fedora 20 的安装需求首先是硬件需求，这里我们主要指基于 Intel 平台的硬件环境需求，包括以下几点：

- 64 位 Intel 兼容 PC；
- 1GB 内存（RAM）；
- 至少 10GB 的硬盘空间。

Fedora 的安装主要有两种方式：一种是直接安装在硬盘中，作为独立的操作系统直接运行在主机之上；另外一种方式是安装在虚拟机中，作为虚拟操作系统运行在宿主机操作系统之上。

后者较为适合初学者使用，这种安装可在不影响主机已有的操作系统以及之上的数据安全的基础之上运行 Fedora 操作系统，Fedora 的运行与安装对宿主机操作系统没有影响。

1.3　Fedora 20 的安装

首先，从因特网上下载 Fedora 20 桌面版安装文件，根据需要选择 DVD/CD 发行方式或者 LiveCD 或者最小 CD 等，这里选择 LiveCD 形式，大约 900MB。在下载时，应注意下载的版本和所用主机 CPU 型号（主要看是 32 位还是 64 位，是否为主机的芯片类型，例如 Intel 或者 ARM）是否一致，如果不一致，则无法安装。采用虚拟机下安装 Linux 操作系统是初学者最为常用的方式，因此这里主要介绍在虚拟机环境下的 Fedora 安装。

1.3.1　虚拟机下的 Fedora 20 的安装准备

在虚拟机软件 VMWare 安装好之后，在安装 Fedora 20 之前，首先需要为其建立一个虚拟机并准备好安装文件。主要过程如下：

（1）运行虚拟机软件。选择"文件→新建→虚拟机"菜单，打开创建新的虚拟机向导，选择典型配置，单击"下一步"按钮，显示向导界面如图 1.2 所示。在图中选择客户机操作系统为 Linux，而版本的选择，则是根据主机的 CPU 类型选择对应的版本即可，注意查看你主机的 CPU 类型。

（2）输入虚拟机名称及虚拟机文件存储的地方，如图 1.3 所示。每个虚拟机文件代表一个虚拟机上所安装的操作系统，例如，本例中的 H:\Virtual Machines\Fedora20.vmdx 文件就代表本次安装的 Fedora 操作系统，以后通过虚拟机打开该文件就可运行 Fedora 20 操作系统。

图 1.2　新建虚拟机向导

图 1.3　设置虚拟机的名称及文件保存位置

（3）设置虚拟机的网络配置。每种网络类型对应客户机操作系统使用不同的方式与网络连接。我们这里使用第一种方式：桥接网络。桥接网络允许虚拟机中的操作系统访问主机中的网卡直接访问主机所在的网络，这是最简单的虚拟机中的操作系统访问外部网络的方法。设置虚拟机网络的配置如图 1.4 所示。

（4）设置虚拟机操作系统所占用的磁盘容量大小，一般而言，越大越好。可根据具体情况将操作系统放在一个文件中或拆分为多个文件。设置方式如图 1.5 所示。

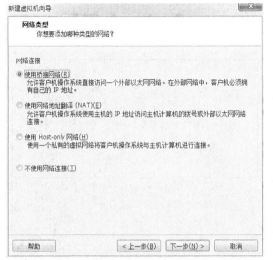

图 1.4　虚拟机网络设置

图 1.5　设定虚拟机操作系统的磁盘容量

（5）最后以显示虚拟机操作系统的配置信息作为虚机操作系统参数配置向导的结束，如图 1.6 所示。

（6）虚拟机光驱加载安装文件。只有执行了这一步，启动虚拟机才能开始安装操作系统。在新建虚拟机的名称上单击鼠标右键，在弹出的快捷菜单中选择"属性"选项，然后双击光驱，弹出如图 1.7 所示的界面，在该界面中右边的"使用 ISO 镜像"文件选项中可设置虚拟机安装文件的位置。

图 1.6　虚拟机配置信息

图 1.7　虚拟机光驱加载安装文件

1.3.2　Fedora 20 安装

在完成虚拟机的初始配置之后，单击"启动"按钮，此时，虚拟机会自动读取虚拟机光驱上所指定的 Fedora 20 安装文件并进行安装。主要安装过程如下所示。

（1）安装启动画面如图 1.8 所示，这里选择安装到本地硬盘。

图 1.8　Fedora 安装界面

（2）进行一系列主机基本参数的配置，如日期、时间、网络等情况，一般根据需要选择配置。如果不需要配置，则单击右下角的"开始安装"按钮即可，如图 1.9 所示。

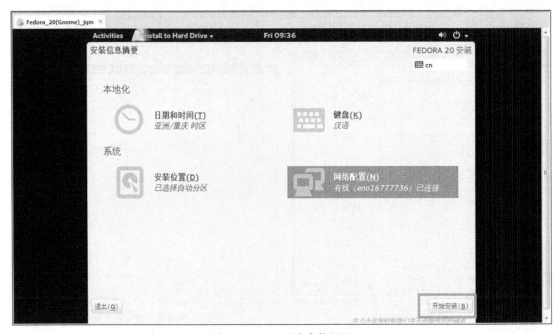

图 1.9　Fedora 基本参数配置

（3）在安装过程中，需要配置根用户 root 的密码，如图 1.10 所示。这里一般可创建其他用户，不建议直接采用 root 用户账号登录，防止误操作导致系统崩溃。

第 1 章　Linux 基础

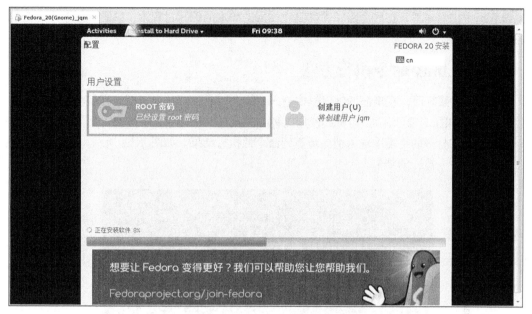

图 1.10　配置 root 用户密码

（4）等待系统安装完成，完成后重启 Fedora 之后登录系统的界面如图 1.11 所示。首先单击左上角的"活动"，其次单击左下角方框中的地方，出现右边的界面，其中，右边方框中就是常用工具。

图 1.11　系统登录后的界面

1.4　Linux 常用命令

在使用 Linux 的过程中，我们需要使用大量的 Linux 命令，因为 UNIX 最初没有图形界面，很多任务需要用户输入执行命令来完成，这些命令具有强大的功能，有些功能没有图形界面。因此系统管理中仍然离不开这些命令，尤其是在 Shell 脚本的编写过程中，熟悉这些基本的命令是 Linux 操作的基础。

1.4.1 Linux 命令执行方法

登录 Linux 系统后，在桌面的搜索框中输入"终端"或者"Terminal"，系统将自动显示该命令，执行过程如图 1.12 所示。可看到使用这种方式执行某个命令非常方便，无需通过多重菜单去选择命令。在打开的终端中输入命令可看到命令的执行结果。如图 1.13 所示，执行 uname 命令，可查看到命令执行的结果。

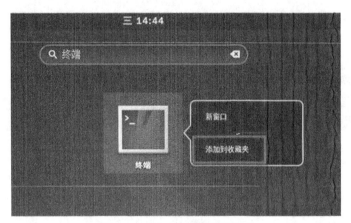

图 1.12　Linux 终端命令的执行

图 1.13　Linux 命令的执行

1.4.2 Linux 常用各种命令

1. man 及 info 帮助命令

使用 Linux 操作系统时，可以使用 man 命令获得帮助。首先我们获得关于 man 如何使用的帮助。在终端中输入命令：

```
[cosmos@localhost ~]$ man man
```

然后下面是关于 man 命令的帮助：

```
man(1)                                                          man(1)

NAME
       man - format and display the on-line manual pages

SYNOPSIS
       man  [-acdfFhkKtwW]  [--path]  [-m system] [-p string] [-C config_file]
       [-M pathlist] [-P pager] [-B browser] [-H htmlpager] [-S section_list]
       [section] name ...

DESCRIPTION
       man formats and displays the on-line manual pages. If you specify sec-
       tion, man only looks in that section of the manual. name is  normally
       the  name of the manual page, which is typically the name of a command,
       function, or file. However, if name contains a  slash  (/)  then  man
       interprets  it  as a file specification, so that you can do man ./foo.5
       or even man /cd/foo/bar.1.gz.

       See below for a description of where man  looks  for  the  manual  page
       files.

MANUAL SECTIONS
       The standard sections of the manual include:
```

关于 man 命令，我们常用的格式如下：

```
man [ 参数选择] [节号] 命令
```

这里的节号指从哪一节查找该命令的相关信息。节号及其含义主要见表 1.1。

表 1.1　　　　　　　　　　　man 文档的章节

节　号	含　　义
1	用户命令
2	系统调用及内核服务
3	库函数
4	特殊文件、设备驱动及硬件
5	文件格式及其惯例
6	游戏等
7	其他杂集
8	系统管理及维护工具

其中，参数-a 表示从所有的 man 文档章节中查找，然后从找到的第一个开始显示。-k 参数表示从所有的 man 文档中按照所指定的关键字进行查找。下面介绍几种 man 命令使用实例。

（1）man write 命令。在终端中输入如下命令：

```
[cosmos@localhost ~]$ man write
```

得到如下结果：

```
WRITE(1)              Linux Programmer's Manual              WRITE(1)

NAME
       write - send a message to another user

SYNOPSIS
```

```
       write user [ttyname]

DESCRIPTION
   Write allows you to communicate with other users, by copying lines from
   your terminal to theirs.

   When you run the write command, the user you are writing to gets a mes-
   sage of the form:

       Message from yourname@yourhost on yourtty at hh:mm ...

   Any further lines you enter will be copied to the specified user's ter-
   minal.  If the other user wants to reply, they must run write as  well.

   When  you  are  done,  type an end-of-file or interrupt character.  The
   other user will see the message EOF indicating that the conversation is
   over.
```

从中可以看出该命令从第一节找到关于 write 用户命令的帮助信息。

（2）man 2 write 命令。在终端下输入 man 2 write 命令：

```
[cosmos@localhost ~]$ man 2 write
```

得到如下结果：

```
WRITE(2)          Linux Programmer's Manual              WRITE(2)

NAME
     write - write to a file descriptor

SYNOPSIS
     #include <unistd.h>

     ssize_t write(int fd, const void *buf, size_t count);

DESCRIPTION
     write()  writes  up  to  count bytes from the buffer pointed buf to the
     file referred to by the file descriptor fd.

     The number of bytes written may be less than  count  if,  for  example,
     there  is  insufficient space on the underlying physical medium, or the
     RLIMIT_FSIZE resource limit is encountered (see setrlimit(2)),  or  the
     call was interrupted by a signal handler after having written less than
     count bytes. (See also pipe(7).)

     For a seekable file (i.e., one to which  lseek(2)may  be  applied,  for
     example,  a  regular  file) writing takes place at the current file off-
     set, and the file offset is incremented by the number of bytes actually.
```

该命令返回了系统调用 write 的帮助内容。第一行结果中 write(2)括号中的 2 表示从 man 文档的第二节关于系统调用的文档中获得的信息。

（3）man -a write 命令，执行该命令后，man 返回文档中所有的关于该命令 write 的信息，从第一节到所有的包含该命令的节号。当第一个显示完后，输入 q 命令，系统自动显示下一个该命令的信息。

（4）man -k write 命令。在终端下输入 man -k write 命令：

```
[cosmos@localhost ~]$ man -k write
```

得到如下结果。

```
xtUtils::Miniperl [] (3) - write the C code for perlmain.c
Pod::Simple::Subclassing [] (3) -- write a formatter as a Pod::Simple subclass
_llseek []              (2) - reposition read/write file offset
aio_write []            (3) - asynchronous write
aio_write []            (3p) - asynchronous write to a file (REALTIME)
amidi []                (1) - read from and write to ALSA RawMIDI ports
bzero []                (3) - write zero-valued bytes
cdrdao []               (1) - reads and writes CDs in disc-at-once mode
cksum []                (1p) - write file checksums and sizes
creat []                (3p) - create a new file or rewrite an existing one
date []                 (1p) - write the date and time
echo []                 (1p) - write arguments to standard output
encoding []             (3) - allows you to write your script in non-ascii or non-utf8
```

其中，第一列是命令或者系统调用的名称，中间的（2）或者（3）表示 man 文档的第几节，最后一列是关键字出现的地方。这样可以帮助我们找出与关键字有关的系统调用。

同样，info 命令也能为我们提供命令相关的详细信息。GNU 项目将它的大部分在线文档按照 Info 格式发布，可通过 Info 阅读器读取，info 命令就是这样一种阅读器。它可通过链接和交叉引用来浏览 Info 帮助文档，它可直接跳转到相关章节而不用像 man 命令那样一页一页往下翻。进入 info 命令后，输入 q 退出，输入 h 获得使用 info 命令的帮助。主要使用方法如下：

q	退出 info 命令
m	跳到指定菜单，info 文件中菜单以*开头。
Up	光标向上移动一行
Down	光标向下移动一行
DEL	光标向上翻动一屏
SPC	光标向下翻动一屏
Home	光标跳到当前节点的开始
End	光标跳到当前节点的末尾
TAB	光标跳到下一个超链接(这里的超链接连接到另外一个节点)
RET（回车）	跳到当前光标下面超链接的地方

info 命令用法：

```
[cosmos@localhost ~]$ info command
```

例如我们输入 info gcc 命令。

2．文件系统管理命令

使用 Linux 操作系统的过程中，对文件及目录的管理操作是必不可少的。这些操作包括新建、浏览、编辑、修改、删除等。这里介绍一些常用和基本的命令，可用 man 和 info 查阅更详细和更完整的手册。

（1）ls 命令：显示文件信息命令。

功能：ls 命令显示关于文件（任何类型的文件，包括目录）的信息。默认情况下，如果参数的文件类型为目录，则只显示该目录的内容；如果为普通文件，显示文件的名称。同时，文件按照字母顺序分列显示在终端上。

语法：

```
ls [选项] [文件名/目录名]
```

描述：下面是 ls 的几种常用用法，更多信息请用命令 man ls 或者 info ls 查阅。ls -l 命令显示文件或者目录下的文件的详细信息，包括文件类型及权限、连接数、文件所有者及所有者所属的组、文件大小、最后访问日期、时间及名称。假设当前目录结构如图 1.14 所示：

```
输入[cosmos@localhost ~]$ ls -l c*命令显示
chapter6:
总计 24
-rwxrwxr-x. 1 cosmos cosmos 5996 08-18 10:27 rotate
-rwxrwxr-x. 1 cosmos cosmos 5422 08-15 23:28 rotate2
-rw-rw-r--. 1 cosmos cosmos  670 08-15 23:28 rotate2.c
-rw-rw-r--. 1 cosmos cosmos  928 08-18 10:27 rotate.c

chapter10:
总计 0

chapter11:
总计 116
-rwxwxr-x. 1 cosmos cosmos 9353 09-01 02:30 mysort
```

▷ 📁 chapter6
▷ 📁 chapter2
▷ 📁 chapter3
▷ 📁 chapter4
▷ 📁 chapter5
▷ 📁 chapter7
▷ 📁 chapter8

图 1.14　当前目录下的目录结构

ls -l c*命令的含义表示显示当前目录下以 c 开头的文件或者目录的详细信息，上面就是返回的结果，ls 命令分别显示了所有以 c 开头的目录下文件的详细信息。这里的*是文件名称匹配符，表示可以匹配任意字符串。另外，ls 命令中-a 参数表示显示所有文件，包括以.开头的隐藏文件，d 列出所有目录的信息。参数也可以一起使用。如下例所示。

```
[cosmos@localhost ~]$ ls -al
总计 240
drwx------.  41 cosmos cosmos  4096 09-23 10:04 .
drwxr-xr-x.  3  root   root    4096 07-14 18:19 ..
-rw-rw-r--.  1  cosmos cosmos     0 08-20 17:04 aa.c
-rw-rw-r--.  1  cosmos cosmos     5 08-13 01:19 a.c
-rw-------.  1  cosmos cosmos 12003 09-23 09:33 .bash_history
```

（2）pwd 命令。

功能：显示用户的当前工作目录。

语法：

```
pwd
```

描述：pwd 命令显示当前目录在文件系统层次中的位置。

例如：

```
[cosmos@localhost ~]$ pwd
/home/cosmos
```

（3）cd 命令。

功能：切换目录。

语法：

```
cd 目录名称
```

描述：cd 除了有切换目录的功能外，还有一个功能就是不管在哪个目录内，只要输入 cd 命令，不用接任何参数，就可回到用户主目录内。例如：cd /usr/bin 表示从当前目录进入/usr/bin 目录。cd ~ 表示进入用户的主目录，例如当前用户的主目录为/home/cosmos。cd 命令也返回到用户主目录。cd - 命令表示进入上次更改目录之前的目录。比如用户由目录 a 进入 a 下面的子目录 b 后，在当前目录下执行 cd -，则重新进入 a 目录。用户的主目录是指 Linux 操作系统为每个用户在/home 目录下面以用户名称新建的目录。下面是 cd 命令执行实例。

```
[cosmos@localhost ~]$ pwd              //显示当前所在目录
/home/cosmos
[cosmos@localhost ~]$ cd /usr/bin      //执行 cd 命令切换到/usr/bin 目录
[cosmos@localhost bin]$ pwd            //显示当前所在目录，发现切换成功
/usr/bin
[cosmos@localhost bin]$ cd ~           //进入用户主目录 /home/cosmos
[cosmos@localhost ~]$ pwd              //进入用户主目录成功
/home/cosmos
[cosmos@localhost ~]$ cd a             //进入目录 a
[cosmos@localhost a]$ cd b             //进入目录 a 下面的子目录 b
[cosmos@localhost b]$ pwd              //查看是否成功
/home/cosmos/a/b                       //发现已经成功进入 a/b 目录
[cosmos@localhost b]$ cd -             //进入上次切换目录之前的目录
/home/cosmos/a                         //重新进入 a 目录
[cosmos@localhost a]$ pwd
/home/cosmos/a
[cosmos@localhost a]$
```

（4）目录管理命令。

功能：创建目录和删除目录。

语法：

mkdir [参数] 目录名称
rmdir [参数] 目录名称

描述：mkdir 命令表示在当前目录中建立一个新目录，rmdir 表示删除指定的目录。使用 rmdir 时，要确保目录内已无任何文件或者目录，否则命令不成功。-p 表示递归删除或者创建目录。mkdir –p linux/doc/fedora/表示首先在当前目录下创建 linux 目录，其子目录是 doc，doc 内又有一个子目录 fedora。删除时，若子目录删除后其父目录为空，则将一同删除。比如 rmdir -p parent/child 表示删除 parent 目录中的 child 目录，若 parent 也为空，则 parent 目录也将被删除。下面演示如何使用 mkdir、rmdir 命令及-p 参数。

```
[cosmos@localhost a]$ ls
[cosmos@localhost a]$ mkdir -p linux/doc/fedora/
[cosmos@localhost a]$ ls -R linux   //这里-R 参数表示递归显示目录信息直到无子目录为止
linux:
doc

linux/doc:     //linux 目录下的子目录 doc
fedora

linux/doc/fedora:
[cosmos@localhost a]$ rmdir -p linux/doc/fedora   //先删除 fedora 空目录，之后 doc 目录变
成了空目录，然后也被删除，之后 linux 变成空目录，然后将 linux 也删除
[cosmos@localhost a]$ ls
[cosmos@localhost a]$
```

（5）删除文件工具 rm。

功能：rm 是用来删除一个或多个文件的工具，并且能用于删除非空目录。也可以使用参数-rf 强制删除一个非空目录。

rm 的语法格式：

```
rm [参数选项] file1 file2 ……
rm [参数选项] dir1 dir2 dir3 ……
```

rm 命令的主要常用参数包括如下几点：

-f 表示不显示警告或提示信息直接删除，用时需要小心，如果不确定，则不要使用该参数；

-i 表示删除文件时，显示警告信息并提示用户是否删除，若用户输入 y 表示删除，输入 n 则不删除；

-r 或-R 表示可以递归删除整个目录（包括子目录及目录下的所有文件）。下面为 rm 命令使用实例。

```
[cosmos@localhost a]$ rm -i fedora.c
rm: 是否删除 普通文件 "fedora.c" ? n    //提示用户是否删除该文件
```

假如需要删除 mydir 目录及所有下级目录和文件，并且 mydir 或者其子目录不为空，可用-r 参数和-i 参数的组合。若想终止 rm 命令，可按 Ctrl+C 组合键退出 rm。我们首先用 rmdir 命令尝试删除整个 mydir 目录。

```
[cosmos@localhost a]$ rmdir mydir
rmdir: failed to remove "mydir": 目录非空
[cosmos@localhost a]$ rm -ir mydir
rm: 是否进入目录 "mydir" ? y
rm: 是否进入目录 "mydir/a" ? y
rm: 是否删除 普通文件 "mydir/a/fedora.c" ? y
rm: 是否删除 目录 "mydir/a" ? y
rm: 是否删除 目录 "mydir" ? y
```

如果不需要任何警告信息删除 mydir 及其目录下的所有文件及子目录，可以用-r 和-f 参数的组合。

```
[cosmos@localhost a]# rm -rf mydir
```

（6）文件名修改命令 mv。

功能：文件更名或搬移。

语法：

mv 原文件名或目录名 新文件名或目录名

描述：mv 命令通常被用来移动文件。它主要有如下几种用法：

mv filename1 filename2 将名称为 filename1 的文件改名为 filename2 并删除原文件。mv filename1 path/filename2 则将名称为 filename1 的文件移动到 path 路径下并改名为 filename2 并删除原文件。mv filename path 只是将文件移动到 path 路径下而不做改名并删除原文件。新文件名或目录名不能与当前文件名（或目录名）同名。

例如，把现在所在的目录中的 netscape 文件移到/usr 内，可用：

```
[cosmos@localhost a]#mv netscape /usr
[cosmos@localhost a]# mv netscape nets //将 netscape 重命名为 nets
[cosmos@localhost a]#mv netscape /usr/nets//将 netscape 重命名为 nets 并移动到目录/usr。
```

（7）文件复制命令 cp。

功能：将源文件或目录复制到目标文件或目录。

语法：

```
cp [参数选项] 源文件或目录 目标文件或目录
```

常用参数：

-f 删除已存在的目标文件，也就是说强制覆盖已经存在的目标文件。

-i 在覆盖已存在的目标文件之前先给出警告提示，用户输入 y 确认覆盖，n 取消覆盖。

描述：在使用 cp 时，一定要有目的文件或目录，另外在 cp 中也可以使用通配符，像"*"、"?"等。例如，我们要将目录/mydir 内的所有文件（但不包括隐藏文件），复制至根目录下的 tmp 内，其命令为：

```
[cosmos@localhost a]cp  /mydir/*  /tmp        //第一次执行
[cosmos@localhost a] cp -i /mydir/*  /tmp     //第二次执行,这里使用参数-i
cp: 是否覆盖 "/tmp/fedora1.c"? y
cp: 是否覆盖 "/tmp/fedora2.c"? y
cp: 是否覆盖 "/tmp/fedora3.c"? y
cp: 是否覆盖 "/tmp/fedora.c"? y
```

（8）显示文件内容命令 cat。

功能：显示及连接文件内容的工具。

语法：

```
cat [参数选项] [文件]...
```

实例 1：显示文件内容。

```
[cosmos@localhost a]cat -n /etc/profile //对/etc 目录中的 profile 的所有的行（包括空白行）进行编号输出显示；-n 参数表示对输出的所有行编号
     1  # /etc/profile
     2
     3  # System wide environment and startup programs, for login setup
     4  # Functions and aliases go in /etc/bashrc
     5
     6  pathmunge () {
     7
```

实例 2：将多个文件连接。cat file1 file2 > file3 命令将 file1 和 file2 的内容输入 file3 中。file1、file2 内容分别为：

file1 内容   file2 内容

aaaaaaaaaa   dddddddddddddd

bbbbbbbbb   eeeeeeeeeeeeeee

cccccccccc   ffffffffffffffffffffff

执行上述命令并显示 file3 的内容过程如下：

```
[cosmos@localhost home]# cat file1 file2 > file3
[cosmos@localhost home]# cat file3
aaaaaaaaaa
bbbbbbbbbb
cccccccccc
dddddddddddddd
eeeeeeeeeeeeeee
ffffffffffffff
```

（9）显示文件的 more 命令。

功能：more 是最常用的工具之一，可以显示输出文件内容，然后根据终端窗口的大小进行分页显示，还能显示已经显示的内容占文件所有内容的百分比。

语法：

more [参数选项] [文件]

例如，采用 more 查看配置文件/etc/profile

[cosmos@localhost home]more /etc/profile

如果文件内容较长，在分页显示时，可输入 q 退出 more 命令。more 本身有很多控制命令，在显示文件的时候允许前翻和后翻等操作。more 命令的执行情况如图 1.15 所示。从图中可看出 more 在一页无法显示全部内容时，可停下来等待用户输入之后再继续显示，同时，还可显示内容已经被显示的比例。

图 1.15 more 命令的执行

（10）显示文件的 less 命令。

功能：less 命令也是对文件或其他输出进行分页显示的工具，功能极其强大。与 more 命令相似，可以前翻、后翻。

语法：

less [参数选项] 文件

cat、more、less 3 个命令都可以显示文件内容，但也有如下一些特点：

- 这 3 个命令均具有查看文件内容之功能。
- cat 命令一次显示所有文件内容，而后两者可与用户交换以方便用户查看。
- cat 命令还具有合并文件之功能。
- less 允许用户后翻查看已经阅读过的内容；less 并未在一开始就读入文件所有内容，因此其在查看文件时比 VI 速度快。
- less 比 more 支持更多的控制命令。

（11）查找文件命令 find。

功能：搜寻文件与目录。
语法：
```
find pathname -options [-print -exec -ok ...]
```
描述：将文件系统内符合条件的文件列出来。用户可以通过选项指定文件名称、类别、时间、大小、权限等。find 命令的参数[-print -exec -ok]的含义分别为：

pathname 表示 find 命令查找的目录路径。例如.表示当前目录，/表示系统根目录。

-print 表示 find 命令将匹配的文件输出到标准输出。

-exec 表示 find 命令对匹配的文件执行该参数所给出的 Shell 命令。相应命令的形式为'command' {} \;，注意{}和\;之间的空格及反斜杠后面的分号。

-ok 和-exec 的作用相同，但是以一种更为安全的模式执行参数所给出的 Shell 命令，在执行每一个命令之前，将会给出提示，让用户来确定是否执行。

例如，在当前目录及其子目录下查找所有扩展文件名是 c 的文件：
```
[cosmos@localhost chapter2]$ find . -name "*.c"
./2.6.c
./aa.c
```
另外，将当前目录及子目录下面扩展文件名是 c 的文件详细信息显示出来，可用如下命令：
```
[cosmos@localhost chapter2]$ find . -name "*.c" -exec ls -l {} \;
-rw-rw-r--. 1 cosmos cosmos 851 07-21 00:23 ./2.6.c
-rw-rw-r--. 1 cosmos cosmos 33 07-21 00:22 ./aa.c
```

（12）grep 命令。

功能：在文件中查找指定的字符串。

语法：
```
grep [参数选项] 模式匹配串 文件名
```
grep 根据所指定的正则表达式从指定的文件中（如果没有指定就从标准输入）搜索，将其所在行输出。下面是几种常用用法。

在 file1 文件中寻找 printf 字符串所在的行。
```
[cosmos@localhost chapter2]$ grep printf 2.6.c
    printf("%c");
    printf("the first read is %s",buffer);
```
在 file1 文件中查找不包含 printf 字符串的行并显示行号。这里-v 表示查找与所指定模式不匹配的行。-n 显示所在行号。
```
[cosmos@localhost chapter2]$ grep -v -n printf 2.6.c
1:#include <stdio.h>
2:#include <unistd.h>
3:#include <errno.h>
4:#include <fcntl.h>
……
```

3. 系统及用户管理命令

（1）shutdown 关机命令。

功能：安全地关闭或重启 Linux 系统。

语法：
```
shutdown [选项] [时间] [警告信息]
```
主要的参数：

-r 关机后重新启动系统。

-h 关闭系统后或者暂停或者关机。

-k 并不真正关机，只是发出警告信息以及禁止登录。

-c 取消已经运行的 shutdown 程序，这时不需要 time 参数，只有警告信息这个参数。

[cosmos@localhost chapter2]$ shutdown -h now 表示系统立即关机并且断掉电源。

（2）系统时间命令 date。

功能：显示和设置系统的日期和时间。

语法：

```
date
   [cosmos@localhost chapter2]$ date
2009年 09月 25日 星期五 08:51:44 CST
```

（3）who 命令。

功能：查看当前在线的用户情况。

语法：

```
who
[cosmos@localhost chapter2]$ who
cosmos     tty1          2009-09-25 07:31 (:0)
cosmos     pts/0         2009-09-25 07:43 (:0.0)
```

（4）文件权限修改命令 chmod。

功能：用来改变文件或目录权限的命令，但只有文件的拥有者和超级权限用户 root 有此能力。我们可以通过"change mode"的缩写理解该命令。

语法：

```
chmod [选项] 模式 文件名称
```

实例：将文件 a.txt 设为所有人皆可读取及修改。

```
[cosmos@localhost chapter2]$ ls -l a.txt
-rw-rw-r--. 1 cosmos cosmos 12 09-25 09:20 a.txt
```

由上面可以看出，默认情况下，a.txt 文件只有文件所有者及与文件所有者同组的用户拥有读写权限，其他用户只有读的权限。这里，文件模式的表示有两种方式，第一种为助记语法，第二种为八进制表示法。

```
[cosmos@localhost chapter2]$ chmod a+w a.txt
[cosmos@localhost chapter2]$ ls -l a.txt
-rw-rw-rw-. 1 cosmos cosmos 12 09-25 09:20 a.txt
```

命令中的 a 表示对所有的用户执行该操作。另外，u 表示文件的拥有者，g 表示与该文件的拥有者属同一组的用户，o 表示其他用户。+、-分别表示增加和删除权限。权限类型主要有：读（r）、写（w）、执行（x）。例如，将所有其他用户的写权限取消，可执行命令 chmod o-w a.txt。

```
[cosmos@localhost chapter2]$ chmod o-w a.txt
[cosmos@localhost chapter2]$ ls -l a.txt
-rw-rw-r--. 1 cosmos cosmos 12 09-25 09:20 a.txt
```

文件的用户权限属性可用 9 位表示，每位可用 0 或者 1 表示，1 表示具有对应的权限，0 表示没有该权限，如图 1.16 所示。

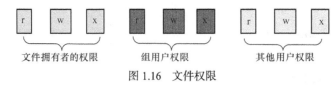

图 1.16 文件权限

一般可将对应的三位二进制码转换为 8 进制，如文件拥有者的权限为 111 表示具有读写执行权限，其对应的八进制表示为 7，而具有读与执行权限的 101 的八进制表示为 5 等。因此，chmod 777 a.txt 表示所有的用户拥有读写执行权限。

```
[cosmos@localhost chapter2]$ ls -l a.txt
-rw-rw-r--. 1 cosmos cosmos 12 09-25 09:20 a.txt
[cosmos@localhost chapter2]$ chmod 777 a.txt
[cosmos@localhost chapter2]$ ls -l a.txt
-rwxrwxrwx. 1 cosmos cosmos 12 09-25 09:20 a.txt
```

下面是关于 chmod 用法的一个例子。假定 demo.c 最初具有这样的权限 rwxrwxrwx，连续操作见表 1.2。

表 1.2　　　　　　　　　　　　　　chmod 用法

命　　令	结　　果	含　　义
chmod a-x demo.c	rw-rw-rw-	收回所有用户的执行权限
chmod go-w demo.c	rw-r--r--	收回同组用户和其他用户的写权限
chmod g+w demo.c	rw-rw-r--	赋予同组用户写权限
chmod a= demo.c	---------	清除文件的所有权限
chmod 666 demo.c	rw-rw-rw-	赋予所有用户读和写的权限
chmod 644 demo.c	rw-r--r--	赋予属主读、写权限，其他用户读权限
chmod 700 demo.c	rwx------	赋予属主读、写和执行权限
chmod 660 demo.c	rw-rw----	赋予属主、属组读和写的权限

（5）修改文件拥有者命令 chown。

功能：改变文件拥有者。

语法：

```
chown   新的所有者的用户账号   文件或目录名称
```

描述：如果有一个名为 linux 的文件，其拥有者为 owner1，若要将该文件的所有者改为 owner2，则可用 chown 来完成此功能，当改变完文件拥有者之后，owner1 对此文件的权限只能根据该文件的属性而决定。例如，如果 owner1 与 owner2 同属一个组，则其权限由该文件的组权限属性决定，否则，由其他用户权限属性决定。我们可以通过"change owner"的缩写理解该命令。

```
[root@localhost chapter2]# ls -l aa.c
-rw-rw-r--. 1 cosmos cosmos 33 07-21 00:22 aa.c
[root@localhost chapter2]# chown root aa.c
[root@localhost chapter2]# ls -l aa.c
-rw-rw-r--. 1 root cosmos 33 07-21 00:22 aa.c
```

（6）修改密码命令。

功能：当前用户修改密码。

用法：

```
passwd
```

用户在重复输入新的密码两次后，即可成功修改密码。

4．磁盘管理命令

（1）du 命令

功能：查看目录占用空间大小命令。该命令逐级进入指定目录下的每一个子目录，并显示该目录占用文件系统数据块的情况。我们可以利用"disk usage"理解该命令。

语法：

```
du [选项] [文件名称]
```

参数-a 表示也可以统计文件的大小，如果不用该参数则表示只统计目录大小。

```
[root@localhost chapter2]# du
24    .
[root@localhost chapter2]# du -a
4     ./a.txt
4     ./2.6.c
8     ./2.6
4     ./aa.c
24
```

（2）df 命令

功能：显示磁盘的使用率及剩余空间。

语法：

```
df [可选参数]
```

例如，df -k 显示系统所配置的每一个磁盘当前被占用的空间大小。

```
[root@localhost chapter2]# df
文件系统          1K-块       已用       可用       已用%               挂载点
/dev/sda3        4436044    3396164    994856     78%    /
/dev/sda1        198337     21253      166844     12%    /boot
tmpfs            158156     464        157692     1%     /dev/shm
/dev/sr0         54230      54230      0          100%   /media/VMwareTools-7.9.3
```

5. 进程管理命令

（1）ps 命令

功能：查询正在执行的进程。

语法：

```
ps [可选参数]
```

描述：ps 命令提供 Linux 系统中正在发生的事情的一个快照，能显示正在执行进程的进程号、发出该命令的终端、所使用的 CPU 时间以及正在执行的命令。

例如，$ps aux 显示所有包含其他使用者的进程。

这里参数 a 显示所有用户的所有进程（包括其他用户）；u 按用户名和启动时间的顺序来显示进程；x 显示用户控制的进程，当与 a 一起使用时，显示所有的进程。

```
[cosmos@localhost chapter2]$ ps aux
USER     PID  %CPU %MEM  VSZ   RSS TTY   STAT START  TIME COMMAND
root     1    0.0  0.1   2012  620 ?     Ss   07:28  0:03 /sbin/init
root     2    0.0  0.0   0     0   ?     S<   07:28  0:00 [kthreadd]
root     3    0.0  0.0   0     0   ?     S<   07:28  0:00 [migration/0]
root     4    0.0  0.0   0     0   ?     S<   07:28  0:00 [ksoftirqd/0]
```

（2）kill 命令

功能：向正在执行的进程发送指定的信号。

语法：

```
kill [参数] 进程ID集合
```

常用的参数：-l 列出系统中的信号名称；-s signal 确定被发送的信号，该信号可以是信号名称或者数字。例如，kill -9 PID 表示无条件销毁进程号为 PID 的进程。当然我们还可以发送其他信号比如^C、^Z、Quit 等。这里的 9 就是指下例信号列表中的 SIGKILL 信号。

```
[cosmos@localhost chapter2]$ kill -l
 (1) SIGHUP    (2) SIGINT    (3) SIGQUIT   (4) SIGILL    (5) SIGTRAP
 (6) SIGABRT   (7) SIGBUS    (8) SIGFPE    (9) SIGKILL  (10) SIGUSR1
(11) SIGSEGV  (12) SIGUSR2  (13) SIGPIPE  (14) SIGALRM  (15) SIGTERM
```

其中的进程 ID 可以有如下 5 种情况：

n>0　　　　具有进程号 n 的进程将会收到信号。

0　　　　　当前进程组中的所有进程将会收到信号。

-1　　　　 所有进程号大于 1 的进程将会收到信号。

-n　　　　 这里 n>1，在进程号 n 中的所有进程将会收到信号。

commandname　通过调用该命令名称的进程都将会收到信号，这是因为同一个程序可以运行多次，从而产生不同的进程。

（3）pstree 命令

该命令可以以树的形式显示进程之间的父子关系，例如：

pstree

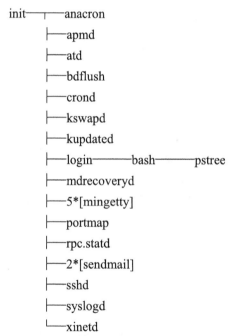

从中可看出所有进程都是 init 的子进程，而其中 bash 是 login 的子进程，而 pstree 命令又是 bash 的子进程。

（4）进程的启动

启动一个进程主要有如下两种方式。

① 手工启动

a. 前台启动：在终端中直接输入命令启动程序，在该方式下，该程序独占该终端，此时，无法再输入新的命令直到该程序执行结束。

b. 后台启动：在命令后输入"&"操作符，例如 cp oldfile/backup/newfile &，此时如果文件较大，则文件复制在后台继续操作，而执行该命令的终端用户可继续输入其他命令。

② 调度启动

at：在指定时刻执行指定的命令序列。

cron：周期性执行指定程序。

cron 命令可周期性地执行任务，而 at 只能在指定时间执行一次任务。cron 可实现任务的自动化周期执行，它通过/etc/crontab 配置文件或者 crontab 命令实现。在执行 cron 功能之前，首先必须确定 crond 进程是否启动，可通过命令 ps -ef|grep crond 查找当前系统是否已经启动 crond 进程，如果未启动，可通过如下命令实现对该进程的启动、停止、重启和重新加载。

```
/sbin/service crond start
/sbin/service crond stop
/sbin/service crond restart
/sbin/service crond reload
```

crontab 文件的一个实例如下所示：

```
SHELL=/bin/bash
PATH=/sbin:/bin:/usr/sbin:/usr/bin
MAILTO=root //如果出现错误，或者有数据输出，数据作为邮件发给该账号
HOME=/ //使用者运行的路径，这里是根目录
#每小时执行/etc/cron.hourly 内的脚本
    *   *   *   *   *  user-name command to be executed
```

前面的 5 个*代表不同的周期，其含义分别如下：

第 1 个表示分钟，数值为 0～59 的任意整数；

第 2 个表示小时，数值为 0～23 的任意整数；

第 3 个表示日期，数值为 1～31 的任意整数；

第 4 个表示月份，数值为 1～12 的任意整数；

第 5 个表示星期，数值为 0～7 的任意整数，0 或 7 代表星期日。

下面给一些具体的示例：

```
0 6 * * * root echo "Good morning."  //表示在每天早上的 6 点在屏幕上输出"Good morning."
5 * * * * root ls 指定每小时的第 5 分钟执行一次 ls 命令
30 5 * * * root ls 指定每天的 5:30 执行 ls 命令
30 7 8 * * root ls 指定每月 8 号的 7:30 执行 ls 命令
30 5 8 6 * root ls 指定每年的 6 月 8 日 5:30 执行 ls 命令
```

下面来看 at 的用法。at 命令的用法如下：

```
at [参数][时间]
```

其具体功能为：在一个指定的时间执行一个指定任务，只能执行一次，且需要开启 atd 进程。可通过命令 ps -ef | grep atd 搜索进程 atd 是否正在运行。如果没有运行，可通过命令 /etc/init.d/atd start or restart 启动 atd 进程。at 命令的主要参数如下：

-m 当指定的任务被完成之后，将给用户发送邮件，即使没有标准输出。

-I atq 的别名。

-d atrm 的别名。

-v 显示任务将被执行的时间。

-c 打印任务的内容到标准输出。

-V 显示版本信息。

-q<列队> 使用指定的列队。

-f<文件> 从指定文件读入任务而不是从标准输入读入。

-t<时间参数> 以时间参数的形式提交要运行的任务。

下面通过几个实例介绍 at 命令的用法。

实例 1：三天后的下午 5 点执行 /bin/ls。

命令：

```
at 5pm+3 days
```

输出：

```
[cosmos@localhost~]#at 5pm+3 days
at>/bin/ls                    //输入要执行的命令
at> <EOT>                     //结束 at 命令
job 7 at 2013-01-08 17:00     //at 命令的结果，表示在何时执行任务
```

实例 2：明天 17 点钟，输出时间到指定文件内。

命令：

```
at 17:20 tomorrow
```

输出：

```
[cosmos@localhost~]#at 17:20 tomorrow
at>date>/root/2013.log
at><EOT>
job at 2013-01-06 17:20
```

实例 3：计划任务设定后，在没有执行之前可用 atq 命令来查看系统没有执行的工作任务。atq 可以"at queue"的意思来理解，表示尚在队列等待执行的任务。

命令：

```
atq
```

输出：

```
[cosmos@localhost~]#atq   //输出尚未执行的任务，其中，第一行的 8 和第二行的 7 表示任务的编号
8  2013-01-06 17:20 a cosmos
7  2013-01-08 17:00 a cosmos
[cosmos@localhost ~]#
```

实例 4：删除已经设置的任务。

命令：

```
atrm 7   // 表示删除编号为 7 的任务。可以"at rm"的意思来理解该命令，其中 at 表示待执行的任务，rm 表示删除
```

输出：

```
[cosmos@localhost ~]# atq
8       2013-01-06 17:20 a cosmos
7       2013-01-08 17:00 a cosmos
[cosmos@localhost ~]# atrm 7
[cosmos @localhost ~]# atq
8       2013-01-06 17:20 a cosmos      //编号为 7 的任务已经被删除
[cosmos @localhost ~]#
```

实例 5：显示已经设置的任务内容。

命令：

```
at -c 8   //表示显示编号为 8 的任务的主要内容
```

输出：

```
[cosmos @localhost ~]# at -c 8
```

```
#!/bin/sh
# atrun uid=0 gid=0
# mail     cosmos 0
umask 22
date >/root/2013.log
[cosmos @localhost ~]#
```

1.5 VI 编辑器的使用

VI 编辑器是 Linux 中的文本编辑器。VI 虽然没有图形界面编辑器（例如 Windows 中的记事本）操作简单、直观、易学易用，但 VI 编辑器在 Linux 系统管理、服务器管理中必不可少，是编写 Shell、系统程序的重要工具。当没有安装 GNOME/KDE 桌面环境或桌面环境无法远程使用时，我们仍需要字符模式下的编辑器 VI。VI 编辑器是创建和编辑简单文档最高效的工具，且已经经历很长一段时间的发展。在终端中输入命令 vi 或者 vim，即可启动 VI 编辑器，也可加上文件名称作为参数，如果文件存在，则 VI 同时显示文件内容供用户浏览编辑，将光标定位在第一行第一列；如果不存在，则打开一个指定名称的空文件，将光标定位在第一行第一列。如果用户保存则创建该文件，否则不创建文件。图 1.17 所示是用 vim 命令打开 VI 编辑器的界面。

图 1.17 vim 打开界面

VI 编辑器有 3 种状态：命令模式、插入模式和可视模式。在命令模式情况下，用户可在 VI 编辑器的下方输入命令，如保存、查找、替换等。在插入模式下，用户对文本内容进行插入、删除、添加等操作。可视模式提供了友好的选取文本范围并高亮显示的功能。这 3 种模式可相互切换。当用户打开 VI 后，默认的模式为命令模式。当处于插入或者可视模式时，通过 Esc 键切换至命令模式。此时，我们输入冒号:，冒号之后可以输入各种命令，其具体含义如下。

:w 将文件内容保存到 vi 命令所指定的文件中
:w filename 将文件另存为 filename
:wq! 将文件内容保存到 vi 命令所指定的文件中然后退出 vi
:wq! filename 以 filename 为文件名保存后退出

:q! 不保存直接退出 VI

:x 保存并退出，功能和:wq!相同

:q 退出命令，如果文件内容有修改，VI 会提示需要保存才能退出，否则退出 VI

基本 VI 命令如下。

（1）光标的移动

```
j:          向下移动一行；
k:          向上移动一行；
h:          向左移动一个字符；
l:          向右移动一个字符；
ctrl+b:     向上移动一屏；
ctrl+f:     向下移动一屏；
Up:         向上移动一行；
Down:       向下移动一行；
Left:       向左移动一个字符；
Right:      向右移动一个字符；
G:          移到文件最后；
w:          移到下个字的开头；
b:          跳至上个字的开头。
```

编辑一个文件时，对于 j、k、h 和 l 键，可在这些动作命令的前面加上数字表示移动的单元数，如 3j 表示向下移动 3 行。3h 表示向左移动 3 个字符。

（2）文本内容的删除操作

```
x:      删除当前光标所在后面一个字符。
#x:     删除当前光标所在后面#个字符。例如，3x 表示删除 3 个字符。
dd:     删除当前光标所在行。这里的删除相当于 Windows 中的剪切操作。
dw:     删除一个单词，光标必须在单词开始之处。这里的删除相当于 Windows 中的剪切操作。
#dd:    删除当前光标所在后面#行。例如，6dd 表示删除自光标起 6 行。
X:      删除当前光标的左字符。
D:      从光标所在地方删至行尾。
```

（3）文本更改操作

```
cw:     更改光标处的字到此单词的字尾处（cw 的含义为 change word）。
c#w:    表示修改多个单词。例如，c3w 表示更改 3 个单词。
cc:     修改一行。无论光标在何处。
C:      替换到行尾。
```

这里的替换都是先将内容清除然后用户重新输入。

（4）文本插入操作及插入模式

文本插入操作是指在光标所在的地方插入文本内容。用户只有在插入模式下才能输入内容。通过插入命令可以从命令模式转换为插入模式。下例的命令均可进入插入模式。

```
i: 在光标之前插入。
a: 在光标之后插入。
I: 在光标所在行的行首插入。
A: 在光标所在行的行末插入，此时，光标跳到行末，然后插入文本。
o: 在光标所在的行的下面插入一行。
```

O：在光标所在的行的上面插入一行。
s：删除光标后的一个字符。
S：删除光标所在的行。

（5）文本复制操作

yw： 复制光标处的字到字尾至缓冲区。
p： 把缓冲区的内容贴到光标所在的下一行。将 dd、dw 等命令与 p 命令结合起来完成剪切粘贴操作。
yy： 复制光标所在之行至缓冲区。
#yy： 如 5yy，复制光标所在之处以下 5 行至缓冲区。

（6）恢复修改及恢复删除操作

按 Esc 键返回命令模式，然后按 u 键来撤销以前的删除或修改，若想撤消多个以前的修改或删除操作，可多输入几次 u。这和 Word 的撤销操作没有太大的区别。

（7）可视模式

在命令模式下按 v 就进入可视模式；可视模式可以高亮显示文本内容，为我们提供了极为友好的选取文本范围的方法，如图 1.18 所示。

图 1.18　VI 的可视模式

（8）VI 查找和替换

VI 提供了查找文件中字符串位置及全局替换的方法。在命令模式下输入/或?可进入查找模式。输入"/searchstring"然后回车，VI 光标定位从光标位置开始第一次出现的地方。输入 n 跳到该串的下一个出现处，输入 N 跳到该串上一次出现的地方。

在替换时，可指定替换的范围（1，n），当 n 为$时指最后一行。s 是替换命令，g 代表全部替换。

例如：

:1,$s/pattern1/pattern2/g

将行 1 至结尾的文字中匹配模式 pattern1 的字符串改为 pattern2 字符串。如无 g，则仅更换每一行所匹配的第一个字符串；如有 g，则将每一个字符串均做替换。现有一文件有如下内容：

1　userA 10 20 40 50

```
2  userB 30 40 50 60
3  userC 50 60 30 20
4  userD 70 30 42 10
```
现在将文件中所有的 user 字符串替换为 USER 字符串的命令为：
```
1,$ s/user/USER/g
```
执行该命令后的文件内容变为：
```
1  USERA 10 20 40 50
2  USERB 30 40 50 60
3  USERC 50 60 30 20
4  USERD 70 30 42 10
```
同时 VI 编辑器的最下方显示替换的结果：
```
4 substitutions on 4 lines
```
（9）编辑多个文件

将一个文件插入另一个文件中；将另一个文件 filename 插入当前文件的 line#行位置。
```
:line# r filename
```
例如，将文件 file1 插入当前文件的当前光标位置，键入：
```
:r file1
```
要想编辑多个文件，需要在 VI 命令之后列多个文件名，中间用空格分开。键入:n 进入下一个文件。要想跳转到下一个文件，而不保存对当前文件所做的修改，则键入:n!来代替:n。
```
vi file1 file2 file3
```
若要在文件之间复制行，首先编辑第一个文件 file1，然后用#yy（#代表数字）把要复制的行复制到缓冲区，不退出 VI；键入":n file2 "，再按 p 键，把缓冲区中的内容贴在当前光标位置。

1.6 POSIX 标准和 LSB 标准

Linux 是遵守 POSIX 标准的操作系统。POSIX 标准是可移植操作系统接口标准 The Portable Operating System Interface 的缩写，该标准由 IEEE 委员会于 1988 年发布。它是源代码级的标准。POSIX 标准制定的目的是为了应用程序跨 UNIX 平台的移植性，它定义了核心的规范但涵盖范围有限。后来该标准经过扩充，在 IEEE 与 The Open Group 组织及 ISO/TEC 联合技术委员会等所成立的组织的修订、合并及更新后形成了新的称为单一 UNIX 规范的标准。目前，一般情况下所指的 POSIX 标准指单一 UNIX 规范。现在最新的版本于 2004 年发布，可通过 http://www.unix.org/online.html 网址下载。它主要包括如下几个部分：

（1）一般术语、概念及本标准所共用的接口；

（2）系统调用接口；

（3）标准源代码级接口定义、Shell 及工具集；

（4）基本原理。

Linux 操作系统有很多开发商开发出不同的发行版本，也有很多开发人员参与到其开发中，因此，这会导致应用程序在不同发行版本中移植的复杂性。Linux 标准 LSB（Linux Standard Base）的出现就是为了解决该问题，同时降低支持不同平台所需的成本。LSB 是 Linux 操作系统在应用及平台之间提高互操作性的核心标准，它包括二进制接口规范、发行版本及应用程序的测试 suite、用于测试的实现实例。其主要内容有：

（1）可执行应用程序的对象格式；

（2）程序加载及动态链接；

（3）标准函数库，为访问操作系统资源提供基础及工具库；

（4）命令及工具；

（5）可执行环境，包括文件层次、附加的推荐行为、附加的行为及本地化；

（6）用户和组；

（7）系统初始化；

（8）软件包格式及安装。

应用程序开发人员最关注的一般是核心库及工具库部分。LSB 规范是一个二进制级标准。遵守 LSB 标准的应用程序（经过编译后的可执行代码）可以不加任何修改就能在 LSB 兼容的 Linux 发行版上运行，当然前提必须是相同的 CPU 体系架构。它与源代码级的标准接口有很大的不同。符合源代码级标准的应用程序需要使用本地系统的编译器和库在新系统上重新进行编译。源代码的兼容性并不能确保可执行程序一定能在新系统中运行并且运行的情况如所预期的一样。

LSB 标准也包含了许多 POSIX 的接口，除非特别指出，这些接口的行为完全一致。通过网址 http://www.linuxfoundation.org/en/Specifications 可以下载最新的 LSB 规范。

总　　结

1. 介绍了 Linux 操作系统的特点，包括 Linux 内核版本和发行版本之间的不同。

2. 介绍了 Fedora 操作系统的特点以及安装方法和过程。

3. 介绍了 Linux 下常用命令的使用，还介绍了 VI 编辑器的基本使用方法，这是正常使用 Linux 的基本要求。

4. 最后介绍了 Linux/UNIX 系统的 POSIX 标准和 LBS 标准，这两个标准在编写跨平台的程序时具有重要的作用。

习　　题

1. 简单介绍 VI 编辑器的几种工作模式，并说明如何在模式之间进行切换。

2. 除了 Fedora 发行版本的 Linux 操作系统，请说出其他至少 6 种 Linux 操作系统发行版本，至少包括一种国产 Linux 操作系统。

3. 什么是 POSIX 标准，它的作用是什么，都有哪些操作系统支持 POSIX 标准？

4. 什么是 LSB 标准，请查阅相关资料，分析它和 POSIX 之间有什么相同点和不同点。

5. 请在 Linux 操作系统上实际运行本章所讲的命令和实例。

6. 请自己选择某种发行版本的 Linux 操作系统进行安装并在其之上执行本章介绍的常用命令。

第 2 章
Linux 编程环境

Linux 操作系统下一般使用 C 语言编写系统程序，我们需要使用编译工具将 C 程序编译为在 Linux 操作系统下的可执行程序，还需要使用调试工具对其进行调试。在 Windows 下，一些 IDE 工具将这两种功能集成在一起，可以较为方便地使用。Linux 下虽然也有一些工具提供了这样的环境，如 Eclipse IDE，但为了更深入了解 Linux 编程环境，这里分别介绍了编译及调试工具，最后还介绍了 Make 工具及 makefile 的编写规则以及链接库的使用。

2.1 GCC 编译器的使用

【例 2-1】编写编译并且执行一个 C 程序。打印出一条信息。用 VI 编辑器编辑 hello.c 文件，内容如下：

```
#include <stdio.h>
void main()
{
    printf("hello,world\n");
}
```

输入下列命令，对 hello.c 程序进行编译：

```
gcc hello.c
```

然后使用 ls -1 列出当前目录下所有的文件，会发现有一个名为 a.out 的程序，这就是执行 gcc hello.c 命令后默认得到的 Linux 下可执行文件。然后输入如下命令执行该程序：

```
./a.out
```

可得到结果如下。

```
hello,world
```

这里所使用的 GCC 命令就是 Linux 下 C 语言的编译器。

2.1.1 GCC 编译器简介

在写好应用程序后，其运行之前，必须将其转变为可在机器上运行的二进制代码，这个工作由编译器完成。Linux 下 C 语言的编译器是 GCC，GCC 是 GNU 编译器集合 "GNU Compiler Collection" 的缩写，它是 GNU 项目中的一员。GCC 支持多种语言，包括 C、C++、Java、Fortran、Ada 等语言的编译。当它被用作 C 语言编译器时，又被称为 "GNU C Compiler"。GCC 也有不同的版本，可通过执行 gcc -version 命令获得系统所安装的 GCC 版本或者是否已经安装 GCC 程序，如果提示命令没找到错误信息，则表示没有安装，可通过命令 yum install gcc 进行在线安装。GCC 将一个源程序转换为可执行程序的主要过程为：预处理、编译、汇编以及链接。GCC 编译程序的过程如图 2.1 所示。

图 2.1 GCC 编译程序的过程

第一步为预处理，它扫描源代码，检查其中的宏定义与预处理指令的语句并将其转换，同时删除程序中的注释及多余的空白字符。例如，#include <stdio.h>是一条预处理指令，它的作用是在指令处展开被包含的文件。该过程完成后产生后缀名为.i 的与源程序同名文件。

第二步为编译工作：GCC 对预处理后的文件进行词法与语法分析，如果出现错误，给出错误提示并中止编译；如果没有错误，则将源代码翻译成可在目标机器上执行的汇编代码。它所产生的文件为后缀名为.s 的与源程序同名文件。

第三步为汇编工作：将上步所产生的汇编代码汇编成目标机器指令。它所产生的文件为后缀名为.o 的与源程序同名文件。

第四步为链接工作：将在一个文件中引用的符号同在另外一个文件中该符号的定义链接起来。例如，一个程序中使用了标准库函数 printf，链接的工作就是将标准库中的 printf 代码链接到应用程序中，然后生成可执行程序。

GCC 命令的用法如下所示：

gcc [选项] 文件名称

GCC 的选项超过 100 个，这里只介绍最常用的最基本的选项，更多的选择可通过命令 man gcc 查看 GCC 参考手册。

2.1.2 GCC 常用选项：预处理控制

GCC 可以对 C 源程序中的预处理器进行处理，其主要用法如下。

（1）-E 选项。该选项指示 GCC 编译器仅对输入文件进行预处理，同时将预处理器的输出送到标准输出即屏幕上而不是文件。例如，执行 gcc -E hello.c 将预处理后的结果在屏幕上显示出来。

（2）-D name 选项。预定义名称为 name 的宏，其内容为 1。例如，有时在调试程序时，需要显示程序中变量的一些值，但当程序调试完成后，作为发行版发布的时候又需要将这些调试信息取消掉，但是调试信息可能会非常多，如果一个一个删除，将会非常麻烦，而如果通过宏的定义和取消，则可非常方便地控制这些调试信息。

【例 2-2】GCC -D 选项的使用，假设程序 debug.c 内容如下：

```
#include <stdio.h>
void main()
{
  int arr[10],i=0;
  for (i=0;i<10;i++)
  {
    arr[i]=i;
    if (DEBUG)   //使用了一个名为 DEBUG 的宏，该宏在编译的时候定义
    {
      printf("arr[%d]=%d\n",i,arr[i]);
    }
  }
}
```

在编译的时候定义宏 DEBUG 的值,来控制是否显示调试信息,例如,使用如下命令编译该程序:

```
gcc -DDEBUG -o debug debug.c
```

然后使用执行命令./debug 命令执行该程序,得到如下结果:

```
[cosmos@localhost ~]$ ./debug
arr[0]=0
arr[1]=1
arr[2]=2
arr[3]=3
arr[4]=4
arr[5]=5
arr[6]=6
arr[7]=7
arr[8]=8
arr[9]=9
```

在例子中,gcc'通过-DDEBUG 参数定义 DEBUG 宏且其默认值为 1,因此程序中的 if 语句得以执行,从而显示调试信息。

(3)-D name=definition 选项。该选项定义一个名称为 name 内容为 definition 的宏。在上例中,可使用-DDEBUG=0 取消宏定义,从而拒绝显示调试信息,如下所示。

gcc -DDEBUG=0 -o debug debug.c,然后重新执行 debug 程序,则可发现此时无调试信息显示出来。如下所示,此时程序中 DEBUG 为 0,因此 if 语句不会执行。

```
[cosmos@localhost ~]$ gcc -DDEBUG=0 -o debug debug.c
[cosmos@localhost ~]$ ./debug
[cosmos@localhost ~]$
```

(4)-U name 选项。该选项取消名称为 name 的宏定义。

(5)-undef 选项。该选项取消任何与操作系统相关或者 GCC 编译器相关的宏定义,而标准所定义的宏仍然有效。

2.1.3 GCC 常用选项:编译及警告信息控制选项

(1)-o 选项。该选项指定 gcc 的输出文件名。-o 选项后面必须指定一个文件名。例如,gcc -o hello hello.c 表示将 hello.c 编译成名为 hello 的可执行文件。

(2)-c 选项。该选项让 gcc 只是将源代码编译为目标代码而不进行汇编和链接。默认的目标文件以.o 为后缀。-c 选项经常使用,它使得编译多个 c 程序时速度更快。例如,源程序名为 hello.c,执行 gcc -c hello.c 后产生的目标文件为 hello.o。如果有 n 个源程序文件,则产生 n 个目标文件。

(3)-S 选项。该选项让 gcc 只对源程序进行编译产生后缀为.s 的汇编语言文件。例如,gcc -S hello.c 产生 hello.s 的汇编语言文件。如果有 n 个源程序文件,则产生 n 个汇编文件。

(4)-Wall 选项。该选项显示程序中所有关于用户认为有问题用法的警告信息,而且这些警告信息很容易避免。所谓的警告信息是一种诊断信息,它报告了那些虽然不是错误的但非常危险或者可能会产生错误的用法。例如,数组下标采用 char 类型等。

(5)-w 选项。该选项禁止所有的警告信息。

(6)-Werror 选项。将所有的警告信息转换成错误信息。

【例 2-3】gcc 的预处理以及编译过程。程序 test.c 的内容如下:

```
#include <stdio.h>
```

```c
#define sum(a,b) a+b    //宏定义
void main()
{
  int num=sum(1,2);
  printf("num=%d\n",num);
}
```

执行 gcc -E test.c，可观察对源程序 test.c 的预处理结果，但可通过-o 命令指定保存预处理结果的文件名称，注意文件要以.i 结尾。 即：

```
gcc -E -o test.i test.c
```

然后查看 test.i 文件内容：

```
cat test.i
……
……
extern void flockfile (FILE *__stream) __attribute__ ((__nothrow__));
extern int ftrylockfile (FILE *__stream) __attribute__ ((__nothrow__)) ;
extern void funlockfile (FILE *__stream) __attribute__ ((__nothrow__));
# 918 "/usr/include/stdio.h" 3 4
# 2 "test.c" 2
void main()
{
  int num=1+2;
  printf("num=%d\n",num);
}
```

文件中最上面一部分内容是 stdio.h 文件的内容，而 int num=1+2 代码表示 GCC 编译器将宏定义进行了替换。下面通过执行 gcc -S 命令产生 test.c 的汇编文件 test.s。

```
    gcc -S -o test.s test.c
     cat test.s
      .file "test.c"
      .section .rodata
 .LC0:
.string "num=%d\n"
     .text
.globl main
     .type    main, @function
main:
    pushl %ebp
    movl %esp, %ebp
    andl $-16, %esp
    subl $32, %esp
    movl $3, 28(%esp)
    movl $.LC0, %eax
    movl 28(%esp), %edx
    movl %edx, 4(%esp)
    movl %eax, (%esp)
    call printf
    leave
    ret
    .size main, .-main
    .ident "GCC: (GNU) 4.4.0 20090506 (Red Hat 4.4."
```

上面的代码就是所产生的汇编代码，gcc 中使用 AT&T 语法格式而不是 intel 的汇编语言。

将上面的汇编代码进行汇编，产生目标代码文件。这里使用-c 选项。该命令产生二进制代码，但该代码并不可直接执行。

```
gcc -o test.o -c test.s
```
用 nm 命令查看目标文件中的符号，用 nm 命令查看 test.o 文件的内容：
```
nm test.o
00000000 T main
         U printf
```
该目标文件中有两个符号，分别为 main 和 printf。请注意，main 前面的 T 表示符号在代码段中，printf 前的 U 表示符号未定义，这意味着 main 函数在当前的代码段中而 printf 函数在当前文件中没有找到相关代码，因此需要从外部库中链接进来。

通过命令 gcc -o test test.o 将 test.o 文件进行链接，然后再次使用 nm 命令查看 test 文件中的符号。从中可看出 printf 已经被链接到 glibc2.0 库。最后执行 test 程序得到 num=3 的结果。
```
gcc -o test test.o
nm test
......
080483c4 T main
         U printf@@GLIBC_2.0
./test
num=3
```

2.1.4 GCC 常用选项：C 语言标准控制选项和程序调试及优化选项

C 语言经过多年的发展，存在着很多不同的版本，GCC 提供了控制选项指定所采用的具体的 C 语言标准，这些 C 语言标准包括：传统 C 语言、ISO C90 标准、ISO C99 标准以及 GNU GCC 扩展 C 语言等。

（1）-ansi 选项，它等价于-std=c89。该选项指定源程序使用 ISO C90 标准，将 gcc 编译器中与 ISO C90 标准相冲突的特征关闭。

（2）-std=选项，它确定源程序中所使用的 C 语言标准。例如，-std=c89 表示遵循 C89 标准，-std=gnu89，gnu89 是 ISO C90 的 gnu 版本，这是 C 代码的默认标准。

（3）-pedantic 选项，要求程序中代码严格遵守 ISO C 标准，拒绝不符合 ISO C 语言标准的用法。

（4）-x language 选项。该选择指明源程序所采用的编程语言。

GCC 编译器还可对程序进行优化，包括大小和执行时间等方面的优化。GCC 提供一些选项实现这种优化。下面的选项在调试及优化程序时需要使用。在不需优化时，编译器目标在于减少编译的成本以及在调试时产生所期望的结果。若打开优化选项，编译器将会设法提高程序的性能及减少程序代码长度，但将会花费更多的编译时间并且使得程序无法调试。

（1）-g 选项，该选项使得编译后的代表包含 GDB 程序调试时所需的调试信息，因此需要使用 GDB 调试程序时，必须使用该选项编译源程序，当最后发布软件时，可将该选项取消重新编译。

（2）-O 选项，编译器设法减小代码长度及执行时间，但不会进行花费大量编译时间的优化。

（3）-O1 选项，1 级优化，优化编译功能需要更多时间及大量内存。

（4）-O2 选项，该选项表示进一步优化。此时，GCC 执行几乎所有支持的不涉及空间和速度平衡的优化。与-O 选项相比，它既增加编译时间，也提高所产生代码的性能。一般在对程序进行优化时使用该选项。

（5）-O3 选项，该选项表示比 O2 选项更进一步的优化。

（6）-O0 选项，该选项是 GCC 的默认选项，即没有优化选项时，GCC 会默认执行-O0 级优化，它不进行优化，从而减少编译程序所花时间，并且确保程序产生所期待的结果。

（7）-Os 选项，该选项对代码的大小进行优化，使得所生成的代码长度最小化。

2.1.5 GCC 常用选项：搜索路径控制和 GCC 链接选项

（1）-I dir 选项。该选项将 dir 指定的目录增加到搜索头文件的路径中去。如果 dir 为标准系统头文件目录，则该选项被忽略；否则，系统首先在 dir 目录中搜索头文件，然后再到系统头文件目录中去搜索。

（2）-L dir 选项。该选项将 dir 添加到库文件搜索路径中。

GCC 提供了选项控制链接程序代码的方式，这些 GCC 链接选项包括以下几种。

（1）-l library 或者-llibrary 选项。在开发软件项目时，需要用到第三方库文件。该选项可指定在编译时所搜索的库名称。GCC 按照所指定的顺序搜索库，如 "foo.o -lfunc bar.o" 选项中，系统将在 foo.o 之后 bar.o 之前查找函数的定义并进行链接。如果 bar.o 使用了 func 库中的函数，该函数将不会被加载，因此必须注意库文件的顺序。链接器根据名字 liblibrary.so(系统自动在库名字前面加上 lib，后面加上.so)在标准目录查找库文件。这些目录包括系统默认的目录及在-L 选项所指定的库文件搜索路径。

【例 2-4】下面的程序 math1.c 使用了 math 函数，而该函数定义在库文件中。

```
#include <stdio.h>
#include <math.h>
int main()
{
    printf("hello world\n");
    double pi=3.1415926;
    printf("sin(pi/2)=%f",sin(pi/2));
    return 0;
}
```

首先使用命令 gcc -o math1 math1.c 编译程序，会出现如图 2.2 所示的错误提示。（注意，在某些发行版本的 Linux 操作系统中可能不会出现该错误，这是因为它会自动链接数学函数库。）

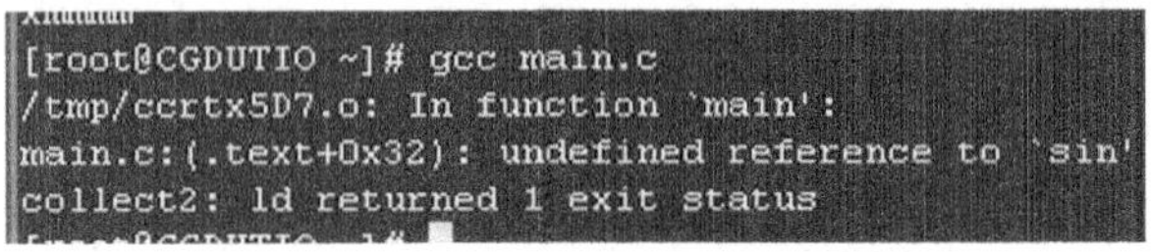

图 2.2 gcc 错误

该错误提示找不到函数 sin 的定义，可通过提供相应的数学库文件解决。使用下列命令 gcc -o math1 math1.c -lm 重新编译，然后执行该程序可得到正确结果。

（2）-static 选项，该选项表示在编译时强制使用对应的静态链接库（以.a 结尾的文件）。

（3）-shared 选项，该选项创建共享库。它所创建的动态库文件以.so 后缀结尾。

（4）-fPIC 选项，如果目标机器环境支持，那么该选项产生与位置无关的适合静态库使用的代码。在编译库文件时需要使用该选项。

2.1.6 利用 GCC 创建库文件

在软件开发过程中，经常会使用外部或者其他模块提供的功能，这些功能经常以库文件的形式存在，主要分为静态库及动态（或共享）库两种形式。如果编译程序在编译使用库提供的功能代码的程序时将代码复制到该程序然后编译成可执行程序，则这种库称为静态库。

共享库比静态库的处理方式更加灵活，因而其所生产的可执行文件更小，其文件名后缀为".so"，代表共享的对象（shared object）。使用共享库链接的可执行文件只包含了它所需要的函数的表格，并没有从目标文件中复制全部的外部函数的机器代码。在可执行文件开始执行时，操作系统将外部函数的机器代码从磁盘上的共享库文件复制到内存中，这个过程称为动态链接。它使可执行程序更加精简而且节省磁盘空间，这是因为共享库可在多个程序之间共享。操作系统允许物理内存中共享库的一个复制被所有正在运行的程序使用，因此也能节省内存。共享库使得程序员可根据需要随时更新库文件，只要接口不变，那么使用它的源程序就不需要重新编译。正是因为这些优点，当系统中同时存在静态库与共享库时，gcc 会默认使用共享库文件。例如，当使用-lname 选项指定库名称时，gcc 首先搜索在路径中是否有 libname.so 共享库文件，如果有，则使用该文件；如果没有，则继续查找是否有 libname.a 静态库文件；图 2.3 及图 2.4 分别是静态库模型及共享库模型。图 2.5 与图 2.6 则分别是静态库代码与动态库代码的应用过程。

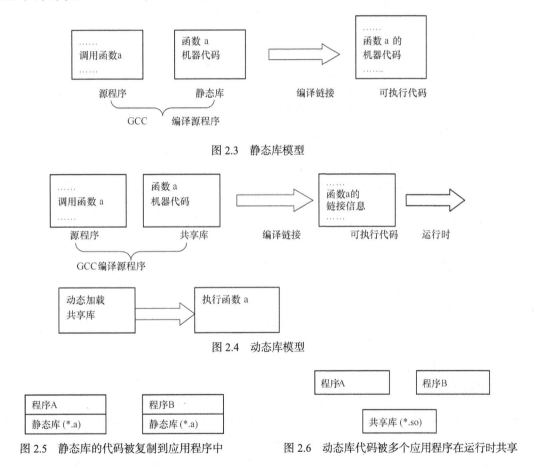

图 2.3　静态库模型

图 2.4　动态库模型

图 2.5　静态库的代码被复制到应用程序中　　图 2.6　动态库代码被多个应用程序在运行时共享

（1）GCC 创建静态库文件方法

【例 2-5】下面演示了使用 GCC 创建静态库并在程序中使用静态库的过程。

首先，文件 calc.h 定义了函数原型，里面包括两个函数，分别计算两个数的平均值、两个数之和，calc.h 文件如下：

```
double aver(double,double);
double sum(double,double);
```

而 aver.c 文件实现第一个函数：

```
#include "calc.h"
double aver(double num1,double num2)
{
    return (num1+num2)/2;
}
```

sum.c 文件实现第二个函数：

```
#include "calc.h"
double sum(double num1,double num2)
{
    return (num1+num2);
}
```

静态库文件本身是由一系列的目标文件所组成的单一文件，因此首先使用 gcc 命令将其编译为目标文件。下列命令中的-c 参数将文件编译为目标文件而不进行汇编和链接。所生成的目标文件分别为 aver.o、sum.o。

```
gcc -c -o aver.o aver.c
gcc -c -o sum.o sum.c
```

然后使用命令 ar 生成静态库文件：

```
ar rc libmycalc.a aver.o sum.o
```

其中 libmycalc.a 是静态库文件名称，它必须以 lib 开头，而且后缀必须为.a。查找是否已生成该文件。这里参数 r 表示将目标文件加入静态库中，如果之前静态库中有与之同名的文件，则将其删除。参数 c 表示创建新的静态库文件。

```
[cosmos@localhost ~]$ ls -l libmycalc.a
-rw-rw-r--. 1 cosmos cosmos 1826 11-16 06:33 libmycalc.a
```

【例 2-6】下面的程序 main.c 调用了该静态库中的 aver 及 sum 函数。

```
#include <stdio.h>
#include "calc.h"
int main(int argc, char* argv[]) {
    double v1, v2, m,sum2;
    v1 = 3.2;
    v2 = 8.9;
    m = aver(v1, v2);
  sum2=sum(v1,v2);
    printf("The mean of %3.2f and %3.2f is %3.2f\n", v1, v2, m);
 printf("The sum of %3.2f and %3.2f is %3.2f\n", v1, v2, sum2);
    return 0;
}
```

使用如下命令编译 main.c 程序：

```
gcc main.c -Bstatic -L. -lmycalc -o static-main
```

其中，-Bstatic 参数强制 gcc 使用静态库中的函数定义即将代码复制到应用程序中；-L 参数指定库文件的路径，因为上面步骤所生产的库文件与 main.c 现在处于同一目录下，因此这里为"."；-lmycalc 表示寻找名为 libmycalc.a 的库文件；-o 指定输出可执行程序的名称。

执行该程序./main 获得如下结果：

```
The mean of 3.20 and 8.90 is 6.05
The sum of 3.20 and 8.90 is 12.10
```

（2）GCC 创建动态库文件方法

首先利用如下命令生成源程序的目标文件，其中参数-fPIC 表示生成位置无关代码。

```
gcc -c -fPIC aver.c -o aver.o
gcc -c -fPIC sum.c -o sum.o
```

将上述生成的目标文件 aver.o 及 sum.o 文件利用下列命令生成共享库。

```
gcc -shared libmycalc.so aver.o sum.o
```

其中，-shared 参数告诉 gcc 生成共享库，而 libmycalc.so 是共享库名称。

接着，使用该共享库编译链接 main.c 程序。

```
gcc main.c -L. -lmycalc -o shared-main
```

这时候执行 ls -l 命令，查看 shared-main 程序的大小：

```
ls -l
-rwxrwxr-x. 1 cosmos cosmos 5417 11-16 20:06 shared-main
```

在执行命令./shared-main 之前，设置环境变量，如下所示：

```
LD_LIBRARY_PATH=.        #将库文件路径设置为当前路径
export LD_LIBRARY_PATH   #使得环境变量 LD_LIBRARY_PATH 立即生效
```

然后执行程序，得到如下结果：

```
The mean of 3.20 and 8.90 is 6.05
The sum of 3.20 and 8.90 is 12.10
```

接着，将共享库 libmycalc.so 删除，然后再次执行./shared-main 命令，得到如下错误信息：

```
./shared-main: error while loading shared libraries: libmycalc.so: cannot open shared object file: No such file or directory
```

这是因为共享库在被删除后，应用程序在执行时无法找到所使用共享库中的函数。

2.2 GDB 调试器的使用

在编写程序时，很少能够一次就使得程序完美，经常会出现各种错误，因此需要一种工具帮助我们调试程序，这种工具就是调试器。这些调试器提供了单步调试的功能，调试人员可以根据需要改变程序的执行过程，查看程序内部的状态，从而确定问题产生的原因。在 Linux 下，可以使用 GNU 组织的 GDB 调试程序。GDB（GNU project debugger）允许查看某程序运行时的内部状态以及某程序发生崩溃时它的状态。GDB 主要通过如下 4 种作用帮助查找程序的错误：

（1）启动你的程序并能够影响程序的行为；
（2）根据指定的条件停止程序的执行；
（3）当程序意外退出时，检查发生这种情况的原因；
（4）改变程序内部，因而可以不断试验查找程序的缺陷。

GDB 可以对 C、C++、Ada、Pascal 等不同语言进行调试，可在本地调试也可远程调试。它可运行在大部分 UNIX 平台和 Windows 平台中。

2.2.1 GDB 调试器的使用

（1）在对程序编译时，需要加上-g 参数才能使用 GDB 进行调试。
（2）打开一个命令终端，输入命令 GDB，出现 GDB 提示，如下所示。

```
GNU gdb (GDB) Fedora (6.8.50.20090302-21.fc11)
Copyright (C) 2009 Free Software Foundation, Inc.
License GPLv3+: GNU GPL version 3 or later <http://gnu.org/licenses/gpl.html>
This is free software: you are free to change and redistribute it.
There is NO WARRANTY, to the extent permitted by law.  Type "show copying"
and "show warranty" for details.
This GDB was configured as "i586-redhat-linux-gnu".
```

```
For bug reporting instructions, please see:
<http://www.gnu.org/software/gdb/bugs/>.
(gdb)
```

(3) 输入 help 命令获得帮助。

(4) 输入 quit 或者按 Ctrl+D 组合键退出 GDB 程序。

进入 GDB 调试器后,可以执行各种命令,可以只输入命令的前几个字符,然后使用 Tab 键由系统自动帮助补齐或者显示可选择的命令。如果这几个字符不会产生歧义,则可以直接运行。命令的格式一般为:命令名 [参数],有些命令不一定需要参数。

(1) 启动程序准备调试

有两种方法:第一种方法是在执行 GDB 命令时在其后面加上要调试的可执行程序名称,即"GDB yourprogram";第二种方法是先输入 GDB,然后在 GDB 中输入 file yourprogram 命令加载需要调试的程序。最后,使用 run 或者 r 命令开始程序的执行,也可使用 run parameter 方法将参数传递给该程序。

(2) GDB 常用的命令

进入 GDB 命令后,常用的几种命令见表 2.1。

表 2.1　　　　　　　　　　　　　　GDB 常用命令

命　　令	命令缩写	命　令　说　明
list	l	显示多行源代码
break	b	设置断点,程序运行到断点的位置会停下来
info	i	描述程序的状态
run	r	开始运行程序
display	disp	跟踪查看某个变量,每次停下来都显示它的值
step	s	执行下一条语句,若该语句为函数调用,则进入函数执行其中的第一条语句
next	n	执行下一条语句,若该语句为函数调用,不会进入函数内部执行(即不会一步一步地调试函数内部语句)
print	p	打印内部变量值
continue	c	继续程序的运行,直到遇到下一个断点
set var		设置变量的值
start	st	开始执行程序,在 main 函数的第一条语句前面停下来
file		装入需要调试的程序
kill	k	终止正在调试的程序
watch		监视变量值的变化
backtrace	bt	查看函数调用的信息
frame	f	查看栈帧
quit	q	退出 GDB 环境

(3) GDB 常用命令详解

【例 2-7】下面以 example.c 源程序为例,演示 GDB 的基本调试过程,首先使用命令 gcc -o -g exam example.c 编译生成可执行程序。

```
#include <stdio.h>
void debug(char *str)
```

```
{
  printf("debug information: %s\n",debug);
}
main()
{
  int i,j;
  j=0;
  for (i=0;i<10;i++)
  {
      j+=5;
      printf("now a==%d\n",j);
      debug("xxxxxxxxxxxx");
  }
}
```

然后在同一目录下输入 GDB 命令，在出现 GDB 的提示符后，执行 file exam 命令，加载 exam 程序以进行调试。如下所示：

```
(gdb) file exam
Reading symbols from /home/cosmos/book/chapter2/exam...done.
```

1. list 命令的用法

list 命令显示多行源代码，从上次的位置开始显示，默认情况下，一次显示 10 行，第一次使用时，从代码起始位置显示。例如，输入 list 命令，得到如下结果：

```
(gdb) list
1       #include <stdio.h>
2       void debug(char *str)
3       {
4         printf("debug information: %s\n",debug);
5       }
6       main()
7       {
8         int i,j;
9         j=0;
10        for (i=0;i<10;i++)
```

list n 显示以第 n 行为中心的 10 行代码。例如，list 8，显示了 3～12 行，而行号 8 正好在中间。

```
(gdb) list 8
3       {
4         printf("debug information: %s\n",debug);
5       }
6       main()
7       {
8         int i,j;
9         j=0;
10        for (i=0;i<10;i++)
11        {
12            j+=5;
```

list functionname 显示以名为 functionname 的函数为中心的 10 行源代码。例如 list main，显示从第 2 行到第 11 行总共 10 行。

```
(gdb) list main
2       void debug(char *str)
3       {
4         printf("debug information: %s\n",debug);
5       }
6       main()
```

```
7      {
8          int i,j;
9          j=0;
10         for (i=0;i<10;i++)
11         {
```

list - 命令显示刚才打印过的源代码之前的源代码,如 list -得到如下结果。

```
(gdb) list -
1      #include <stdio.h>
2      void debug(char *str)
```

2. 断点命令 break

断点是一个信号,它通知调试器在某个特定点上暂时将程序执行挂起。当执行在某个断点处挂起时,称程序处于中断模式。进入中断模式并不会终止或结束程序的执行。执行可以在任何时候继续。与断点有关的主要命令包括以下几种。

break location:在 location 位置设置断点,该位置可以为某一行、某函数名或者其他结构的地址。GDB 会在执行该位置的代码之前停下来。例如,break 10 表示在第 10 行设置断点。

```
(gdb) break 10
Breakpoint 1 at 0x80483f2: file example.c, line 10
```

然后使用 r 命令运行该程序,这时程序在第 10 行前停下来:

```
(gdb) r
Breakpoint 1, main () at example.c:10
10         for (i=0;i<10;i++)
```

可使用 continue 或者 c 命令继续运行,如下所示,显示了 for 循环执行的结果。

```
gdb) c
Continuing.
now a==5
debug information: xxxxxxxxxxxx
now a==10
debug information: xxxxxxxxxxxx
```

使用"delete breakpoints 断点号"命令删除断点,这里的断点号表示的是第几个断点,例如刚才执行 break 10 命令时所返回的结果"Breakpoint 1 at 0x80483f2: file example.c, line 10"中的 1 表示该断点的标号,因此使用 delete breakpoints 1 表示删除第 10 行所定义的断点。

clear n 命令表示清除第 n 行的断点,因此命令 clear 10 的效果等同于 delete breakpoints 1 命令。

disable n 表示使得编号为 n 的断点暂时失效;而 enable n 表示使得编号为 n 的断点有效。

可使用 info 命令查看断点的相关信息,如输入命令 info breakpoints 得到如下信息:

```
(gdb) info breakpoints
Num     Type           Disp Enb Address    What
1       breakpoint     keep y   0x080483f1 in main at example.c:10
```

3. display 命令

display 命令可以查看参数的值,其参数可为变量或者表达式。当程序运行到某个断点停下来时显示参数的值。必须在程序运行后,参数中的变量值才能显示。例如,在程序运行前输入 display j*2 命令,将会显示"No symbol "j" in current context."。这是因为程序还未运行,GDB 无法得到变量 j 的相关信息。而当我们使用 r 命令运行程序到第 10 行的断点时,再执行该命令,将得到如下信息:

```
1: j*2 = 0
```

对于 display 命令,也可使用 disable、enable、delete、info 命令修改及查看其状态,用法与对断点的用法一样。

4. step 及 next 命令

step 命令可使得程序逐条语句执行，即执行完一条语句然后在下一条语句之前停下来，等待用户的命令。一般使用 step 命令时，可使用 display 或者 watch 命令查看变量的变化，从而判断程序的行为是否符合要求。当下一条指令为函数调用时，s 命令进入函数内部，在其第一条语句前停下来。例如，下列命令中，首先在 14 行设置断点，14 行调用函数 debug，然后输入 r 指令运行程序，程序停在 14 行，然后输入 s 命令单步执行，此时进入函数 debug 内部并在第一条指令前停下来，而此时该函数第一条指令也为一函数调用，如果按 s 则进入 printf 函数，如果输入 n 命令，则将 printf 函数作为一条指令执行然后跳到 printf 函数调用后的下一条指令。

```
(gdb) break 14
Breakpoint 1 at 0x8048415: file example.c, line 14.
(gdb) r
Starting program: /home/cosmos/book/chapter2/exam
now a==5

Breakpoint 1, main () at example.c:14
14              debug("xxxxxxxxxxxx");
(gdb) s
debug (str=0x8048516 'x' <repeats 12 times>) at example.c:4
4          printf("debug information: %s\n",str);
(gdb) n
debug information: xxxxxxxxxxxx
5       }
```

step n 或者 next n 表示连续单步执行 n 条指令。如果期间遇到断点，则停下来。

5. watch 命令

watch 命令可以设置观察点（watchpoint）。使用观察点可以使得当某表达式的值发生变化时，程序暂停执行。利用它可以方便地观察变量的变化情况。例如，执行命令 watch j，则执行情况如下所示，当然执行该命令前，必须保证程序已经运行：

```
(gdb) watch j
Hardware watchpoint 4: j
(gdb) c
Continuing.
Hardware watchpoint 4: j

Old value = 6442996
New value = 5
main () at example.c:13
13              printf("now a==%d\n",j);
```

其中的黑体部分给出了变量 j 的变化情况。其后给出了变量发生变化的地方。可使用 info watchpoints 命令查看观察点设置的情况。如果所观察的变量为局部变量或者调用了局部变量的表达式，当程序执行离开局部变量的范围时，则该观察点被 GDB 自动删除。

6. print 命令

print 命令可以打印表达式的值或者从某个地址开始的连续一段区域的内容。print 变量名/数组名将显示变量的值/数组中的内容，print 数组名[下标值]显示数组中某元素的值。

7. set varname 命令

可使用 set varname 命令在程序运行过程中动态改变变量的值，可有效地判断错误发生的原因。例如，在上述执行过程后输入命令 set j=20，则：

```
(gdb) set j=20
(gdb) c
Continuing.
now a==20   //这里的20就是新的j值
debug information: xxxxxxxxxxxx
Hardware watchpoint 6: j

Old value = 5
New value = 25
main () at example.c:13
13          printf("now a==%d\n",j);
```

8. 与函数调用有关的命令

backtrace(where)命令打印程序堆栈中函数的调用过程。每一行表示一帧，即一个函数的调用。例如，在下面的执行过程中，首先在14行设置一断点，因为14行调用函数 debug。运行程序，程序在14行暂停，然后使用 s 命令进入函数内部，然后输入 backtrace 命令，得到当前函数调用轨迹，每一行代表堆栈中的一帧，最上面的一帧是关于 debug 函数调用的信息，而最下一行是 main 函数帧，这说明函数的调用顺序为 main→debug。

```
(gdb) br 14
Breakpoint 1 at 0x8048415: file example.c, line 14.
(gdb) r
Starting program: /home/cosmos/book/chapter2/exam
now a==5
Breakpoint 1, main () at example.c:14
14          debug("xxxxxxxxxxxx");
(gdb) s
debug (str=0x8048516 'x' <repeats 12 times>) at example.c:4
4       printf("debug information: %s\n",str);
(gdb) backtrace
#0  debug (str=0x8048516 'x' <repeats 12 times>) at example.c:4
#1  0x08048421 in main () at example.c:14
```

可以使用 frame 命令直接查看堆栈中某一帧的信息，例如，在上例中紧接着输入 frame 0 得到 debug 函数的详细信息，0是第一帧的编号。

```
(gdb) frame 0
#0  debug (str=0x8048516 'x' <repeats 12 times>) at example.c:4
4       printf("debug information: %s\n",str);
```

9. 调试段错误

采用 C 语言进行编程时，经常会遇到段错误，所谓段错误就是出现对内存的非法访问。利用 GDB 对于定位发生段错误所在及解决十分有用。采用 GDB 定位段错误有两种方法：在 GDB 中运行目标程序，当发生段错误时，GDB 中运行的程序会自动停下来；另外一种方法是直接运行目标程序，使其在发生段错误时产生内存转储（core dump）文件，GDB 对该文件进行调试。下面是通过调用 abort 函数产生段错误的代码，分别描述两种调试段错误的方法。

【例2-8】段错误调试。

```
#include <stdio.h>    /*abort.c的内容*/
#include <stdlib.h>
void recurse(void)
{
  static int i;
```

```
    if ( ++i==3 )
      abort();
    else
      recurse();
}
int main(int argc,char **argv)
{
    recurse();
}
```

方法 1：使用命令 gcc -g -o abort abort.c 编译该程序后生成可执行文件 abort，然后使用 gdb abort 命令加载该程序，接着使用 r 命令运行它，在调用 abort 函数时，程序将出现段错误使得程序停下来，如下所示：

```
Program received signal SIGABRT, Aborted.
0x00c28422 in __kernel_vsyscall ()
```

接着使用 backtrace 命令或者 where 命令查看此时堆栈内函数调用过程，从而确定段错误在哪个函数调用期间产生。下列结果中显示在 recurse 函数调用三次后调用了 abort 函数，从而产生了段错误。

```
(gdb) backtrace
#0  0x00c28422 in __kernel_vsyscall ()
#1  0x004e27c1 in *__GI_raise (sig=6)
    at ../nptl/sysdeps/unix/sysv/linux/raise.c:64
#2  0x004e4092 in *__GI_abort () at abort.c:88
#3  0x080483e6 in recurse () at abort.c:7
#4  0x080483eb in recurse () at abort.c:9
#5  0x080483eb in recurse () at abort.c:9
#6  0x080483f8 in main (argc=1, argv=0xbffff4c4) at abort.c:13
```

方法 2：让程序在出现段错误时产生内存转储文件。方法 2 需要按照如下过程顺序执行：① 执行 ulimit -a 命令，其中有一选项 "core file size" 指定了内存转储文件的大小，默认为 0，此时将无法产生内存转储文件；② 使用命令 ulimit -c unlimited 将上述选项设置为不受限制；③ 此时执行 ./abort 程序，产生内存转储文件；④ 执行命令 ls -l 查看目录下文件内容，可看到产生一个名为 core 且以进程号为后缀的文件，在下列结果中以黑体显示：

```
[cosmos@localhost chapter2]$ ls -l
总计 92
-rwxrwxr-x. 1 cosmos cosmos   6179 01-08 05:40 abort
-rw-rw-r--. 1 cosmos cosmos    193 01-08 05:40 abort.c
-rw-------. 1 cosmos cosmos 151552 01-08 06:28 core.3702
-rwxrwxr-x. 1 cosmos cosmos   6225 01-06 07:13 exam
-rw-rw-r--. 1 cosmos cosmos    250 01-06 07:13 example.c
```

⑤ 执行命令 gdb abort core.3702，然后输入 backtrace 命令得到与方法 1 相同的信息。

2.2.2　GDB 调试器使用实例

【例 2-9】现以一个有问题的程序详细解释 GDB 的使用过程。

```
#include <stdio.h>  /*test.c*/
#include <stdlib.h>
char buff [256];
char* string;
int main ()
{
printf ("Please input a string: ");
```

```
gets (string);
printf ("\nYour string is: %s\n", string);
}
```

（1）首先执行 gcc -g -o test test.c 命令。请思考，如果没有-g 参数会怎么样？

（2）执行 gdb test 命令。

（3）输入 r 运行 test 程序，得到段错误，如下所示：

```
Starting program: /home/cosmos/book/chapter2/test
Please input a string: abcdefg

Program received signal SIGSEGV, Segmentation fault.
_IO_gets (buf=0x0) at iogets.c:55
55          buf[0] = (char) ch;
Current language:  auto; currently minimal
```

（4）输入 backtrace 命令，查看发生错误时函数调用情况，从下列结果可看出错误发生在函数 gets(string)时。

```
(gdb) backtrace
#0  _IO_gets (buf=0x0) at iogets.c:55
#1  0x08048417 in main () at test.c:8
```

（5）输入 list main 命令，查看 main 函数的源代码。

（6）在发生错误的 gets 函数调用这一行即第 8 行设置断点，输入命令 break 8，然后输入命令 r 启动程序。

（7）根据指针相关知识猜测可能是变量 string 的原因让 gets 函数产生错误，因此输入 print string 命令显示 string 的值。结果显示 string 的值为空，因为 string 是指针变量，这说明是 string 变量未初始化的原因。

```
(gdb) print string
$1 = 0x0
```

（8）因此，为了验证该猜想，可使用命令 set 修改变量 string。输入命令 set string="abc"，然后输入 c 继续运行程序，结果如下：

```
(gdb) c
Continuing.
Please input a string: def

Your string is: def

Program exited with code 025.
```

此时，程序正常运行并且结束，未发生段错误，这是因为命令 set string="abc"为 string 变量进行了初始化，因此验证了我们的猜想，也就找出了程序出错的原因。

2.3 Make 工具

在编写大型程序时，会有很多源程序，这些源程序如果都用人工来维护，将会十分烦琐。Make 工具可以帮助我们减轻管理程序的工作强度，使这些例行工作自动化。make 是 Linux 中的一个控制从程序源文件中产生程序的可执行代码及其他非源文件格式（如汇编文件、目标文件格式）的工具。Make 工具根据 Makefile 文件的内容构建程序，该 Makefile 文件列出了每一个非源程序文件及如何从其他文件构造这些文件。当写程序时，应当为其编写一个 Makefile 文件，这就可以利用 Make 工具构建及安装程序,为程序的安装及维护提供非常好的帮助。现在 Make 这样的工具已经成为软件项目中不可或缺的工具,如在编写 java 程序时所使用的 ant 工具与 Make 工具的作用相似。

2.3.1 第一个 Makefile 文件

【例 2-10】例如,有如下程序:main.c hello1.h hello2.h hello1.c hello2.c。其中 hello1.h 文件定义了函数 hello1 的原型,hello2.h 定义了函数 hello2 的原型,hello1.c 文件实现了函数 hello1 的定义,hello2.c 文件实现了函数 hello2 的定义,而 main.c 程序是主程序,它调用了 hello1 及 hello2 函数。

(1) hello1.h 的文件内容如下:

```
/*hello1.h*/
#ifndef  _HELLO_1_H           // 预编译命令,防止多次包含头文件
#define  _HELLO_1_H
void hello1(char *mess);      //打印 mess 的内容
#endif
```

(2) hello2.h 的文件内容如下:

```
/*hello2.h*/
#ifndef  _HELLO_2_H           //预编译命令,防止多次包含头文件
#define  _HELLO_2_H
void hello2(char *mess);      //打印 mess 的内容
#endif
```

(3) hello1.c 的文件内容如下:

```
#include "hello1.h"
void hello1(char *mess)
{
printf("This is hello1 print %s\n",mess);
}
```

(4) hello2.c 的文件内容如下:

```
#include "hello2.h"
void hello2(char *mess)
{
printf("This is hello2 print %s\n",mess);
}
```

(5) main.c 的程序内容如下:

```
/*main.c*/
#include "hello1.h"
#include "hello2.h"
int main(int argc, char **argv)
{
hello1("hello");  //执行 hello1 函数
hello2(" world"); //执行 hello2 函数
}
```

(6) 编写我们的第一个 Makefile 文件。其文件名称为 Makefile,内容如下:

```
#Makefile
main:main.o hello1.o hello2.o
    gcc -o main main.o hello1.o hello2.o
main.o:main.c hello1.h hello 2.h
    gcc -c main.c
hello 1.o: hello 1.c hello 1.h
```

```
    gcc -c hello1.c
hello2.o: hello2.c hello2.h
    gcc -c hello2.c
clean:
    rm main hello1.o hello2.o main.o
```

(7)将前述所有文件放到同一个文件夹中，执行 make 命令，Make 工具自动从当前目录开始查找名为 Makefile 的文件，然后根据其中的指令进行编译，最后生成一个与 main 同名的可执行文件。

(8)输入./main 执行可执行程序，查看输出结果如下。

```
This is hello1 print hello
This is hello2 print world
```

(9)之后，如果 main 程序或者 hello1、hello2 函数又发生变化需要重新编译执行程序时，则只需要输入 make 命令，即可重新完成这一工作，如果没有 Make 工具的帮助，那就需要多次输入冗长的编译命令。

2.3.2 Makefile 编写规则

Makefile 管理整个工程的编译、链接、执行、清除等一系列活动的规则。Makefile 文件由一系列规则组成，Make 工具读取这些规则并按照规则所指定的行为进行操作。其中规则的一般形式如下。

```
目标 :依赖文件列表
<TAB>执行命令
```

target 是目标或者规则的名称，它通常是一个程序将产生的文件的名称（例如可执行程序或者目标文件的名称），在第一个 Makefile 文件中的第一条规则中的 main 就是所要生成的可执行程序的名称，而 main.o 是目标文件的名称。同时，这个目标也可以是一个要执行的活动的名称，例如 clean 表示执行清除活动。

而依赖文件列表是用来生成 target 所需要的其他文件名称列表，如第一个 Makefile 文件中的第一条规则 main: main.o hello1.o hello 2.o 中的 main.o hello1.o hello 2.o 就是生成 main 可执行程序所需要的文件。

执行命令表示由 Make 工具所执行的命令。例如，第一个 Makefile 中第一条规则中的命令 gcc -o main main.o hello1.o hello2.o 由 make 执行并最终产生可执行程序。

一般而言，执行命令存在于具有依赖文件列表的规则中，当规则所依赖的文件发生变化时，重新创建目标文件，但为目标指定命令的规则不一定需要依赖文件，如执行与 clean 的目标相关联的删除目标文件的规则就没有依赖文件。

因此，Makefile 文件中的规则告诉 make 何时及如何生成或更新目标文件，也可告诉 make 执行何种命令对可执行文件进行管理，如执行程序、清除目标文件等操作。

2.3.3 Make 的基本工作原理及过程

默认情况下，Make 工具从 Makefile 中的第一个目标开始，该第一个目标也被称为默认目标，在第一个实例中，我们默认目标为更新可执行程序 main，因此将其作为第一个规则。当我们执行 make 命令时，make 读取当前目录下的 Makefile 然后从第一条规则开始处理。该规则表示将 main.o 链接为可执行程序，但在执行命令之前，make 必须处理该规则所依赖的其他规则。这里 main 规则表示生成 main 程序依赖 main.o、hello1.o、hello2.o 这 3 个目标文件，然后这些文件根据它们所对应的规则进行处理，它们的规则是将源文件编译为目标文件，如果这些文件需要重新编译，那么必须满足这些条件之一：目标文件不存在、源文件或者目标所依赖的头文件比目标文件更新。目标所依赖的规则都会被处理，目标不依赖的规则不会被处理，但是可通过告诉 make 命令需要处理的规则从而处理该规则，如 make clean 就告诉 make 执行 clean 规则所对应的命令，从而完成清理工作。当 make 重新编译生成目标所依赖的所有目标文件后，如 main.o hello1.o hello2.o，它会决定是否重新编译生成 main 程序，如果 main 程序不存在或者现有的 main 程序时间比所依赖的目标文件的时间更早，则 make 进行重新编译。假设改变了 hello1.c 或者 hello2.h 文件内容后，make 然后会重新编译生成 hello1.o 及 hello2.o 文件，最后重新编译产生 main 程序。

在 Makefile 文件中，也可以通过使用变量来简化 Makefile 的书写。例如，第一个 Makefile 中默认目标如下。

```
main:main.o hello1.o hello2.o
gcc -o main main.o hello1.o hello2.o
```

其中 main 所依赖的文件列表在 gcc 命令中重复出现了，如果 main 所依赖的文件列表很长，那么 gcc 命令列表中的文件列表也越长，这样在编写时非常容易出现错误而且烦琐。可通过使用变量避免出错现象并简化 Makefile 的书写。变量允许定义一个文本字符串并且在下面 Makefile 文件中多个地方进行替换，例如，将上述代码改为如下：

```
obj= main.o hello1.o hello2.o
main: $(obj)
    gcc -o main $(obj)
```

这里的$(obj)表示在运行时将用变量 obj 的内容来替换。

另外，Make 也可以自动推导自动推导目标所依赖的文件。因此在一些情况下，可以将命令省略从而简化 Makefile。Make 具有隐含规则：可以根据后缀为.c 的源文件使用 gcc 命令自动更新或者产生同名的.o 文件。例如，它使用 gcc -c main.c -o main 命令将文件 main.c 编译为 main.o。因此，可从规则中略去产生目标文件的命令。同时，目标所依赖的文件列表中的.c 文件也可省略。例如，第一个 Makefile 实例中的规则如下：

```
hello2.o: hello2.c hello2.h
gcc -c hello2.c
```

可以简化为：

```
hello2.o:hello2.h
```

这里 Make 工具自动会为规则 hello2.o 执行 gcc -c hello2.c -o hello2.o 命令。因此，结合上面的方法，第一个 Makefile 将改写如下：

```
obj= main.o hello1.o hello2.o
main: $(obj)
    gcc -o main $(obj)
hello1.o:hello1.h（自动推导和隐含规则）
hello2.o:hello2.h
clean:
    rm $(obj)
```

2.3.4　Makefile 文件

1. Makefile 的组成

Makefile 文件主要包括 5 个部分：显式规则、隐式规则、变量定义、指令及注释。

（1）显式规则：它告诉 make 何时及如何重新编译或者更新一个或多个目标文件，例如：
```
hello 1.o: hello 1.c hello 1.h
gcc -c hello1.c
```
规则就是一条显式规则。它列出了目标所依赖的文件，并且给出用于创建或者更新目标的命令。

（2）变量定义：为一个变量指定一字符串，在 make 时该变量被其所代表的字符串所替换。

（3）隐式规则：它指出何时及如何根据名字重新编译或者更新一类文件。它描述了目标如何依赖一个与目标名字相似的文件，并且给出了创建或者更新目标的命令。

（4）指令：当 make 读取 Makefile 时，指令告诉 make 执行一些特殊活动，例如：

① 读取其他 Makefile 文件；

② 根据变量的值决定是忽略还是使用 Makefile 文件中的部分内容；

③ 定义多行变量。

（5）注释：Makefile 文件中的注释以#开头，表示该行将在执行时被忽略。但是如果一行的末尾为反斜杠符号\，则表示\符号后面的下一行也将作为注释的一部分。如果需要使用#符号本身，则需要使用转义符对其进行转义即\#。同时，注释可出现在 Makefile 中的任意行。

2. 规则

我们已经知道了 Makefile 中规则的语法格式，其中目标为由空格分隔的文件名，通常目标中只包含一个文件，但也可以包含多个文件。规则中的命令前面必须是 Tab 键。规则告诉 make 两件事：目标文件何时过期以及如何更新目标文件。目标文件是否过期是由其所依赖的文件决定的，如果目标文件不存在或者其更新时间比任意一个依赖文件的最后修改时间更早，那么 make 认为目标文件是过时的。因此，如果目标所依赖的文件有任何改变，目标文件都会被重新编译。规则中的命令是由 Shell 来执行从而更新目标文件的。

（1）依赖关系

Makefile 文件中有两种依赖关系：一种为普通依赖模式；另外一种为顺序依赖模式(order-only)。对于普通依赖，其作用可概括为：如果依赖列表中文件有更新，那么目标也需要更新。它决定了命令执行的顺序：在执行生成目标的命令之前，会首先执行所有生成依赖文件的命令。它还定义了依赖关系：如果有任何依赖文件比目标文件新，那么目标就需要重新构建。而顺序依赖则只具有第一项功能：定义命令顺序。它只关心规则执行的顺序，不会因为依赖文件被更新而让目标重建。这两种依赖关系的定义格式如下：

```
目标：普通依赖模式 | order-only 依赖模式
```

在目标的依赖文件列表中可放入管道符号"|"指定 order-only 依赖模式，管道符号左边的文件列表为普通依赖，右边为 order-only 依赖模式。普通依赖模式是最常用的模式。

（2）文件名中通配符的使用

在 Makefile 中，可通过使用通配符匹配多个文件，通配符包括*、?、[...]。它们的含义与 BASH 中的一样。例如，使用*.c 匹配所有以.c 为后缀的文件名。通配符可以用在规则的命令中，也可以用在依赖文件列表中。例如，可将 Makefile 文件中的如下 clean 规则改为：

```
clean:
    rm main *.o
```

（3）查找所依赖文件的路径

在大型项目中，源代码分布在系统中不同的目录下，因此在编译源文件时，需要指定查找源文件的路径，当源文件存储位置发生变化时，只需要修改查找路径，而不用修改任何规则。

Makefile 中使用 VPATH 变量指定依赖文件及目标文件的搜索路径。如果目标文件及依赖文件不在当前目录中,则 make 在 VPATH 指定的路径中查找这些文件。VPATH 中的变量可以保存多个目录,每个目录以空格或者冒号分割。make 按照 VPATH 中目录的顺序进行搜索。例如,VPATH = src:../headers 里面列出了两个目录,make 将先搜索 src 子目录,然后搜索上级目录下的 headers 目录。假如有如下规则:foo:foo.c 并且假设 foo.c 在当前目录不存在而是在目录 src 下面,则 make 执行时,上述规则将变为 foo:src/foo.c。

同时,Makefile 中也可以使用功能更加强大的 vpath(小写)指令。vpath 指令允许为某一类匹配某种模式的文件,例如,*.h 文件指定搜索路径。vpath 有下列 3 种用法:

- vpath 匹配模式 目录列表。为匹配指定模式的文件指定搜索路径。
- vpath 匹配模式 删除为匹配模式所指定的搜索路径。
- vpath 清除之前 vpath 指令所定义的所有的搜索路径。

这里匹配模式是包含符号%的字符串。字符串必须匹配文件列表中的文件名,%字符匹配 0 或者多个字符的任意序列。例如,%.h 匹配所有以.h 为后缀的文件名。如果没有%,则按照完整匹配。例如,vpath %.h ../headers 告诉 make,如果当前目录下没有找到依赖文件,则从../headers 目录中查找以.h 结尾的文件名。如果文件名与多个 vpath 所指定的模式相匹配,则 make 按照 vpath 命令的顺序一个接一个地从中查找。例如:

```
vpath %.c abc
vpath %.xyz
vpath %.c foo
```

指令表示按照 abc xyz foo 目录的顺序查找以.c 结尾的文件名。

而下列代码按照 abc foo xyz 目录的顺序查找以.c 结尾的文件名。

```
vpath %.c abc:foo
vpath %.xyz
```

Makefile 规则中在依赖文件列表中也可以按照-lname 形式加上需要使用的库文件名称,如-lpthread。此时,Make 工具按照如下顺序搜索 libname.so 的动态链接看文件:Makefile 所在的当前目录、vpath 所指定的路径、变量 VPATH 所指定的路径、/lib 目录、/usr/lib 目录、/usr/local/lib 目录。如果没有找到,则在上述路径中顺序搜索 libname.a 静态链接库文件。假设在有/usr/lib/libcurses.a 文件而且不存在 libcurses.so 文件在系统中,那么当执行如下规则时:

```
foo:foo.c -lcurses
    gcc -o foo foo.c
```

如果 foo 不存在或者已过时,将会执行 gcc -o foo foo.c /usr/lib/libcurses.a 命令进行编译。

(4)伪目标

伪目标是指不是文件名称而只是 make 时将要执行的某些命令的目标。伪目标的目的在于避免与同名文件相冲突以及提高性能。当你创建一个不会生成目标文件的目标时,例如:

```
clean:
    rm *.o main
```

目的在于清除某些文件,如果你执行 make clean 时,make 此时将 clean 当作一个目标文件,而此时当前目录不存在该文件甚至根本不可能存在这样的文件,那么 make 会认为 clean 目标文件不存在,然后执行 rm 命令,但是如果在当前工作目录下存在文件"clean",情况就不一样了,同样输入"make clean",由于这个规则没有任何依赖文件,因而目标被认为是最新的而不去执行规则所定义的命令,因此命令"rm"将不会被执行。这并不是我们的目的。可通过使用伪目标.PHONY 解决该问题,例如,将 clean 规则改为如下形式:

```
.PHONY : clean
```

```
clean:
    rm *.o main
```

这时，执行 make clean 将会直接执行命令而不管存不存在文件 clean。同时，因为伪目标文件并不表示由其他文件所生成的文件，因此 make 不会试图去查找隐含规则来创建它，从而提高性能。

Makefile 中，一个伪目标可以有自己的依赖（可以是一个或者多个文件、一个或者多个伪目标）。在一个目录下如果需要创建多个可执行程序，可以将所有程序的构建规则放在一个 Makefile 中描述。因为 Makefile 中第一个目标是"默认目标"，通常做法是使用一个"all"的伪目标来作为 Makefile 中的第一个目标，它的依赖文件就是那些需要创建的多个目标程序。下边就是一个例子：

```
all : prog1 prog2 prog3    #第一条规则，该规则为伪目标，它的依赖分别为 prog1, prog2, prog3 三个真实目标
.PHONY : all #将 all 声明为伪目标
prog1 : prog1.o utils.o
gcc -o prog1 prog1.o utils.o
prog2 : prog2.o
gcc -o prog2 prog2.o
prog3 : prog3.o sort.o utils.o
gcc -o prog3 prog3.o sort.o utils.o
```

执行 make 时，目标"all"被作为默认目标。为了完成该目标，make 会创建（不存在）或者重建（已存在）目标"all"的所有依赖文件（prog1、prog2 和 prog3）。当需要单独更新某一个程序时，可通过 make 的命令行选项来明确指定需要重建的程序，如 make prog1。此时，只执行 prog1 所对应的规则，而 prog2 等规则不会被执行。

3. 规则的命令

规则中的命令告诉 make 该规则需要做什么事情。规则中的命令由 shell 命令组成，可以是一条也可以是多条。make 按照它们出现的顺序分别执行。通常，命令的执行结果可以使得目标文件得到更新，这些命令一般是由/bin/bash 程序执行，除非 Makefile 中特别指定其他 shell 程序。Makefile 文件中，通过变量 Shell 指定执行命令的 shell 程序。一般而言，命令行以 Tab 键开始，除非命令行放在目标及其依赖文件后面，以分号分隔。Makefile 文件中一条命令可通过符号\分隔为多行，make 将其作为一条命令进行执行。命令中也可以使用变量，make 自动会将变量进行扩展，例如：

```
LIST = one two three   #定义变量
all:   #目标
for i in $(LIST); do \#使用变量
echo $i; \
done
```

在 Makefile 文件中，$variable 是对变量进行扩展。在执行时，make 实际上向 Shell 所传递的命令如下。

```
for i in one two three ; do \
   echo $i
done
```

Shell 执行后，返回结果为：

```
one
two
three
```

（1）命令回显

通常，make 在执行命令行之前会把要执行的命令行输出到标准输出设备。例如，如下命令：

```
echo 正在编译 XXX 模块......
```

在执行时，将得到如下结果：

```
echo 正在编译 XXX 模块......
        正在编译 XXX 模块......
```

结果显示两条信息，第一条为 make 所执行的命令本身，而后一条为该命令得到的结果。如果在 echo 命令前面加上符号@，则将会禁止命令的回显，即不再显示命令本身。因此命令如下：

```
@echo 正在编译 XXX 模块......
```

的执行结果为：

```
正在编译 XXX 模块......
```

（2）命令的执行

当需要更新目标时，make 为每条命令调用一个独立子 Shell 程序来执行。因此两行命令互相不会影响，如下列 Makefile 文件在执行时 filename 值将显示为空值：

```
all:
.PHONY:all
    filename=a.txt
    echo $filename
```

这是因为 filename 变量的定义与显示变量 filename 的值由两个独立的子 Shell 程序执行，因此这两条命令相互独立，互相不存在依赖关系。如果需要由一个 Shell 程序执行该两条命令，则可将它们放在一行，以分号分隔。例如：

```
all:
.PHONY:all
    filename=a.txt; echo $filename
```

此时，执行命令 make all 将会得到 a.txt 的结果。

（3）递归执行 make 命令

在大型项目开发过程中，软件由多个模块组成，每个模块可以单独编译、测试和执行，也就是说每个模块都有自己的 Makefile，而主程序也有自己的 Makefile。当对主程序进行编译的时候，其 Makefile 可通过使用 make 命令对各个模块进行更新。这就是 make 命令的递归执行。假设当前目录下有一个子目录 modelA 包含了模块 A 的源程序及 Makefile 文件，在当前的 Makefile 文件中如果想调用 modelA 下的 Makefile 文件对模块 A 进行编译，则可编写如下规则：

```
modelA:
    cd modelA && $(MAKE)
```

在当前目录下执行 make modelA 命令即可对 modelA 下的程序编译。这里的&&符号表示逻辑与操作，在它的前面一条命令执行成功后才能执行其后面的命令。

4．隐式规则

在实际中，经常会用到标准化的方法例如显式规则来更新目标程序，显式规则需要明确列出与目标同名但不同类型的依赖文件，Makefile 提供隐式规则避免这种情况。例如，对于 C 文件的编译有这样的隐式规则：将 filename.c 文件编译为 filename.o 文件。使用 make 内嵌的隐式规则，在 Makefile 中就不需要明确给出构建某一个目标的命令，甚至不需要规则。make 会自动根据已存在或者所依赖的源文件类型来调用相应的隐式规则。例如：

```
main : foo.o bar.o
```

```
gcc -o main foo.o bar.o $(CFLAGS) $(LDFLAGS)
```
这里 foo 目标文件依赖 foo.o 和 bar.o 文件，但并没有给出创建文件"foo.o"及"bar.o"的规则，make 执行该规则时，无论文件"foo.o"存在与否，都会试图根据隐式规则构建这个文件（即试图编译文件"foo.c"或者"bar.c"）。make 自动根据从当前目录查找 foo.c 和 bar.c 文件，然后使用 gcc -o 命令将它们分别编译为对应的目标文件。注意，如果你的目标依赖.h 文件，则需要为其编写一条无命令行的规则。这是因为隐式规则无法提供.h 文件。例如，假设 foo.o 目标还依赖 lib1.h，那么上述规则需要改为如下所示：

```
foo.o:lib1.h
main : foo.o bar.o
    gcc -o main foo.o bar.o $(CFLAGS) $(LDFLAGS)
```

隐含规则所提供的依赖文件与目标文件之间最基本的隐式的依赖关系：filename.o 对应 filename.c，filename 对应于 filename.o。若该目标需要更多的依赖文件时，要在 Makefile 中使用没有命令行的规则给出。

5. 条件指令

Makefile 文件可根据变量的值决定哪些部分执行，哪些部分被忽略。条件指令的主要用法如下：

```
if-conditional
    text-if-true
else
    text-if-false
endif
```

或者

```
if-conditional
    text-if-one-is-true
else conditional-directive
    text-if-true
else
    text-if-false
endif
```

if-condition 或者 conditional-directive 可以为以下之一：

```
ifdef variable-name
ifndef variable-name
ifeq test
ifneq test
```

而 text-if-true 为一行或者多行代码，当条件为真时执行；而 text-if-false 也为一行或者多行代码，当条件为假时执行。

（1）条件指令 ifdef

条件指令 ifdef 以变量名作为参数，如果变量的值不为空，则执行 text-if-true 语句；若变量的值为空，则执行 text-if-false 语句。未定义的变量值必然为空，因此 ifdef 指令用来判断一个变量是否定义。ifndef 判断变量是否未定义，若变量未定义，则返回真，否则返回假。例如：

```
bar = true
foo = bar
ifdef $(foo)
    frobozz = yes
endif
```

这段代码在执行的时候，ifdef $(foo)中的$(foo)进行变量替换后，变成 ifdef bar，此时，bar

是一个变量的名称而且并不对该 bar 变量进行替换，因此它判断 bar 变量的值是否为空，而 bar 不为空，因此返回真，所以执行 frobozz=yes 语句。

（2）条件指令 ifeq

ifeq 以两个变量作为参数，比较两个变量值是否相等，若相等，则返回真；若不等，返回假。ifeq 有如下几种用法：

```
ifeq (arg1, arg2)
ifeq 'arg1' 'arg2'
ifeq "arg1" "arg2"
```

如果参数可能有空格时，为了防止出现意外的情况，通过在 Makefile 中使用函数 strip 将其清除。下面例子演示了 ifeq 的作用：

```
libs_for_gcc = -lgnu
normal_libs =
ifeq ($(CC),gcc)
  libs=$(libs_for_gcc)
else
  libs=$(normal_libs)
endif
foo: $(objects)
        $(CC) -o foo $(objects) $(libs)
```

6. Makefile 中的函数

在 Makefile 中可调用函数，调用语法如下：

```
$(function arguments) 或者 ${function arguments}
```

function 是调用函数的名称，arguments 表示要传递给函数的参数列表，它与函数名之间以空格分隔，参数之间以逗号分隔。函数执行完后，如果有返回值，则用该返回值替换该表达式的值。

Makefile 内部提供了如下一些函数对字符串及文件进行操作，具体如下。

（1）字符串函数

```
$(subst from,to,string)
```

函数名称：字符串替换函数 subst。

函数功能：函数将字符串 string 中的子字符串 from 替换为字符串 to，其中 subst 是函数名。

返回值：替换后的新字符串。

例如，执行$(subst ee,EE,feet on the street)之后，原字符串变为 fEEt on the strEEt，表示将字符串中的 ee 替换为 EE。

```
$(patsubst pattern,replacement,string)
```

函数名称：模式替换函数 patsubst。

函数功能：函数按照指定的模式替换字符串。从 string 中查找与 pattern 匹配的以空格分隔的字符串，并使用 replacement 进行替换。

返回值：替换后的新字符串。模式 pattern 中也可以使用%通配符符号，表示匹配一个单词中任意字符。如果 replacement 中也有%符号，它是 pattern 中的%符号所代表的字符。pattern 及 replacement 中只有第一个出现的%符号才能作为通配符，之后出现的不再作为模式字符而是一个普通字符。另外，字符串 string 中单词之间的多个空格在处理时被合并为一个空格，并忽略前导和结尾空格。例如：

```
objects = foo.o bar.o baz.o
$(patsubst %.o,%.c,$(objects))
```

其中第二条语句调用模式替换函数，将变量 objects 的值中所有以.o 为结尾的替换为以.c 结尾，函数返回结果为：foo.c bar.c baz.c。

```
$(strip string)
```
函数名称：去空格函数 strip。

函数功能：去掉字串（若干单词，使用若干空字符分割）"string"开头和结尾的空字符，并将其中多个连续空字符合并为一个空字符。

返回值：无前导和结尾空字符、使用单一空格分割的多单词字符串。

例如：

'$(strip a b c   )'返回 a b c。字符串"a b   c"中字符 a 前面的空格及 c 后面的空格被删除，同时 b 与 c 之间的 2 个空格被压缩为一个空格。

```
$(findstring find,string)
```
函数名称：查找字符串的函数 findstring。

函数功能：在字符串 string 中查找子字符串 find。

函数说明：如果找到，则返回找到的字符串；如果未找到，则返回空字符串。例如，$(findstring a a b c)表示在字符串"a b c"中查找字符串"a"，此时返回结果为"a"。$(findstring a b c)表示在字符串"b c"中查找字符串"a"，此时返回结果为""。

```
$(filter pattern..,string)
```
函数名称：过滤函数 filter。

函数功能：过滤掉字串"string"中所有不符合模式"pattern"的字符串，保留所有符合此模式的字符串。这里可以使用多个模式，模式表达式之间使用空格分割。

返回值：空格分割的"string"字串中所有符合模式"pattern"的字串。例如：

```
sources = foo.c bar.c test.s hello1.h
foo: $(sources)
    gcc $(filter %.c %.s,$(sources)) -o foo
```

这里调用 filter 函数，从变量 sources 的字符串中过滤掉不符合模式%.c 及%.s 的字符串，因此$(filter %.c %.s,$(sources))函数调用将返回 foo.c bar.c test.s 值，将 hello1.h 过滤掉。

```
$(filter-out pattern...,string)
```
函数名称：过滤函数 filter-out。

函数功能：与"filter"函数的功能相反。过滤掉字串"string"中所有符合模式"pattern"的字符串，而保留所有不符合指定模式的单词。可以有多个模式，模式之间使用空格分割。

函数返回值：以唯一空格分割的"string"字串中所有不符合模式"pattern"的字串。例如：

```
sources = foo.c bar.c test.s hello1.h
$(filter-out %.c %.s,$(sources))
```

其结果为 hello1.h。

```
$(sort list)
```
函数名称：排序函数 sort。

函数功能：按照字母顺序（升序）将 list 中的字符串进行排序，并去掉重复的字符串。

函数返回值：以唯一空格分隔的字符串列表。

例如，$(sort foo bar lose foo)返回值为 bar foo lose。

```
$(word n,text)
```
函数名称：取字符串函数 word。

函数功能：取字符串第 n 个字符串。n 的值从 1 开始。当 n 大于 text 中实际的字符串个数时，返回空值。

函数返回值：第 n 个字符串。

例如，$(word 2,foo bar txt)返回 bar 字符串。$(word 4,foo bar txt)返回空字符串。

`$(word s,e,text)`

函数名称：取字符串函数 word。

函数功能：取字符串第 s 个至第 e 个之间的字符串。s 的值从 1 开始。e 的值从 0 开始，当 s 的值大于 text 中实际的字符串个数时，返回空值。若 e 的值大于 text 中实际的字符串个数时，返回第 s 个至字符串末尾的所有字符串；若 e 的值小于 s 时，返回空值。例如，$(wordlist 2, 3, foo bar baz)返回字符串 bar baz。

`$(words text)`

函数名称：返回字符串中以空格分隔的字符串的个数。例如，$(word a b c)将返回值 3。

`$(firstword names...)`

函数名称：取首单词函数 firstword。

函数功能：取字符串列表 names 中的第一个字符串。例如，$(firstword foo bar)返回字符串 foo。

`$(lastword names...)`

函数名称：取最后单词函数 lastword。

函数功能：取字符串列表 names 中的最后一个字符串。例如，$(lastword foo bar)返回字符串 bar。

（2）文件操作函数

文件操作函数以文件名或者文件名列表作为参数，对其进行操作。

`$(dir names...)`

函数名称：取目录函数 dir。

函数功能：取得文件名 names 列表中每个文件所在目录。

例如，$(dir src/foo.c hello.c)将会返回 foo.c 及 hello.c 文件的目录 src/及./。

`$(notdir names...)`

函数名称：取文件名函数 notdir。

函数功能：将 names 中的目录名称去除。

例如，$(notdir src/foo.c hello.c) 将会返回 foo.c hello.c。

`$(wildcard pattern)`

函数的 pattern 参数一般包含通配符，wildcard 函数的结果就是以空格分隔的与 pattern 匹配的文件名称。例如，$(wildcard *.c)的结果就是当前目录下所有后缀为.c 的文件名称。

（3）条件函数

`$(if condition,then-part[,else-part])`

函数名称：根据条件进行部分扩展的函数 if。

函数功能：在执行时，去掉 condition 中前面及后面的空格，然后对其进行扩展，判断扩展的结果是否为空，若为空，则计算第二个参数 then-part 的值并作为函数的值返回，否则计算第 3 个参数 else-part 并将结果作为函数值返回。例如，SUBDIR = $(if $(SRC_DIR) $(SRC_DIR),/home/src)，函数首先判断 SRC_DIR 变量值是否为空，如果不为空，则将该变量的值赋给 SUBDIR，即将其作为子目录；而若为空，则函数返回/home/src，即将其赋给 SUBDIR 变量。

`$(or condition1[,condition2[,condition3...]])`

函数名称：执行逻辑或操作的函数 or。

函数功能：函数按照参数的顺序依次进行扩展，当发现某个参数被扩展后不为空，则扩展过程结束同时将该参数的值返回，若所有的参数均为空，则函数返回空值。例如：

```
$(and condition1[,condition2[,condition3...]])
```

函数名称：执行逻辑与操作的函数 and。

函数功能：函数按照参数的顺序依次进行扩展，当发现某个参数被扩展后为空，则扩展过程结束，同时返回空值；若所有的参数均不为空，则将最后一个参数扩展后的值返回。

（4）foreach 函数

```
$(foreach var,list,text)
```

foreach 函数执行时，首先扩展 var 与 list 变量，而表达式 text 中的 var 变量此时不展开，然后 var 分别使用 list 中与空格所分割的字符串进行替换，最后在反复扩展 text 时，其中的 var 才被不同的值替换，每次扩展的 text 值将被累积起来，并以空格为分隔符。例如：

```
dir=a b c d
value= (foreach str,$(dir),$(str) )
```

在该例中首先 dir 变量被扩展，然后变量 str 分别使用字符串 a、 b、 c、 d 替换$(str)表达式中的变量 str，最后 value 的值为 a b c d。

（5）call 函数

```
$(call variable,param1,param2,...)
```

call 函数提供了一种创建新的参数化函数的功能。用户可以用变量定义一个复杂的表达式，然后 call 函数用不同的参数值替换表达式中的变量。call 将 param1、param2、…、paramn 的值分别赋值给$(1), $(2)、…、$(n)。例如：

```
reverse = $(2) $(1)
foo = $(call reverse,a,b)
```

其中定义了 reverse 变量，它的值由$(2)与$(1)组成，第二条语句定义变量 foo，其值为 call 函数的返回值，call 将参数 a 与 b 替换 reverse 变量的$(1)与$(2)，因此 reverse 的值为"b a"。

（6）value 函数

```
$(value variable)
```

value 函数提供了在不扩展变量的情况下取得变量的值。例如：

```
FOO = $PATH
all:
echo $(FOO)
echo $(value FOO)
```

第一条 echo 语句显示 ATH，因为此时$P 将被作为变量，而该变量未定义，因此输出空值而 ATH 将原样输出。而第二条语句将显示系统环境变量$PATH 所保存的值。这是因为 value 函数取得 FOO 变量的值。

（7）shell 函数

```
$(shell cmd parameter)
```

该函数执行 shell 命令 cmd，将 parameter 作为命令的 cmd 参数，将该命令执行的结果返回。例如，contents := $(shell cat foo) 命令执行后，contents 的值变为文件 foo 的内容。

（8）控制 make 行为的函数

这些函数可以控制 make 运行的方式。它们为用户提供信息或者当发生错误时停止 make 的运行。

$(error message...) 函数功能是若在调用时产生严重的错误，停止 make 的运行，显示

message 信息。例如：
```
ifdef ERROR1
$(error error is $(ERROR1))
endif
```
当变量 ERROR1 定义时，才会执行 error 函数，并显示所指定的错误信息。

$(warning text...)函数在调用时产生警告信息，但 make 不会退出。

$(info text...) 函数只是显示 text 信息。

7．自动变量

Makefile 文件中提供了自动变量的用法，它可以表示一条规则中的目标或依赖文件列表，可以简洁地书写 Makefile 文件，但它只能用于规则的命令中。例如，$@自动变量用来表示规则中目标文件的名称。因此，第一个 Makefile 例子中的规则如下：
```
main:main.o hello1.o hello2.o
 gcc -o main main.o hello1.o hello2.o
```
如果使用$@表示目标 main，则变为如下形式：
```
main:main.o hello1.o hello2.o
 gcc -o $@ main.o hello1.o hello2.o
```
Makefile 中常用的几种自动变量有以下几个。

$@：表示规则中目标文件的名称。如果目标为库文件成员时，则$@表示该文件。

$%：当目标为库文件成员时，表示该目标成员名；当目标不为库文件成员时，$%则为空。例如，如果目标文件为 foo.a(bar.o)，则$%代表 foo.a 文件中的成员 bar.o，而$@为 foo.a，其中 foo.a 为一静态库文件。

$<：依赖列表中第一个文件名。

$?：比目标文件更新的以空格分隔的依赖文件。

$^：以空格分隔的所有的依赖文件，重复的依赖文件会被合并，所以依赖文件列表不会出现重复文件名。

$+：与$^功能相似，但它不压缩重复的依赖文件，因此会包含有重复的依赖文件。

$|：以空格分隔的顺序模式（Order-Only）的依赖文件列表。

$*：在显式规则下，表示文件名称的主要部分（即不包括文件的扩展名）。

上述这些自动变量为简化 Makefile 的书写提供了帮助，因此可利用这些自动变量将第一个实例中的 Makefile 简化为如下所示。
```
#Makefile
main:main.o hello1.o hello2.o
 gcc -o $@ $^
main.o:main.c hello1.h hello 2.h
 gcc -c $<
hello 1.o: hello 1.c hello 1.h
 gcc -c $<
hello2.o: hello2.c hello2.h
 gcc -c $<
clean:
    rm main hello1.o hello2.o main.o
```

8．make 用法

Make 工具包含了很多参数，这里主要介绍一些常用用法。

-f：指定 Makefile 文件的名称，如 make -f mymakefile 表示 make 使用 mymakefile 作为 Makefile。如果不使用该参数时，表示从当前目录下从 Makefile 或者 Makefile 等文件中读取规则。

-n：显示更新目标的命令，但并不真正执行该命令。

-t：将目标标记为已更新，但实际上 make 并没有真正更行目标程序。

-q：判断某个目标是否已经更新。

-C dir：表示在读取 Makefile 之前更改当前目录到 dir，如果使用了多个-C 选择，则后续的目录更改相对于之前更改的目录。例如，-C / -C etc 等价于-C /etc 命令，第一个命令中表示先更改到根目录/，然后第二个-C 表示更改到上次更改目录/下面的 etc 目录。

-d：显示 make 执行过程中的调试信息。

-I dir：指定搜索所包含的 Makefile 文件的目录。

另外，make 后面可直接加规则的名称，表示要执行哪条规则，例如，make all 表示执行 all 所表示的规则。

【例 2-11】下面以宽带计费软件 Dr.com Linux 下开源版本中的 Makefile 为例，介绍 Makefile 文件的使用。Dr.com Linux 版本包含一个主目录及主目录下面的 3 个子目录 drcomc、drcomc 及 kmod（代表不同的模块）。主目录下包括一个总的 Makefile 文件，而 3 个子目录下面均有相应的该模块的 Makefile 文件。下面是主 Makefile 文件中的内容：

```
TOPSRCDIR = $(shell pwd)
#执行 shell 的 pwd 命令，获得当前目录的绝对路径并保存到变量 TOPSRCDIR，它表示最高层目录
DESTDIR = /usr/local/bin/
#定义该表量表示程序将要被安装的目标位置
export TOPSRCDIR DESTDIR
#使上述定义的两个变量在子 shell 进程中也有效
SUBDIRS = drcomc drcomd kmod
.PHONY: all clean install
#将 all、clean、install 定义为伪目标，这样可直接执行这些目标中的命令
all:
 @for x in $(SUBDIRS); do (cd $$x && make all) || exit 1; done
#执行 for 循环，分别进入 SUBDIRS 中的子目录，若成功，执行 make all 命令编译子模块
clean:
 @for x in $(SUBDIRS); do (cd $$x && make clean) || exit 1; done
#执行 for 循环，分别进入 SUBDIRS 中的子目录，若成功，执行 make clean 命令清除子模块
install:
 @for x in $(SUBDIRS); do (cd $$x && make install) || exit 1; done
#执行 for 循环，分别进入 SUBDIRS 中的子目录，若成功，执行 make install 命令安装子模块
 @echo
 @echo
 @echo
 @if [ -a /etc/drcom.conf ]; then \    #判断文件是否存在，后面的\符号表示下一行内容和本行内容属于同一行
     echo "================================" && \
     echo "" && \
     echo "/etc/drcom.conf exists.";\
     echo "" && \
     echo "You May Need to Edit /etc/drcom.conf" && \
     echo "" && \
     echo "================================" \
     ;\
     #echo 命令显示内容并换行
 else\
```

```
        install -m 600 drcom.conf /etc/drcom.conf && \
          #执行 install 命令
        echo "====================================" && \
        echo "" && \
        echo "Do Not Forget To Edit /etc/drcom.conf" && \
        echo "" && \
        echo "====================================" \
        ;\
    fi
    @echo
```

drcomd 下面的 Makefile 文件内容为：

```
DESTDIR= /usr/local/bin
CC = gcc   #定义编译器
WARN = -Wall   #打开所有的告警信息
INCLUDE = -I../include   #设置搜索头文件的路径
OPTIMIZE = -g   #优化参数
CFLAGS = $(WARN) $(INCLUDE) $(OPTIMIZE)   #本 Makefile 中所使用的所有 GDB 参数
LDFLAGS = -lm -lpthread   #所需要链接的库文件名称
BINS = drcomd
OBJS = drcomd.o kmodule.o signal.o dialog.o keepalive.o login.o logout.o md5.o misc.o passwd.o readconf.o watchport.o log.o ../utils/utils.o   #所有的.o目标文件
SRCS = drcomd.c kmodule.c signal.c dialog.c keepalive.c login.c logout.c md5.c misc.c passwd.c readconf.c watchport.c log.c ../utils/utils.c   #所有的源文件
INCS = log.h
.PHONY: all clean install
all: $(BINS)
clean:
    @echo "  CLEAN drcomd"
    @rm -f $(BINS) $(OBJS)
install: $(BINS)
    @echo "  INSTALL drcomd"
    @mkdir -p $(DESTDIR)
    @install -m 700 drcomd $(DESTDIR)

drcomd: $(OBJS)   #编译规则
    @echo "  LD drcomd"
    @$(CC) -o $@ $^ $(LDFLAGS)   #编译命令
$(OBJS): drcomd.h log.h md5.h ../include/daemon_kernel.h ../include/client_daemon.h ../include/daemon_server.h ../include/utils.h
.c.o:   #一条双后缀的隐式规则，表示将所有.c文件编译为对应的.o文件
    @echo "  CC $<"
    @$(CC) -c -o $@ $< $(CFLAGS)
```

总　　结

1. 介绍了在 Linux 环境下开发软件所必须使用的软件：GCC、GDB 和 Make 工具；

2. 介绍了 GCC 的基本概念、常用参数以及如何构建静态、动态链接库，并通过实例给出了静态和动态链接库之间的区别；

3. 介绍了 GDB 调试工具的基本参数和具体用法；

4. 介绍了 Make 工具以及 Makefile 的格式和基本原理；

5. 这 3 种工具在 Linux 开发中是不可缺少的，当然还有其他工具，但这 3 种工具是最基本的要求。

习 题

1. 请阐述静态链接库和动态链接库之间的相同点和不同点。
2. 请阐述 Make 命令工具如何确定哪些文件需要重新生成，而哪些不需要生成。
3. 请简述 Make 中的伪目标的作用是什么。
4. 有一个项目的文件依赖关系如下图所示，现在要生成 menu 主模块，请为该项目编写相应的 Makefile，要求能够对各个模块独立编译，对主模块进行编译，可删除目标文件，可将生成的主模块拷贝到/usr/bin 目录下。

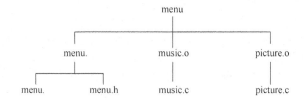

5. 请采用隐式规则重新编写上述 Makefile 文件。

第 3 章
Shell 编程

Linux 中的 Shell 作为用户与操作系统的接口，是用户使用操作系统的窗口。它具有强大的功能，为用户提供了编程方法，用户可用其执行复杂的管理任务。它是一种重要而且广泛应用的工具，在实际的各种网络运营管理环境中，Shell 的编程得到广泛的应用，本章通过 Shell 编程的介绍，使读者掌握基本的 Shell 概念和基本的编程方法，并且可初步编写 Shell 程序用以执行系统管理任务。

3.1 Shell 基础

Shell 是用户和 Linux 操作系统内核程序间的一个接口。Shell 既是命令解释器，又是一种编程语言。作为命令解释器，Shell 为用户使用 Linux 操作系统提供丰富的工具界面。若用户输入命令，Shell 负责解释执行该命令并向用户返回结果。作为编程语言，它利用自身的语言结构将工具命令组合起来提供更加复杂的功能。

3.1.1 Shell 交互方式

用户使用 Shell 有两种方式：交互式与非交互式。交互模式时，用户通过键盘输入命令，Shell 接收命令执行然后返回结果。非交互模式时，Shell 执行文件中所包含的命令。Shell 提供内置命令，这些命令很难或者无法通过外部工具命令实现，因为这些命令对 Shell 本身进行操作。Shell 最强大的能力在于其作为编程语言的功能，同其他高级语言一样，它提供了变量、流程控制结构、引用、函数、数组等功能。

3.1.2 Shell 基本功能

Shell 基本功能如下。

（1）历史命令功能

使用 Linux 操作系统过程中，会输入大量的命令，而 Shell 可以将这些命令储存起来，当用户再次使用时，可通过上下键从历史命令列表中选择需要重新执行的命令，这样极大地方便了用户。Shell 中的历史命令存储在.history 文件中。可通过 history 命令查看历史命令，如 history 20 显示前 20 个历史命令。

（2）命令及文件名补全功能

用户可以只输入命令的前面一部分，然后使用 Tab 键，由 Shell 自动将后面的部分补齐。如果只有一条命令的前缀与输入相同，则 Shell 自动将该命令剩余部分补全。如果有多个命令的前缀与所输入的一致，可通过连续按 Tab 键两次，Shell 将所有的命令都会列出来供用户查看。将文件名作为命令参数时，可以只输入文件名称前面一部分，同命令补全功能一样，使用 Tab 键可自动进行补全。

（3）命令别名

Shell 中可以使用 alias 别名命令对命令重新命名，即用新的字符串替换原有命令的名称，原命令保持不变，之后就可以通过输入新名字执行命令。例如，命令 alias lsl=ls -l 用 lsl 命令表示 ls -l 命令，那么以后我们可以通过输入 lsl 命令查看文件的详细信息。通过 unalias 命令取消命令别名。

（4）作业控制功能

Shell 中的作业控制功能可以控制进程或者程序的启动、暂停、恢复、终止等行为。Shell 输入命令启动新进程，它有两种方式：前台方式与后台方式。前台方式也称为同步方式，Shell 等待该程序结束之后才能进一步操作。而后台方式也称为异步方式，Shell 不必等待程序的结束就可接收下一条命令。可在命令后面加上 & 符号使得以后台方式运行该命令。例如，执行命令 ./file.sh & 后即可返回 Shell 提示符，同时显示该进程的作业号及进程 ID 号，如下所示：

```
[cosmos@localhost ~]$ [1] 23456，其中[]中的1表示为第一个作业，而23456为该进程的ID号
```

如果命令后面没有&符号，则该命令在前台运行，Shell 一直等待该程序结束后才出现提示符等待下一条命令。前台进程可以接收用户键盘输入的中断信号从而中止运行。比如用户输入 ^Z(Ctrl + Z)挂起一个正在运行的进程，而输入^Y(Ctrl+Y)延迟挂起命令可以使得当被挂起的命令从终端读取输入时停止运行从而返回 Shell。用户可以使用 bg 命令使其继续在后台运行，使用 fg 命令使其在前台运行，甚至使用 kill 命令将进程杀死。后台进程不受^Z 及^Y 命令的影响。Shell 也可用命令 wait 等待某个进程的结束。

（5）用户环境个性化定制

Shell 的另一个重要功能就是为用户个性化环境。通常在启动脚本中加载定制选择完成个性化定制，包括系统环境变量、配置文件、搜索路径、终端属性、程序库的路径以及编辑器的配置信息等。例如，用户主目录下面的 .bash_profile 文件中可定制用户的系统环境变量，如 JAVA_HOME、PATH、LD_LIBRARY 等。我们可在自己用户主目录下面执行命令 cat .bash_profile 查看文件中的内容，也可通过 vi 命令对其进行编辑定制。

3.2 Bash 编程

Bash 是 Linux 操作系统默认的 Shell 程序。它是 GNU 项目中的免费的 Unix Shell 软件。它是"Bourne-Again Shell"的缩写，又被解释为"born again"，是 Stephen Bourne 的双关语。Stephen Bourne 是在 1978 年前后编写的 Bourn Shell（又被称为 sh）的作者，该版本同 UNIX 贝尔实验室研究版第七版一起发布。Bash 大部分与 sh 兼容而且包含了 Korn shell(ksh)及 C shell(csh)中很多有用的功能。它实现 IEEE 的 POSIX 标准规范中的"Shell 与工具部分"（ieee 标准1003.1）。目前最新版本为 4.0.17。输入如下命令可查看 Bash 的版本信息：

```
[cosmos@localhost ~]$ bash -version
```

得到如下信息：

```
[cosmos@localhost ~]$ bash -version
GNU bash, version 4.0.16(1)-release (i386-redhat-linux-gnu)
Copyright (C) 2009 Free Software Foundation, Inc.
License GPLv3+: GNU GPL version 3 or later <http://gnu.org/licenses/gpl.html>

This is free software; you are free to change and redistribute it.
There is NO WARRANTY, to the extent permitted by law.
```

下面从第一个 Shell 程序开始本章的主要内容。

【例 3-1】利用 VI 编辑器编辑如下的 Shell 程序,并保存名称为 first.sh 文件。

```
1 #!/bin/bash
2 message="hello world!"
3 # 定义一个打印显示的变量 message
4 echo $message
5 exit
```

然后我们输入./first.sh 执行该 shell 程序,将得到如下结果:

```
[cosmos@localhost ~]$ ./first.sh
bash: ./first.sh: 权限不够
```

这是错误提示,说明我们没有执行该程序的权利。利用 ls -l first.sh 命令查看原因,可得到该文件的权限如下:

```
[cosmos@localhost ~]$ ls -l first.sh
-rw-rw-r--. 1 cosmos cosmos 100 10-09 02:43 first.sh
```

我们发现该文件无论是所有者还是组用户及其他用户均无可执行(x)权限,这是执行失败的原因,我们利用命令 chmod 修改 first.sh 文件的权限,使其允许文件所有者具有执行该程序的能力。

```
[cosmos@localhost ~]$ chmod 742 first.sh
[cosmos@localhost ~]$ ls -l first.sh
-rwxr---w-. 1 cosmos cosmos 100 10-09 02:43 first.sh
```

可以发现,first.sh 的拥有者已经具有执行权限而其他用户权限保持不变。然后执行该 Shell 程序并查看返回结果:

```
[cosmos@localhost ~]$ ./first.sh
hello world!
```

第一个 Shell 程序 first.sh 文件中的第一行是每个 bash 程序所必需的,它指明了执行该脚本的命令。如果用户的 Shell 环境为 bash,那么必须为该命令。第二条语句定义了一个变量并且该变量的初始值为一字符串。第三行以#符号开始,表示该行为注释,执行程序的时候#符号后面的内容不执行。第四行 echo 语句打印变量 message 的值并且换行,相当于 C 语言中的 printf("%s\n",message)。这里访问变量值的方法为在变量前面加一$符号,即$message。第五行退出 Shell 程序,返回调用 Shell 程序的地方。

3.3 Shell 中的特殊字符

Shell 中有很多的特殊字符,具有不同的含义,区分和掌握这些特殊字符的用法是进行 Shell 编程的基础。

3.3.1 转义符 "\"

转义符 "\x" 表示使用 x 符号的字面意义而不是使用其特殊含义,因为在编程语言中,一些符号经常会有其特殊用法,但有时又需要使用其字面意义,这时可采用转义符进行转义。例如,在 Shell 程序中#表示注释,但是如果想打印出#号本身,那么需要使用转义符。比较下例两条语句输出结果。

【例 3-2】转义符的使用

```
echo #aabbccdd
echo \#aabbccdd
```

执行后输出的结果为:

```
[cosmos@localhost ~]$ echo #aabbccdd

[cosmos@localhost ~]$ echo \#aabbccdd
#aabbccdd
```

3.3.2 单引号

单引号中所包含的所有字符保持字面含义。同时,单引号不能嵌套,即使加上转义符也不可以。

【例 3-3】单引号的使用。

例如,在终端中交互式输入如下命令:

```
[cosmos@localhost ~]$ string=hello
[cosmos@localhost ~]$ echo $string
hello
[cosmos@localhost ~]$ echo '$string'
$string
[cosmos@localhost ~]$ echo '$string''
> ^C
[cosmos@localhost ~]$ echo '$string\''
> ^C
```

这段代码展示了单引号的作用,首先定义了变量 string 其值为 hello,第一条 echo 语句直接显示该变量,第二条 echo 语句将单引号中的内容$string 的字面含义显示出来,第三条及第四条 echo 语句说明单引号不能嵌套使用。

3.3.3 双引号

双引号使除了$、`、\ 特殊符号外的所有其他字符保持字面含义,即当作普通字符使用。双引号中的$、`符号保持特殊含义,而符号\只有当其后面的字符为$、`、"、\、或者换行符时才保持特殊含义即当转义符使用。

【例 3-4】双引号的使用。

例如,输入如下命令:

```
[cosmos@localhost ~]$ echo "*abc"
*abc
[cosmos@localhost ~]$ echo "$string"
hello
[cosmos@localhost ~]$ echo "\string"
\string
[cosmos@localhost ~]$ echo "\#string"
\#string
[cosmos@localhost ~]$ echo "\$string"
$string
```

上面第一条 echo 语句显示双引号中一般字符均正常显示,第二条 echo 语句将双引号中的$符号及其后面的字符串由其所代表的变量值代替并显示,第三条及第四条 echo 语句显示双引号中的\

后面的字符当作普通字符显示，最后一条 echo 语句说明当\后面为$符号时，\作为转义符使用。

【例 3-5】单引号和双引号的区别。

单引号：

```
$string='$PATH'
$echo $string
```

上述命令的执行结果为：

```
$PATH
```

双引号：

```
$string="$PATH"
$echo $string
```

上述命令的执行结果为：

```
$/usr/bin:/home/sxlyq
```

3.3.4 命令替换符号

命令替换符号为`（注：该符号为键盘上 1 左边的`符号，不是单引号），其用法为 `command`。命令替换符号`所包含的命令在 Shell 执行时，用该命令的标准输出结果替换该命令。命令替换符号``与$(command)的效果相同。建议使用后者。

【例 3-6】命令替换符的使用。

执行如下命令：

```
[cosmos@localhost ~]$ string=`pwd`
[cosmos@localhost ~]$ echo $string
/home/cosmos
[cosmos@localhost ~]$
```

上述命令首先定义一个变量 string，其值为 pwd 命令执行的结果。当显示该变量值时，pwd 命令返回的结果替换 pwd 变量作为 string 的值。另外一个例子如下，假如一个名为 A 的文件包含内容如下：

```
ABCDEFG
1234456
abcdefg
```

执行如下命令：

```
[root@localhost cosmos]# B=`cat A|grep 123`
[root@localhost cosmos]# echo ${B}
1234456
[root@localhost cosmos]# echo "$B"
1234456
[root@localhost cosmos]# echo '$B'
$B
```

3.4　Shell 变量

Shell 编程提供了内置的一些变量，也提供了用户自定义变量的功能和使用方法。

3.4.1　Shell 用户变量定义

用户可采用如下方式直接进行变量定义。

变量名称=变量值

变量可不用声明直接使用或者赋值，用户定义的变量名由字母和下划线组成，并且变量名第一个字母不能为数字。可采用${variablename}方法使用用户变量，该风格建议使用，因为该用法不会产生歧义。

【例 3-7】 Shell 变量的定义和使用。

```
[root@localhost cosmos]# s1=hello
[root@localhost cosmos]# echo ${s1}world
helloworld
[root@localhost cosmos]# echo $s1world

[root@localhost cosmos]#
```

这里说明使用 Shell 变量时的良好风格，如果在变量名称两边未加上{}，而变量名称与其他字符如果在输入时少输入空格，则"echo $s1world"语句中可能将 s1world 作为变量，但该变量并没有定义，因此输出空行。而在变量名称两边加上 { } 则不存在这样的问题。

3.4.2 Shell 环境变量

它是定义和系统工作环境有关的变量，用户也可重新定义该类变量。其主要有如下几类。

HOME：用于保存用户主目录的完整路径名。
PATH：路径名称，Shell 在执行程序时根据该变量中所指定的路径顺序搜索可执行文件。
TERM：指明终端类型。
UID：当前用户的标识。
PWD：当前工作目录的绝对路径。
PS1：主提示符，特权用户为#，普通用户为$。
PS2：辅助提示符，提示用户输入命令的其余部分，默认的辅助提示符是">"。
IFS：输入域分隔符。Shell 根据 IFS 将字符串分割为多个单词。例如，有一个字符串为"one,two,three,four"，如果 IFS 为 ","，则可将该字符串分割为 one、two、three、four 4 个字符串分别使用。默认的 IFS 为空格。

【例 3-8】 Shell 环境变量的值。

下面代码列出了上述环境变量的值。

```
[cosmos@localhost ~]$ echo ${HOME}
/home/cosmos
[cosmos@localhost ~]$ echo ${PATH}
/usr/kerberos/bin:/usr/local/bin:/usr/bin:/bin:/usr/local/sbin:/usr/sbin:/sbin:/home/cosmos/bin
[cosmos@localhost ~]$ echo ${TERM}
xterm
[cosmos@localhost ~]$ echo ${UID}
500
[cosmos@localhost ~]$ echo ${PWD}
/home/cosmos
[cosmos@localhost ~]$ echo ${PS1}
[\u@\h \W]\$
[cosmos@localhost ~]$ echo ${PS2}
>
[cosmos@localhost ~]$ echo ${IFS}

[cosmos@localhost ~]$
```

3.4.3 Shell 内部变量

Shell 内部变量是 Shell 所定义的用户只能使用而无法重新定义的变量，主要有以下几种。

#：Shell 程序位置参数的个数。

*：脚本的位置参数内容，该位置从 1 开始。当*在双引号中即"$*"时，所有的位置参数被扩展为以 IFS 分割的一个字符串，即 "$1c$2c..."，其中 c 为 IFS 变量值的第一个字符，$1、$2 分别代表第一个和第二个位置参数的值。

?：上一条前台命令执行后返回的状态值。命令执行成功与失败返回的值是不同的。

$：当前 Shell 进程的进程 ID 号，该内部变量最常见的用途是作为暂存文件的名称，以保证不会重复。

!：最后一个后台运行命令的进程号。

0：当前执行的 Shell 程序的名称。

@：脚本的位置参数内容，该位置从 1 开始。"$@"被扩展为 "$1"、"$2"……

_：在 Shell 启动时，为正在执行的 Shell 程序的绝对路径。之后为上一条命令的最后一个参数。

【例 3-9】Shell 内部变量的使用。

下面名为 variable.sh 的 Shell 程序列出了上述内部变量的值：

```
#!/bin/bash
echo $_
echo $*
echo $?
echo $#
echo $$
echo $0
echo $@
message="hello world!"
# 定义一个打印显示的变量 message
echo $message
echo $_
exit
```

输入 ./variable.sh one two three 执行该程序，并得到如下结果：

```
[cosmos@localhost ~]$ ./variable.sh one two three
./variable.sh    //第一个$_的输出结果
one two three
0
3
5611
./variable.sh
one two three
hello world!
world!    //第二个$_的输出结果，上一条命令的最后一个参数
```

3.4.4 Shell 参数扩展

前面所提到的变量使用方法${parameter}就是参数扩展（Parameter Expansion）的一种，是最简单的一种用法，它的含义就是取得 parameter 代表的变量的值，下面介绍几种更加复杂且功能更强的用法。

变量=${parameter:-word}：如果 parameter 未定义或者为 null，那么用 word 置换变量的值，否则用 parameter 置换变量的值。

变量=${parameter:-word}：如果 parameter 未定义或者为 null，则用 word 置换 parameter 的值然后置换变量的值，否则用 parameter 置换变量的值。

变量=${parameter:?word}：如果 parameter 未定义或者为 null，word 被写至标准出错（默认情况下在屏幕显示 word 信息）然后退出，否则用 parameter 置换变量的值。

变量=${parameter:+word}：如果 parameter 未定义或者为 null，则不进行置换，即变量值也为 null。否则用 word 置换变量的值。下面用一些实例解释具体含义。

【例 3-10】参数变量替换实例。

```
[cosmos@localhost ~]$ name=${username:-`whoami`}
[cosmos@localhost ~]$ echo ${name}
cosmos
[cosmos@localhost ~]$ echo ${username}

[cosmos@localhost ~]$ username=aaa
[cosmos@localhost ~]$ name=${username:-`whoami`}
[cosmos@localhost ~]$ echo ${name}
aaa
[cosmos@localhost ~]$ unset username
[cosmos@localhost ~]$ name=${username:="jerry"}
[cosmos@localhost ~]$ echo ${name}
jerry
[cosmos@localhost ~]$ echo ${username}
jerry

#test.sh
#!/bin/bash
DEFAULT_FILENAME=generic.data
filename=${1:-$DEFAULT_FILENAME}
echo ${filename}
```

分别以 ./test.sh 和 ./test.sh abc 执行上述脚本程序，其结果分别如下：

```
generic.data 和 abc
```

```
 #test2.sh
#!/bin/bash
 param=${1?"Usage: $0 ARGUMENT"}
 echo "command line parameter = \"$1\""
 exit
```

分别执行 ./test2.sh 及 ./test2.sh file 的结果如下：

```
Usage: test2.sh ARGUMENT（./test2.sh 的结果）
command line parameter=file（./test2.sh five 的结果）
```

3.4.5 Shell 变量的算术扩展

算术扩展允许计算算术表达式的值，然后用结果替换。Shell 算术扩展有以下两种。

（1）$((…))用法

将需要计算的表达式包含在 $((…))中，例如，在循环中循环变量值的增加运算。

一个名为 loop.sh 的文件内容如下：

【例 3-11】算术运算实例。

```
#!/bin/bash
x=0
while [ "$x" -ne 5 ]; do
echo $x
x=$(($x+1))
done
exit 0
```

执行./loop.sh 命令运行该程序，并获得如下结果：

```
[cosmos@localhost ~]$ chmod 742 loop.sh
[cosmos@localhost ~]$ ./loop.sh
0
1
2
3
4
```

从上面的例子中看出变量 x 的值通过加法运算从 0 增加到 5。

（2）expr 命令

expr 计算并显示表达式的值，其用法如下：

```
expr 表达式
```

这里的表达式可以为数值也可以为字符串，它有很多功能，这里我们介绍用它执行各种算术运算。它支持加减乘除及求余运算。expr 命令的退出状态如下：

0 如果表达式既不为空也不为 0；

1 如果表达式为空或者为 0；

2 表达式无效。

例如，我们用 expr 重新执行上面的例子。

【例 3-12】expr 表达式的应用。

```
#!/bin/bash
x=1
while [ "$x" -le 5 ]; do
echo $x
x=`expr $x \* 2`    #注意 乘法的符号*之前需要使用转义符\
done
exit 0
```

然后执行./loop.sh 命令，结果如下：

```
1
2
4
```

这里有几个要注意的地方：while 语句中的["$x" -le 5]作用是判断变量 x 的值是否小于等于 5，若是返回真，否则返回假。另外，在 expr 执行乘法运算时，需要用转义符对乘法符号*进行转义，否则会出现 expr 表达式错误的提示。+、-、%符号不需要转义。

3.4.6 条件表达式

条件表达式在编程语言中用于判断某一条件是否满足并返回真假逻辑值，Shell 中使用 test 命令计算一个条件表达式的逻辑值并返回真或假。test 命令可用于以下 4 种情况：字符串操作、数值比较、逻辑操作、文件操作。其主要用法如下：

```
test 表达式
```

[表达式

[符号可以单独作为 test 命令使用,但我们习惯和]符号一起使用。

(1)字符串操作

几种常用的字符串操作命令见表 3.1。

表 3.1　　　　　　　　　　　　　字符串操作

操　　作	含　　义
-z String	若字符串长度为 0,返回真
-n String	若字符串长度不为 0,返回真
String1 = String2	若字符串 1 与字符串 2 相同,返回真
String1 != String2	若字符串 1 与字符串 2 不相同,返回真

【例 3-13】字符串操作应用。

```
[cosmos@localhost ~]$ test -z ${name} && echo "name is null"
name is null
[cosmos@localhost ~]$ name=cosmos
[cosmos@localhost ~]$ test -z ${name} && echo "name is null"   #因为 name 变量的值不为空,所以条件表达式的值为假,所以,后面的 echo 语句将不会执行
[cosmos@localhost ~]$ test -n ${name} && echo "name is not null"
name is not null
```

(2)逻辑操作

几种常用的逻辑操作命令见表 3.2。

表 3.2　　　　　　　　　　　　　逻辑操作

操　　作	含　　义
!expr	若 expr 为真,则返回假;expr 为假,返回真
expr1 -a expr2	若 expr1 与 expr2 均为真,则返回真;否则返回假,相当于两个表达式的逻辑与
expr1 -o expr2	若 expr1 与 expr2 有一个为真,则返回真;若两者均为假,则返回假,相当于两个表达式的逻辑或

(3)数值比较,参数 arg1 与 arg2 必须为数字。

几种常用的数值比较操作命令见表 3.3。

表 3.3　　　　　　　　　　　　　数值操作

操　　作	含　　义
arg1 -eq arg2	如果 arg1 等于 arg2,返回真
arg 1 -ne arg2	如果 arg1 与 arg2 不等,返回真
arg 1 -lt arg 2	如果 arg1 不小于 arg2,返回真
arg 1 -le arg 2	如果 arg1 小于等于 arg2,返回真
arg 1 -gt arg 2	如果 arg1 大于 arg2,返回真
arg 1 -ge arg 2	如果 arg1 大于等于 arg2,返回真

这里的 eq、ne、lt、le、gt、ge 分别代表 equal、not-equal、less-than, less-than-or-equal, greater-than 及 greater-than-or-equal。

例如：
```
[cosmos@localhost ~]$ test -1 -gt -2 && echo yes
yes
```
这条语句的含义在于先执行条件语句，若返回值为真时才执行逻辑与操作后面的语句，否则后面的语句不会执行，这种情况下逻辑与操作具有"短路"性质。

（4）文件操作，主要判读文件的属性。

几种常用的文件操作命令见表 3.4。

表 3.4　　　　　　　　　　　　　　　　文件操作

操　　作	含　　义
-b file	若 file 为块设备，则返回真
-c file	若 file 为字符设备，则返回真
-d file	若 file 为目录，则返回真
-e file	若 file 存在，则返回真
-p file	若 file 为命名管道，则返回真
-r file	若 file 可读，则返回真
-S file	若 file 为 Socket，则返回真
-s file	若 file 大小大于 0 字节，则返回真
-w file	若 file 可写，则返回真
-x file	若 file 可执行，则返回真
-f file	若 file 为普通文件，则返回真

3.4.7　Shell 字符串操作

几种常用的 Shell 字符串操作如下：

（1）字符串长度

```
${#string}
 expr length $string
 expr "$string" : '.*'
```

下面语句展示了求字符串长度的方法：

```
stringZ=abcABC123ABCabc
 echo ${#stringZ}                   # 输出结果 15
 echo 'expr length $stringZ'        #输出结果 15
 echo 'expr "$stringZ" : '.*''      # 输出结果 15
```

（2）从字符串开始的位置匹配子串的长度

```
expr match "$string" '$substring'
   $substring 是一个正则表达式
   expr "$string" : '$substring'
   $substring 是一个正则表达式
```

下面语句展示了求字符串匹配指定正则表达式长度的方法：

```
stringZ=abcABC123ABCabc
echo 'expr match "$stringZ" 'abc[A-Z]*.2''    #输出结果 8，abcABC12 与表达式匹配
echo 'expr "$stringZ" : 'abc[A-Z]*.2''        #输出结果 8，同上
echo 'expr match "$stringZ" 'abc[A-Z]*''      #输出结果 6，abcABC 与表达式匹配
```

（3）字符串索引

```
expr index $string $substring    #给出匹配到子串的第一个字符出现的位置
stringZ=abcABC123ABCabc
echo 'expr index "$stringZ" C12'          #C字符出现的位置最早,在第6个位置
echo 'expr index "$stringZ" 1c'           #输出结果为3
echo 'expr index "$stringZ" 2c'           #输出结果为3
echo 'expr index "$stringZ" b2c'          #输出结果为2
echo 'expr index "$stringZ" a45c'         #输出结果为1
```

（4）提取子串

${string:position}在 string 中从位置$position 开始提取子串。如果$string 为 "*" 或 "@"，那么将提取从位置$position 开始的位置参数。

${string:position:length}在 string 中从位置$position 开始提取$length 长度的子串。

expr substr $string $position $length   在 string 中从位置$position 开始提取$length 长度的子串。

```
stringZ=abcABC123ABCabc
 echo ${stringZ:0}          #输出结果为 abcABC123ABCabc
 echo ${stringZ:1}          #输出结果为 bcABC123ABCabc
 echo ${stringZ:7}          #输出结果为 23ABCabc
 echo ${stringZ:7:3}        #输出结果为 23A
 echo ${stringZ:(-4)}       #输出结果为 Cabc, -4 表示从最后开始往前提起 4 个字符
 echo 'expr substr $stringZ 1 2'        #输出结果为 ab
 echo 'expr substr $stringZ 4 3'        #输出结果为 ABC
```

expr match "$string" '\($substring\)'

从$string 的开始位置提取$substring, $substring 是一个正则表达式。

expr "$string" : '\($substring\)'

从$string 的开始位置提取$substring, $substring 是一个正则表达式。

```
stringZ=abcABC123ABCabc
echo 'expr match "$stringZ" '\(.[b-c]*[A-Z]..[0-9]\)''     # abcABC1
echo 'expr "$stringZ" : '\(.[b-c]*[A-Z]..[0-9]\)''         # abcABC1
echo 'expr "$stringZ" : '\(.......\)''                     # abcABC1
```

（5）字符串删除

```
${string#substring}       # 从$string 的左边截掉第一个匹配的 $substring
${string##substring}      # 从$string 的左边截掉最后一个匹配的$substring
stringZ=abcABC123ABCabc
#          |----|
#          |----------|
echo ${stringZ#a*C}       # 123ABCabc 将 abcABC 删除掉
echo ${stringZ##a*C}      # abc  将 abcABC123ABC 删除掉
```

${string%substring}   从$string 的右边截掉第一个匹配的 $substring。

${string%%substring}   从$string 的右边截掉最后一个匹配的$substring。

```
stringZ=abcABC123ABCabc
 echo ${stringZ%b*c}       # abcABC123ABCa
# 从$stringZ 的后边开始截掉'b'和'c'之间的最近的匹配
 echo ${stringZ%%b*c}      # a
# 从$stringZ 的后边开始截掉'b'和'c'之间的最远的匹配
```

（6）字符串替换

${string/substring/replacement}使用$replacement 来替换第一个匹配的$substring。

${string//substring/replacement}使用$replacement 来替换所有匹配的$substring。

```
stringZ=abcABC123ABCabc
echo ${stringZ/abc/xyz}
#输出结果为 xyzABC123ABCabc
echo ${stringZ//abc/xyz}
#输出结果为 xyzABC123ABCxyz
```

${string/#substring/replacement}

如果$substring 匹配$string 的开头部分，那么就用$replacement 来替换$substring。

${string/%substring/replacement}

如果$substring 匹配$string 的结尾部分，那么就用$replacement 来替换$substring。

```
stringZ=abcABC123ABCabc
 echo ${stringZ/#abc/XYZ}
 # XYZABC123ABCabc
echo ${stringZ/%abc/XYZ}
# abcABC123ABCXYZ
```

3.5 Shell 控制语句

Shell 脚本语言和其他编程语言类似，也提供了控制语句实现程序的结构组织。主要包括条件结构与循环结构。

3.5.1 条件语句

（1）if 语句

条件判断语句 if 是编程语言中最常用的语句之一，它能根据表达式的值执行不同的行为。在 Shell 中也有 if 语句，其语法如下，注意控制语句语法中的分号即可：

```
if [表达式1];then
   命令列表1;
elif [表达式2]; then
   命令列表2;
else
   命令列表3;
    fi
```

Shell 中用 0 表示真，非 0 为假，这正好与其他常见的高级语言相反。因此表达式 1 的值返回为 0 时，执行命令列表 1，同时，若表达式 1 为假，表达式 2 返回 0 时，执行命令列表 2，其他情况下，执行命令列表 3。另外上述语法中[]之内的为可选，且如果 if 语句和 then 放在一行的话，then 前面必须加上分号。

【例 3-14】条件语句用法。testif.sh 程序如下：

```
#!/bin/bash
 if [ $1 -le 10 ];then
       echo "a<=10"
```

```
    elif [ $1 -le 20 ];then
        echo "10<a<=20";
    else
        echo "a>20";
    fi
```

分别执行./testif.sh 30、./testif.sh 40 和/testif.sh 15，分别得到结果如下：

a>20 a>20 和 10<a<=20

（2）case 语句

if 语句中的表达式一般要么为真，要么为假。如果表达式的值有多于 2 种的情况，则用 if 语句一个个判断会显得比较烦琐。而对于某个表达式或者变量具有多种可能情况时，可以选择使用 case 语句。语法如下：

```
case 变量 in
表达式 1)
    命令列表 1
    ;;
表达式 2)
    命令列表 2
    ;;
……
*)
    默认命令列表
    ;;
esac
```

其中 case 语句的每个分支以符号;;结束，表示不再与下面的表达式进行匹配，相当于 C 语言中 case 语句中的 break。当变量与所有的表达式均不匹配时，执行*)后面的默认命令列表。case 语句中的表达式可以是一个表达式，也可以是多个表达式通过逻辑与或者逻辑或操作组合起来的复合表达式。

【例 3-15】下面这段代码根据变量 number 的值输出不同的信息，如果 number 为 1、3、5、7、9 时输出奇数，若 number 为 0、2、4、6、8 则输出偶数，否则输出"number is bigger than 9"的信息。number 变量的值可以通过计算得出，也可以是由用户输入的值。

```
#!/bin/bash
read number  #read 表示等待用户输入值并保存到变量 number 中
case $number in
1|3|5|7|9) echo "odd number";;
2|4|6|8|0) echo "even number";;
*) echo "number is bigger than 9";;
esac
exit
```

（3）select 语句

select 语句可以方便创建菜单选项。它的语法如下：

```
select 变量 [in 菜单项]; do 命令列表; done
```

首先 Shell 将变量取值列表当作菜单显示出来，当用户选择其中某个选项后，执行 select 中的语句，然后重新返回菜单让用户选择。

【例 3-16】下面例子展示如何使用 select 命令创建供用户选择的菜单。

```
#!/bin/bash
echo "please choose your favorite fruit:"
```

```
select fruit in "APPLE" "ORANGE" "BANANA";do
    echo "your favorite fruit is ${fruit}";
done
```

注意，上面的菜单项列表中的每个菜单项用双引号包含起来，同时以空格分割。我们将该 Shell 程序保存于 select.sh 文件中，设置好可执行权限后，执行该程序，得到结果如图 3.1 所示。

```
[cosmos@localhost ~]$ ./select.sh
"please choose your favorite fruit:"
1) APPLE
2) ORANGE
3) BANANA
#? 1
"your favorite fruit is APPLE"
#? 2
"your favorite fruit is ORANGE"
#? 3
"your favorite fruit is BANANA"
#?
```

图 3.1　select 菜单用法

3.5.2　循环语句

Bash 同样也支持循环语句，主要有以下几种。

（1）until 语句

语法如下：

```
until 条件表达式；do 命令列表；done
```

或者：

```
until 条件表达式
do
   命令列表；
done
```

until 语句表示如果条件表达式的值为假，则一直执行其中的命令列表直到表达式的值为真。

【例 3-17】下面的代码读取用户输入的用户名并判断是否满足要求，如果不满足，继续读取，否则结束该语句然后显示用户输入信息。

```
#!/bin/bash
echo -n "please input your name: " #提示输入用户名，这里echo语句-n参数表示不换行输出
read name #read命令从键盘获取用户输入并保存到变量name中
until ["${name}" = "cosmos" ]   #如果名称不是cosmos，则表达式返回为非0，则继#续执行下列语句
   do
      echo  -n "the name you input is wrong,please input again: ";
#提示用户输入错误，并等待用户重新输入
      read name
   done
   echo "you have typed name:$name" #成功后，显示用户输入的用户名
```

将上述代码保存到 until.sh 文件中，修改权限然后执行该程序，得到的结果如图 3.2 所示。

```
[cosmos@localhost ~]$ ./until.sh
please input your name: asf
the name you input is wrong,please input again: cosmos
you have typed name:cosmos
```

图 3.2　until 用法

（2）while 循环语句

语法如下：

```
while test-commands; do consequent-commands; done
```

或者：

```
while 表达式
do
      命令列表
```

done

如果表达式的值为真，则运行循环体中的命令；当表达式值为假时，退出 while 循环，执行下一条语句。

【例 3-18】我们用 while 循环重新编写上例。

```
#!/bin/bash
echo -n "please input your name: "
read name
while [ "${name}" != "cosmos" ]
do
    echo -n "the name you input is wrong,please input again: ";
#提示用户输入错误，并等待用户重新输入
        read name
    done
```

将该程序保存名为 while.sh 的文件，修改权限然后执行，得到结果如图 3.3 所示。

```
[cosmos@localhost ~]$ ./while.sh
please input your name: abcd
the name you input is wrong,please input again: cosmos
```

图 3.3　while 循环

（3）for 循环语句

语法如下：

```
for name in[参数列表]; do commands; done
```

或者：

```
for name in [ 参数列表]
do
    命令列表
done
```

for 循环语句中变量 name 按照顺序访问参数列表的值，然后执行命令列表。参数列表中每个参数由空格分割。参数列表也可使用通配符，例如*，在使用时 shell 会自动将其扩展为当前目录下的所有文件名。

【例 3-19】下列名为 for.sh 的程序显示参数列表的内容。

```
#!/bin/bash
for number in 1 2 3 4 5 6 7 8
#number 变量分别取得参数列表中的 1、2、3、4、5、6、7、8
do
   echo "number is ${number}" #显示当前 number 的值
done
```

执行该程序得到的结果如图 3.4 所示。

```
[cosmos@localhost ~]$ ./for.sh
number is 1
number is 2
number is 3
number is 4
number is 5
number is 6
number is 7
number is 8
```

图 3.4　for 循环

从结果中可以看出 number 的值从 1 变化到 8，按照顺序分别访问参数列表中的每一个元素。

【例 3-20】下面名为 for2.sh 的程序演示如何在 for 语句中使用扩展符。

```bash
#!/bin/bash
for name in *
do
    echo "file name is ${number}" #显示当前 name 的值
done
```

执行该程序，将显示当前目录下所有文件及目录的名称，结果如图 3.5 所示。

```
[cosmos@localhost ~]$ ./for2.sh
number is a
number is A
number is aa.c
number is a.c
number is chapte6
number is chapter10
number is chapter11
```

图 3.5 for 循环

3.6 Shell 其他命令

Shell 提供了内置的命令，这些命令由命令及命令参数组成，如命令 echo a b c，其中的 a b c 为 echo 命令的参数。复杂命令由简单命令通过各种方式（如管道、循环、条件语句等）组合起来。这里介绍一些常用的 Shell 内置命令。

3.6.1 管道命令

管道可以将多个命令输入输出按照顺序连接起来。它是进程间通信的一种方式，将一个进程的标准输出与另外一个进程的标准输入连接起来。其用法如下：

```
command1|command2|…|commandn
```

在这里 command1 的标准输出不再显示在屏幕上，而是通过 command2 的标准输入传递给 command2 命令，该命令处理完之后，将结果向后面的进程传输直到最后一个进程，最后进程处理完后，如果其标准输出没有被重定向，则将结果显示在屏幕上。管道命令为我们组合命令提供了方法。

【例 3-21】管道命令用法。

```
cat /var/log/message | more
```

/var/log/message 记录了系统日志，该文件内容十分庞大，一屏无法显示，因此 cat 命令无法查看文件最开始的部分，在此通过管道命令将 cat 的输出传给 more 命令，由 more 命令对文件内容分屏显示。另外一个例子如下：

```
[root@localhost cosmos]# ps aux|grep bash
cosmos    3594  0.0  0.5   6488  1644 pts/0    Ss   02:21   0:00 bash
root      3626  0.0  0.5   6488  1612 pts/0    S    02:21   0:00 bash
root      3708  0.0  0.2   5616   700 pts/0    S+   02:35   0:00 grep bash
```

上述命令中 ps aux 显示系统中所有的进程及其时间相关信息，通过管道命令将所有进程信息传给 grep 进程，从中查找 bash 进程并显示。

【例 3-22】管道命令作用。

```
#!/bin/bash
tr 'a-z' 'A-Z' #tr 是翻译或者删除字符的命令
```

将上述文件保存为 trans.sh 文件，并赋予执行权限，则执行下列命令：

ls -l | ./trans.sh 的结果为：

```
$ ls -l | ./uppercase.sh
    -RW-RW-R--    1 BOZO    BOZO       109 APR  7 19:49 1.TXT
    -RW-RW-R--    1 BOZO    BOZO       109 APR 14 16:48 2.TXT
    -RW-R--R--    1 BOZO    BOZO       725 APR 20 20:56 DATA-FILE
```

观察该结果，可发现 ls -l 命令的输出被管道传给 trans.sh 脚本程序，该程序将输入的字符转换为大写字符再输出。

3.6.2 重定向命令

在 Linux 操作系统中，内核会自动为每个进程打开 3 个文件描述符，分别是 0、1、2，分别对应标准输入、标准输出及标准错误。进程可从该 3 个文件描述符中分别从键盘读取数据及向屏幕输出数据。在命令执行之前，Shell 可以利用重定向操作符将这些输入输出重定向。重定向操作符按照其出现的顺序自左至右执行。>及<符号分别表示重定向输出及重定向输入。

（1）重定向输入

将进程的标准输入重定向至命令所指定的文件，使得该进程默认的从标准输入读取变成从文件中读取数据。一般用法：[n]<file。其中的 n 指进程打开的文件描述符，该命令将文件描述符 n 重定向至 file 文件。在 n 忽略时，默认是指对标准输入重定向。

（2）重定向输出

将进程的标准输出重定向至命令所指定的文件，使得该进程默认的向标准输出写数据变成向文件中输出数据。如果文件已经存在，那么该文件内容将被清空然后向其中写入数据；若文件不存在，则创建该文件然后写入数据。重定向输出一般格式为：

[n]>word

其中的 n 指进程打开的文件描述符，该命令将文件描述符 n 重定向至 file 文件。在 n 忽略时，默认是指对标准输出重定向。

（3）追加重定向输出>>

>>基本功能与>相同，不同之处在于若后面的文件存在，它向该文件追加内容。其一般用法为：[n]>>word。

（4）重定向标准输出及标准错误

该命令允许将标准输出及标准错误两者均重定向至文件中。有两种用法：&>file 及 >&file。推荐使用第一种用法。它与 ">file 2>&1" 用法等价。>file 2>&1 命令按照重定向符号的顺序自左至右执行，首先将标准输出重定向至 file 中，其中的 2 代表标准错误，1 代表标准输出，因此 2>&1 表示将标准错误重定向至标准输出。

（5）追加重定向标准输出及标准错误

该命令与上一个基本相同，不同之处在于其追加文件内容。其一般格式为：&>>word，它等价于>>word 2>&1。

【例 3-23】下面代码演示了重定向命令的使用及>与>>的区别。

```
[cosmos@localhost ~]$ rm -f a.txt
[cosmos@localhost ~]$ rm -f b.txt
```

```
[cosmos@localhost ~]$ ls -l for.sh >a.txt
[cosmos@localhost ~]$ ls -l for.sh >b.txt
[cosmos@localhost ~]$ cat a.txt
-rwxr---w-. 1 cosmos cosmos 61 10-15 06:07 for.sh
[cosmos@localhost ~]$ cat b.txt
-rwxr---w-. 1 cosmos cosmos 61 10-15 06:07 for.sh
[cosmos@localhost ~]$ echo aaabbb >>a.txt
[cosmos@localhost ~]$ cat a.txt
-rwxr---w-. 1 cosmos cosmos 61 10-15 06:07 for.sh
aaabbb
[cosmos@localhost ~]$ echo cccddd >a.txt
[cosmos@localhost ~]$ cat a.txt
cccddd
[cosmos@localhost ~]$
```

上述代码的执行结果如图 3.6 所示。

```
[cosmos@localhost ~]$ rm -f a.txt
[cosmos@localhost ~]$ rm -f b.txt
[cosmos@localhost ~]$ ls -l for.sh >a.txt
[cosmos@localhost ~]$ ls -l for.sh >b.txt
[cosmos@localhost ~]$ cat a.txt
-rwxr---w-. 1 cosmos cosmos 61 10-15 06:07 for.sh
[cosmos@localhost ~]$ cat b.txt
-rwxr---w-. 1 cosmos cosmos 61 10-15 06:07 for.sh
[cosmos@localhost ~]$ echo aaabbb >>a.txt
[cosmos@localhost ~]$ cat a.txt
-rwxr---w-. 1 cosmos cosmos 61 10-15 06:07 for.sh
aaabbb
[cosmos@localhost ~]$ echo cccddd >a.txt
[cosmos@localhost ~]$ cat a.txt
cccddd
```

图 3.6　重定向命令

3.6.3　echo 命令

echo 命令之前已经介绍过，它的作用是显示一行文字。用法如下：

```
echo [-neE] [参数]
```

-n：表示显示内容后不换行，如果没有该参数，则换行。

-e：解释参数中的转义符。

-E：不解释参数中的转义符。

3.6.4　shift 命令

shift 命令将 Shell 程序的参数分别向左移动一位。使用方法为：shift [n]。n 表示参数向左移动的位数。假设 shell 程序有 5 个位置参数分别为$1、$2、$3、$4、$5，那么执行 shift 2 命令后，$3、$4、$5 分别向前移动两个位置，覆盖$1、$2 的值，$4、$5 的值变为未设置。可以用图 3.7 和图 3.8 表示执行 shift 命令的过程。

位置参数	$1	$2	$3	$4	$5
位置	1	2	3	4	5

图 3.7　初始参数情况

位置参数	$3	$4	$5		
位置	1	2	3	4	5

图 3.8　shift 2 之后的情况

【例3-24】下面的例子将 shift 语句与循环结合，演示 shift 的用法。

```
#!/bin/bash
for name in *
do
  echo "parameter is:$1"
  shift 1
done
```

将上述程序保存为 shift.sh，设置好执行权限后执行，执行命令./shift.sh 1 2 3 4 5，得到如下结果。

```
parameter is 1
parameter is 2
parameter is 3
parameter is 4
parameter is 5
```

该程序通过循环，首先显示位置 1 的参数，然后将后面的每个参数向左移动一位。下次循环访问位置 1 参数时，其内容已经被后面的内容所覆盖。

3.7　Shell 函数

Bash 也为 Shell 模块化编程提供了基础。它也支持函数的定义、使用。

（1）定义函数的语法

```
[ function ] name (){函数体} [ 重定向 ]
```

其中 function 关键字及重定向命令是可选的。

（2）使用函数的方法

```
name 参数列表
```

函数名称加参数列表即可执行函数体中的命令。函数通过位置参数$1、$2 等访问传递给函数的参数，而$0 指的是函数名。

（3）函数返回值

函数通过 return [n]语句返回值 n。如果没有指定 n，那么返回函数最后一条命令执行后所返回的状态。

（4）访问函数返回值

紧接着函数调用之后，通过$?命令可访问函数返回值，注意，$?与调用函数之间不能有其他语句。

【例 3-25】下面例子中 max 函数返回 3 个参数中最大的值。

```
#!/bin/bash
function max()
{
  if [ $# -ne 3 ];then
    echo "usage:max p1 p2 p3"
    exit 1
  fi
  max=$1
  if [ max -lt $2 ];then
    max=$2
  fi
```

```
    if [ max -lt $3 ];then
       max=$3
    fi
    return max
}
max 1 2 3
echo "the max number of 1 2 3 is : $?"
exit
```

将文件保存为 max.sh，通过命令 chmod 777 max.sh 设置好可执行权限后，执行该程序得到如下结果：

```
the max number of 1 2 3 is 3.
```

3.8 Shell 数组

Bash 提供一维用下标索引的数组，下标从 0 开始。数组定义后，其大小没有最大值限制，而且其数据成员不必连续，如数组可以在下标 1～10、20～30 分别存储数据，而 11～19 可以不存储数据。

定义数组的方法有：

（1）array[index] =value 其中 index 值必须大于等于 0。该定义为数组 array 中 index 位置元素赋值 value。

（2）declare -a array 通过 declare 命令声明数组 array。shell 可以通过语句 array=(value1 ... valuen)对数组进行初始化，其中每个元素以空格分隔。这条语句相当于 array[0]=value1, array[1]=value2…array[n-1]=valuen。

访问数组的方法：${array[index]}

如果 index 的值为'@'或者'*'，则取得数组中所有元素的值。另外，可通过命令${#array[@]}返回数组的最后一个元素的位置。

【例3-26】下面名为 array.sh 的程序示范了 Shell 数组的使用方法。

```
#!/bin/bash
array=(jerry tom alice keven julie)
index=0
while [ $index -lt ${#array[@]} ]
do
   echo "array[$index]=${array[index]}"
   index=$(($index+1))
done
echo "all array is ${array[*]}"
array2[10]="hello"
array2[20]="world"
echo "array2[10]=${array2[10]}"
echo "array2[15]=${array2[15]}"
echo "array2[20]=${array2[20]}"
exit
```

执行该程序，获得结果如图 3.9 所示。

```
[cosmos@localhost ~]$ ./array.sh
array[0]=jerry
array[1]=tom
array[2]=alice
array[3]=keven
array[4]=julie
all array is jerry tom alice keven julie
array2[10]=hello
array2[15]=
array2[20]=world
```

图 3.9 Shell 数组的用法

3.9 Shell 中 Dialog 工具

Dialog 命令工具为 Shell 程序编写良好的用户界面提供了基础。默认情况下，Fedora 中不会安装该工具包，可输入命令 dialog 查看返回结果，如果为错误提示，则没有安装该工具包，我们可通过命令 yum install dialog 联网自动安装，yum 命令的执行需要 root 用户权限。安装成功后，输入 dialog 命令，会显示帮助信息，这表示安装成功。

dialog 命令的用法如下所示：

```
dialog 类型 参数
```

这里的类型指对话框的用途，如给用户一个提示信息，向用户发出警告，询问用户意见，获取用户输入等。这些类型可以用表 1 总结。其中的参数与具体的类型有关，但一般包括了该类型的宽度、长度等参数。

dialog 主要有如下几种类型：

（1）msgbox 消息框

该消息框向用户显示一条信息。

在终端中输入如下命令：

```
dialog --msgbox "hello world" 9 18
```

上述命令中--msgbox 指消息框类型，后面的均为参数，第一个参数为要显示内容，9 和 18 指的是对话框的宽度和高度。图 3.10 是该命令执行后的结果。

图 3.10 dialog 命令界面

（2）--textbox 文本显示框

将命令参数所指定的文件内容显示具有滚动条的文本框中。其用法如下：

```
dialog -textbox filename height width
```

（3）--inputbox 文本输入框

提示用户输入信息的对话框。用法如下：

```
dialog --inputbox text height width [初始文本]
```

那么，如何获取文本输入框中的信息呢？在 Shell 中，将 dialog 命令的标准出错重定向到文件，然后读取文件内容，即可获得用户输入。

（4）--infobox 信息框

与 msgbox 功能类似，但它不用等待用户单击"确定"按钮。

（5）--menu 菜单类型

该类型创建一个供用户选择的菜单。

```
dialog --menu 标题 height width [<菜单编号><菜单项>]
```

用户可以通过键盘或者鼠标移动光标选择菜单项。

例如：

```
dialog --menu "Choose one:" 10 30 3 1 red 2 green 3 blue
```

（6）--checklist 复选框

该类型提供多项选项供用户选择，用户可以进行多选，可用空格选中或者取消选项。

```
dialog --checklist "title" height width 选项高度[选项标签 选项描述 是否选中]
```

（7）--radiolist 单选框

该类型提供多项选项供用户选择，但用户只能选择其中一项。可用空格选中或者取消选项。其用法如下：

```
dialog --radiolist "title" height width 选项高度[选项标签 选项描述 是否选中]
```

（8）--yesno

该类型提示用户回答是或者否。其用法如下：

```
dialog --yesno text height width
```

通过"$?"获得用户的输入，如果为 0，表示用户选择是；否则，用户选择否。

（9）dialog 实例

【例 3-27】下面是一个学生信息管理系统的菜单界面。程序要求首先输入用户名，若用户名与名称相符，则显示菜单供用户选择：增加学生信息、删除学生信息、修改学生信息以及退出。用户点击不同的菜单，程序显示用户所选择的菜单项，当用户选择退出时，系统退出。

```
#!/bin/bash
name=`cat name`
while [ "$name" != "cosmos" ]
do
    dialog --inputbox "please input username" 10 30 2>name
    name=`cat name`
done
  dialog --msgbox "welcome to student infor System" 10 20
while [ : ]
do
    dialog --menu "Choose your operation:" 10 40 3 1 "Add Student info" 2 "delete Student info" 3 "modify student information" 4 exit 2>menu.txt
    menu=`cat menu.txt`
    dialog --msgbox "your choose is $menu" 10 20
    if [ $menu -eq 4 ];then
       exit 0
    fi
done
```

将文件保存为 menu.sh，设置好可执行权限然后执行，得到结果如图 3.11～图 3.14 所示。

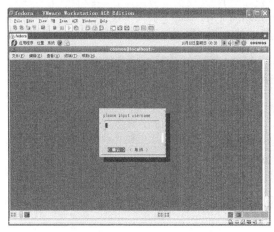

图 3.11　提示用户输入用户名

图 3.12　欢迎进入系统

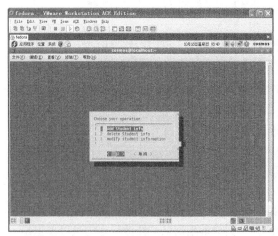

图 3.13　显示操作菜单

图 3.14　显示用户所选菜单

其中图 3.11 显示登录框，请求用户输入用户名，图 3.12 信息框欢迎用户登录学生信息管理系统，图 3.13 显示操作菜单供用户选择，图 3.14 显示用户选项，这里的数字 1 表示用户选择增加用户信息。

3.10　Bash 调试

在编写 Bash 程序时，也会出现各种各样的问题，需要通过调试程序解决问题，但 Shell 程序的调试比其他高级语言难度更高，这是因为 Bash 自身没有自带任何调试器，语言本身也没有提供直接的调试能力，另外 Shell 程序所给出的错误经常是模糊且不准确的，因此很难定位。

【例 3-28】下面 error.sh 程序存在一个错误。

```
#!/bin/bash
# 这是一个错误的脚本，# 哪里有错？
a=37
if [$a -gt 27 ]
then
```

```
    echo $a
fi
exit 0
```

在执行这个脚本时会发生错误，错误提示为：

```
./error.sh: line 4: [37: command not found
```

这样的提示对于解决问题其实没有什么帮助（出错原因在于 if 语句后面的[与$a 中间少个空格）。

Bash 有如下几种调试方法：

（1）echo 语句

在程序中通过大量使用 echo 语句显示程序内部执行情况，可以帮助我们大致判断程序在何处开始出现问题。这种方法虽然简单，但相对而言却是比较有效的一种方法。

（2）trap 命令

trap 命令捕获程序退出的信号并且执行相应的动作，如打印变量的信息等，从而可以大致判断程序因何而退出。trap 命令必须放在脚本程序的第一行，即#!/bin/bash 命令之后。trap 命令用法为：

```
trap 操作 捕获信号
```

trap 的第一个参数操作指的是当发生了某事件之后执行的操作，而捕获信号指的就是当该信号发生后执行所指定的操作。

【例 3-29】下面是使用 trap 跟踪变量值的实例。例子中对程序退出的信号进行处理。当该程序执行 exit 退出时，trap 捕获该信号并执行 echo 语句显示变量 a 和 b 的值。

```
#!/bin/bash
trap "echo a=$a b=$b" EXIT  #EXIT 信号是程序执行 exit 命令时产生的信号
a=20
b=40
exit
```

（3）sh 命令的参数-n -x -v

sh 命令可以执行 Shell 程序，在使用它时，通过使用参数可以查看每条命令执行的情况。

sh -n file.sh 该用法并不执行 Shell 程序，只是检测 file.sh 程序中的语法错误，但它无法检查出所有的错误。

sh -v file.sh 执行 Shell 程序中每一条命令前，显示该命令。这样帮助我们定位错误发生的地方。

sh -x file.sh 打印每条命令的结果。

总 结

1. 本章主要介绍了 Shell 的基本概念和主要用法。

2. 介绍了 Shell 的主要元素的基本用法，包括各种特殊符号（单引号、双引号、转义符）、运算符号、字符串操作、Shell 各种变量、控制语句等基本内容。

3. 介绍了 Shell 的高级功能部分，如管道、重定向机制，Shell 函数、Shell 数组以及 Shell 调试的基本用法。

习 题

1. 请编写一 shell 程序实现 n!的功能。
2. 请写出命令 who |wc -l 的结果并分析其执行过程。
3. 假如在脚本的第一行放入#!/bin/rm 或者在普通文本文件中第一行放置#!/bin/more，然后将文件设为可执行权限执行，看看会发生什么，并解释为什么。
4. 将某目录下面所有的文件名后面加上所有者的名字，比如 a.txt 的所有者为 owner，修改后为 a[owner].txt 文件。

基本要求：

（1）使用方法：usage: 程序名称 目录名称。若没有"目录名称"参数，则修改当前目录下文件名称。

（2）对目录中的子目录不做变化。

（3）给出实验结果。

选作要求：

（1）对目录中的子目录也执行同样功能，也就是说递归执行。

（2）将修改后的文件的名称复原，即将 a[owner].txt 文件名称改为 a.txt。

5. C 语言程序 test.c 如下，编译并执行该程序。

```
main(int ac,char *av[])
{
   int i;
   printf("Number of args:%d,Args are:\n",ac);
   for(i=0;i<ac;i++)
     printf("args[%d] %s\n",i,av[i]);
   fprintf(stderr,"This message is sent to stderr.\n");
}
```

请问，先后执行 ./test abc 234 2>a.txt 和 ./test abc 234 >>a.txt 命令后，文件 a.txt 中的内容是什么？屏幕上输出什么？

6. 试编写一个 Shell 程序，要求该程序从传递给它的参数中找出最大值及最小值，并计算平均值。

第 4 章 文件 I/O 操作

计算机中的信息都要保存在文件中，因此文件操作是 Linux 编程最基本的操作。在 Linux 操作系统中，将所有的外部设备都抽象为文件，因此本章介绍的对文件的 open/read/write/close 操作不仅可用于磁盘文件，还可用于外部设备文件，例如字符设备，socket 文件等。通过本章的学习，读者可掌握基本的 Linux 文件 I/O 操作，了解 Linux 文件的基本属性，能够编写程序实现对文件的读写操作。

4.1 概 述

文件系统是操作系统的主要功能之一，它负责管理磁盘上的数据文件，Linux 为用户或者编程人员提供了可操作文件的命令及系统调用，主要功能包括创建文件、读取文件、修改文件、删除文件等。这些具体工作由内核来完成，开发人员可在程序中使用操作系统内核提供的系统调用接口使用这些功能。这些系统调用在 Linux 中不仅可以对普通文件操作，也可以对其他设备文件操作。系统调用以函数的形式提供给用户使用，但并不等同于函数。执行系统调用时，操作系统从用户空间切换内核空间，然后执行文件的读写等操作，当完成数据的读写后，从内核空间重新切换到用户空间。它与函数的关系可用图 4.1 表示。有些函数是在用户空间进行操作的，例如用户自己编写的函数。但对程序开发人员，系统调用就像库函数一样使用。

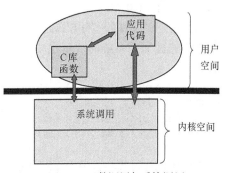

图 4.1 函数调用与系统调用

4.2 文件 I/O 操作

假设我们需要将一个文件 A 另存为名称为 B 的文件。其基本的过程为：打开文件 A，新建文件 B，读取文件 A 中的内容到内存中，将读取的内容写入文件 B 中，关闭文件 A，删除文件 A，关闭文件 B。这里主要涉及文件的 creat、open、write、close、unlink 等操作。其基本的工作流程可用图 4.2 表示。

4.2.1 文件的创建

可通过系统调用 creat 新创建一文件或者清空已有文件中的内容。使用方法如下：

```
#include <fcntl.h>
int fd=creat(char *filename, mode_t mode)
```

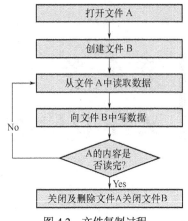

图 4.2 文件复制过程

其中<fcntl.h>是包含该系统调用的库文件，当创建成功时，fd 返回所创建文件的文件描述符；失败时，则返回-1，并将失败代码存储到全局变量 errno 中。不同的错误码代表了不同的出错原因。Linux 中文件描述符表示所打开文件的连接。creat 创建文件若成功，则返回与该文件的连接。后续操作可通过文件描述符进行。参数 filename 指定要创建文件的名称（包括路径），mode 指文件创建的权限模式，例如 creat("addressbook",0765)，0765 是一个八进制数，它表示用户希望在当前目录下以权限 "-rwxrw-r-x" 创建文件 "addressbook"。实际创建后的文件权限属性由所指定的权限模式与 "新建文件掩码" 反码的位与运算的结果决定。

"新建文件掩码"为系统变量，它表示哪些位需要被屏蔽，用以防止用户在创建文件时指定了不当的权限。例如，0022 可以将 0022 转换为对应的二进制为：000010010，它对应的权限位为----w--w-，表示将同组用户及其他用户的写权限屏蔽掉，其反码为：111101101，将 creat 函数中的 0765 转换为的二进制与反码做位与操作：

```
  111101101
+ 111110101
  111100101
```

因此创建的文件的实际权限应该为 "-rwxr--r-x"，其对应的八进制为 0745。可通过 umask 命令查看和修改当前系统的 "新建文件掩码"。例如，执行命令 umask 查看及设置 "新建文件掩码"：

```
[cosmos@localhost ~]$ umask
0002
[cosmos@localhost ~]$ umask 022
[cosmos@localhost ~]$ umask
0022
```

文件的创建过程在目录操作时再做介绍。

4.2.2 文件的打开及关闭

open 系统调用打开指定的文件，使用方法如下：

```
#include <fcntl.h>
int fd=open(char* name,int how)
int fd=open(char*name,int how mode_t mode)
```

参数 name 是需要打开的文件名称（包括路径），how 指定文件的打开模式。当打开成功时，返回该文件的文件描述符；失败时，返回-1，并将错误代码保存到 errno 中。文件的打开模式主要有：O_RDONLY、O_WRONLY、O_RDWR。O_RDONLY 表示以只读方式打开，即只能通过 fd 文件描述符读取文件中的内容，O_WRONLY 以只写方式打开，即只能通过 fd 文件描述符向文

件中写内容，O_RDWR 模式即能读亦能写。打开模式还有一些附加标志，包括：O_APPEND、O_TRUNC、O_CREAT、O_EXCL、O_NONBLOCK、O_SYNC 等。O_APPEND 表示在将数据写入文件之前，自动将文件位置指针移动到文件末尾，即当使用该标志后，每次对文件写操作时，自动追加到文件的最后。O_TRUNC 标志将 fd 所指向的文件内容清空。O_CREAT 表示当打开的文件不存在时，自动创建该文件，此时需要使用 mode 参数指定文件的权限。文件权限有如下 9 种模式，这些模式可通过或位操作一起使用。例如：open("filename",O_CREAT|O_RDONLY, S_IRUSR|S_IWUSR|S_IRGRP),之后，执行 ls -l 命令，查看执行结果。下面是与文件权限相关的一些宏定义。

- S_IRUSR：表示文件所有者拥有读权限。
- S_IWUSR：表示文件所有者拥有写权限。
- S_IXUSR：表示文件所有者拥有执行权限。
- S_IRGRP：表示同组用户拥有读权限。
- S_IWGRP：表示同组用户拥有写权限。
- S_IXGRP：表示同组用户拥有执行权限。
- S_IROTH：表示其他用户拥有读权限。
- S_IWOTH：表示其他用户拥有写权限。
- S_IXOTH：表示其他用户拥有执行权限。

O_EXCL 与 O_CREAT 一起使用，表示当创建文件时，文件若已经存在，则返回错误。O_NONBLOCK 表示对文件采取无阻塞读写操作，所谓的无阻塞就是程序在对文件读时不需要等待数据，即如果没有数据，则 read 不需等待直接以-1 立即返回，当写时如果没有空间可写，进程亦不会等待直接返回，而阻塞模式正好相反。

close 可关闭一个打开的文件。文件在不使用时要进行关闭，以释放其所占用的资源：

```
#include <unistd.h>
int result=close(int fd);
```

其中参数 fd 就是打开文件的文件描述符，返回值 result 为 0 时表示成功，-1 表示失败并设置 errno。

4.2.3 文件的读取/写入

read 系统调用从文件中读取数据，使用方法如下：

```
#include <unistd.h>
ssize_t numread=read(int fd,void *buf,size_t qty)
```

参数 fd 是 open 操作所返回的文件描述符，buf 是指向存储读取数据的内存空间，qty 指所需要读取数据的字节大小，其类型 size_t 表示无符号整数数据类型。numread 表示实际读取的字节大小，numread 的值不一定等于 qty 的值，例如，当文件中剩余内容小于所指定的 qty 字节数时，则返回实际读取的内容大小。如果不成功，numread 为-1，并在 errno 中保存相应的错误码。ssize_t 表示有符号整数数据类型。

write 系统调用可以将内存中的数据写入文件中，使用方法如下：

```
#include <unistd.h>
ssize_t result=write(int fd,void *buf,size_t amt)
```

参数是 open 操作所返回的文件描述符，将 buf 所指向的存储单元中大小为 amt 字节的数据写入文件。result 为实际写入的数据，它并不一定等于 amt，因为 write 调用时，部分数据写入后，发现磁盘已满，则返回实际写入的数据大小，也有可能在写入数据时被操作系统所打断，因此需要将 amt 值与 result 值进行比较，判断有没有发生异常。当发生错误时，result 值为-1，并在 errno 中保存相应的错误码。

4.2.4 文件的定位

当一个文件被打开得到文件描述符 fd 后，内核中用一个文件位置指针指向文件中读取或者写入时的位置。该指针与 fd 相关联，对于同一进程而言，指向相同文件的不同的 fd 的文件位置指针相互独立。当执行系统调用 read 时，内核从文件位置指针指向的位置读取指定大小的字节数，同时将文件位置指针指向下一个未读的数据。当执行写操作 write 时，从文件指针开始的位置写入指定大小的数据。如果指针位置不在文件末尾，则覆盖原有的数据。例如，文件 file1.txt 的内容及当前文件指针位置（箭头所示）如图 4.3 所示，当前文件指针在第二行的开始之处。假设此时执行 write(fd,"uuuuu",strlen(uuuuu))代码后，则文件内容"12345"被"uuuuu"所代替，并且此时文件指针指向字符"6"。lseek 系统调用可以更改文件位置指针在文件中的位置，从而可以从文件任意地方开始读写数据。lseek 的用法如下：

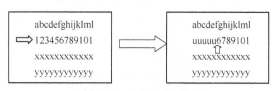

图 4.3　文件位置指针

```
#include <sys/type.h>
#include <unistd.h>
off_t oldpos=lseek(int fd, off_t dist, int base)
```

其中 fd 是文件描述符，dist 是指文件位置指针移动距离，距离可为正，也可为负，为正时表示向前移动，为负时表示向相反方向移动。base 指指针从何处开始移动，它有 3 个值：SEEK_SET、SEEK_CUR、SEEK_END。SEEK_SET 表示从文件开始的位置移动，SEEK_CUR 表示从文件位置指针当前位置开始移动，SEEK_END 表示从文件末尾移动。当执行成功时，返回值 oldpos 为移动之前的位置，失败时，返回-1，并设置 errno。off_t 是有符号整型类型。在使用 lseek 时，dist 与 base 一起决定了文件指针的位置，如上述覆盖文件数据的代码如下：

【例 4-1】lseek 用法。

```
int fd=open("a.txt",O_RDWR);
off_t oldpos=lseek(fd,strlen("abcdefghijklml"),SEEK_SET);
if ( oldpos!=-1)
{
   int result=write(fd,"uuuuu",strlen("uuuuu"));
   if (result==-1)
     printf("write error\n");
}
else
{
   printf("lseek error");
}
close(fd);
```

4.2.5 文件删除

删除文件的系统调用为 unlink。

```
#include <unistd.h>
int res=unlink(char*path)
```

path 为要删除的文件路径。成功时返回 0，不成功时返回-1，并设置 errno。该调用删除

path 到文件的一个链接，将文件对应的 i-node 中的链接数减 1，当该链接数为 0 时，才从磁盘上将该文件删除。

4.2.6 文件描述符属性控制 fcntl

fcntl 函数可用来查看及修改与打开的文件描述符相关的各种模式。其用法如下：

```
#include <fcntl.h>
#include <unistd.h>
#include <sys/types.h>
int result=fcntl(int fd,int cmd);
int result=fcntl(int fd,int cmd,long arg,...);
```

fd 指定了文件描述符，cmd 指定了具体的操作，arg 是操作时所需的参数，fcntl 执行成功时，其返回值的解释取决于 cmd 参数的值，执行失败时返回-1 并置 errno。cmd 具体含义在表 4.1 中列出。

表 4.1　　　　　　　　　　　　　　　　cmd 参数

cmd	含　义
F_DUPFD	复制文件描述符
F_GETFD	获得文件描述符
F_SETFD	设置文件描述符
F_GETFL	获取文件描述符当前模式
F_SETFL	设置文件描述符当前模式
F_GETOWN	获得异步 I/O 所有权
F_SETOWN	设置异步 I/O 所有权
F_GETLK	获得记录锁
F_SETLK	设置记录锁
F_SETLKW	设置记录锁

该系统调用功能强大，具有广泛的作用。其主要作用可大致分为如下几类。

（1）修改文件描述符的属性

对于连接 I/O 设备的文件描述符，可设置其阻塞/非阻塞读写模式；对于磁盘文件，可设置打开文件是否为追加模式等，与该模式有关的用法如下所示。

① 增加文件的某个 flags，如文件是阻塞的，想设置成非阻塞，代码如下：

```
flags = fcntl(fd,F_GETFL,0);          //首先获取文件描述符属性
flags |= O_NONBLOCK;                  //修改文件描述符属性，设置为非阻塞模式
fcntl(fd,F_SETFL,flags);              //设置文件描述符属性
```

② 取消文件的某个 flags，如文件是追加模式的，想设置成为非追加模式，代码如下：

```
flags = fcntl(fd,F_GETFL,0);
flags &= ~O_APPEND;                   //对追加模式取非表示取消追加模式
fcntl(fd,F_SETFL,flags);
```

（2）对文件进行加锁和解锁操作

在多个用户共同使用、操作一个文件的情况下，这时，Linux 通常采用的方法是给文件上锁，来避免共享的资源产生竞争的状态。该方法机制是不同进程的用户对同一文件操作时保护文件一致性的机制。

文件锁包括建议性锁和强制性锁。建议性锁要求每个上锁文件的进程都要检查是否有锁存在，并且尊重已有的锁。在一般情况下，内核和系统都不使用建议性锁。强制性锁是由内核执行的锁，当文件上锁后进行写入操作时，内核将阻止其他任何文件对其进行读写操作。采用强制性锁对性能影响很大，每次读写操作都必须检查是否有锁存在。在 Linux 中，实现文件上锁的函数有 flock()和 fcntl()，其中 flock()用于对文件施加建议性锁，而 fcntl()不仅可以施加建议性锁，还可以施加强制性锁，还能对文件的某一记录进行上锁，也就是记录锁。

记录锁又分为读取锁和写入锁。读取锁又称共享锁，能使多个进程都在文件的同一部分建立读取锁。写入锁又称为排斥锁，在任何时刻只能有一个进程在文件的某个部分建立写入锁。在文件的同一部分不能同时建立读取锁和写入锁。关于读取锁和共享锁之间的比较见表 4.2。

表 4.2　　　　　　　　　　　　　　读取锁和共享锁

当前加上的锁	申请下列锁能否成功	
	读取锁	写入锁
无	可	可
读取锁	可	不可
写入锁	不可	不可

对于强制锁，当对文件或者文件记录进行加锁后，对文件的读写操作的结果见表 4.3。例如，从表中可看出，假如当前锁为读取锁，此时其他进程可进行阻塞式读，但是进行阻塞写的时候，进行该操作的进程被阻塞，对于非阻塞读也可正常进行，而进行非阻塞写则返回 EAGAIN 错误。对于写入锁，进行阻塞读和阻塞写的进程都被阻塞，当写入锁被解除后，则被阻塞的其他进程可继续读写，而其他进行非阻塞读/写的进程将返回 EAGAIN 错误。

表 4.3　　　　　　　　　　　　　锁对不同读写操作的影响

当前锁类型＼读写方式	阻塞读	阻塞写	非阻塞读	非阻塞写
读取锁	正常读取数据	阻塞	正常读取数据	返回 EAGAIN 错误
写入锁	阻塞	阻塞	返回 EAGAIN 错误	返回 EAGAIN 错误

对锁的操作需要使用结构 flock，该结构的定义如下：

```
struct flock{
short  l_type;       //锁的类型
short  l_whence;     //指定偏移量的起始位置
off_t  l_start;      //从 l_whence 参数指定位置开始的偏移量(以字节为单位)
off_t  l_len;        //从指定位置开始连续被锁住的字节数，如果为 0 表示剩余的所有内容上锁
 pid_t  l_pid;       //返回在指定位置拥有一个锁的进程 ID
}
```

l_type 锁的类型主要有，当 fcntl 的命令参数为 SETLK 时，字段含义如下：

F_RDLCK：请求读锁。
F_WRLCK：请求写锁。
F_UNLCK：请求移除该锁。

当 fcntl 的命令参数为 GETLK 时，字段含义如下：

F_RDLCK：已存在冲突读锁。

F_WRLCK：已存在冲突写锁。
F_UNLCK：不存在冲突锁。

l_whence 类型主要包括。

SEEK_SET：相对偏移量从文件头部开始。
SEEK_CUR：相对偏移量从当前位置开始。
SEEK_END：相对偏移量从文件尾部开始。

【例 4-2】下面给出通过 fcntl 修改文件描述符属性的例子。

```
/*fcntltest.c*/
#include <stdio.h>
#include <sys/types.h>
#include <unistd.h>
#include <fcntl.h>
int main()
{
  int flags;
  int append_flag;
  int nonblock_flag;
  int access_mode;
  int file_descriptor; /* File Descriptor */
  char *text1 = "abcdefghij";
  char *text2 = "0123456789";
  char read_buffer[25];
  memset(read_buffer, '\0', 25);
  /* create a new file */
  file_descriptor = creat("testfile",S_IRWXU);
  write(file_descriptor, text1, 10);
  close(file_descriptor);

  /* open the file with read/write access */
  file_descriptor = open("testfile", O_RDWR);
  read(file_descriptor, read_buffer,24);
  printf("first read is \'%s\'\n",read_buffer);

  /* reset file pointer to the beginning of the file */
  lseek(file_descriptor, 0, SEEK_SET);
  /* set append flag to prevent overwriting existing text */
  fcntl(file_descriptor, F_SETFL, O_APPEND);
  write(file_descriptor, text2, 10);
  lseek(file_descriptor, 0, SEEK_SET);
  read(file_descriptor, read_buffer,24);
  printf("second read is \'%s\'\n",read_buffer);
  close(file_descriptor);
  unlink("testfile");

  return 0;
}
```

上述实例中，通过 fcntl 将文件打开模式改为追加模式，因此第二次写操作将数据追加到文件末尾。虽然通过 lseek 将文件指针移动到文件开头，但在写入数据时仍然是追加在文件末尾的，因此上述程序的输出结果为：

```
first read is 'abcdefghij'
second read is 'abcdefghij0123456789'
```

【例 4-3】文件记录锁的使用。

首先在程序的当前目录下新建文件 book.dat，并写入一些数据。

```c
/*********** writelock.c *******/
#include <sys/types.h>
#include <unistd.h>
#include <fcntl.h>
main()
{
  int fd;
  struct flock lock, savelock;

  fd = open("book.dat", O_RDWR);
  lock.l_type    = F_WRLCK;  /* Test for any lock on any part of file. */
  lock.l_start   = 0;
  lock.l_whence  = SEEK_SET;
  lock.l_len     = 0;
  savelock = lock;
  fcntl(fd, F_GETLK, &lock);  /*获得当前的文件锁信息*/
  if (lock.l_type == F_WRLCK)
  {
     printf("Process %ld has a write lock already!\n", lock.l_pid);
     exit(1);
  }
  else if (lock.l_type == F_RDLCK)
  {
     printf("Process %ld has a read lock already!\n", lock.l_pid);
     exit(1);
  }
  else
     fcntl(fd, F_SETLK, &savelock);   //未被锁，则设置写入锁
  pause();
}


/************* readlock.c *************/
#include <stdio.h>
#include <sys/types.h>
#include <sys/stat.h>
#include <fcntl.h>
#include <unistd.h>
main()
{
  struct flock lock, savelock;
  int fd;
  fd = open("book.dat", O_RDONLY);
  lock.l_type = F_RDLCK;
  lock.l_start = 0;
  lock.l_whence = SEEK_SET;
  lock.l_len = 50;
  savelock = lock;
  fcntl(fd, F_GETLK, &lock);
  if (lock.l_type == F_WRLCK)
  {
     printf("File is write-locked by process %ld.\n", lock.l_pid);
     exit(1);
```

```
        }
        fcntl(fd, F_SETLK, &savelock);
        pause();
}
```
编译并按照如下顺序执行上述程序:
```
./writelock &
./readlock &
```
执行结果如图 4.4 所示。

按照如下顺序执行命令:
```
./readlock &
./writelock
```
执行结果如图 4.5 所示。这两个结果说明无法在同一时刻同一区域同时获得读取锁和写入锁。

```
lyq@ubuntu:~/program/fouthchapter$ ./writelock &
[1] 3620
lyq@ubuntu:~/program/fouthchapter$ ./readlock
File is write-locked by process 3620.
```

```
lyq@ubuntu:~/program/fouthchapter$ ./readlock &
[1] 3685
lyq@ubuntu:~/program/fouthchapter$ ./writelock
Process 3685 has a read lock already!
```

图 4.4 文件读锁和写锁操作　　　　　　图 4.5 文件读锁和写锁操作

4.2.7 文件操作实例

实例一：下面的程序代码利用上述所介绍的各种系统调用实现文件重命名程序。

【例 4-4】 文件重命名。

```c
//rename.c
#include <stdio.h>
#include <stdlib.h>
#include <unistd.h>
#include <sys/type.h>
#include <fcntl.h>
#define BUFFERSIZE    512
void debug(char *mess,char *param, int n)        //辅助调试函数
{
    if ( n==-1 ){
      printf("Error occured: %s %s\n",mess,param);
      exit(1);
    }
}
main( int ac, char **av )
{
    int   in_fd, out_fd, n_chars;
    char  buf[BUFFERSIZE];   //存放从源文件读取的数据，每次读取 BUFFERSIZE 大小字节的数据
    if(ac!=3) {   //根据输入参数长度判断是否输入源文件及目标文件名
       printf( "usage: %s source destination\n", *av);
       exit(1);
    }
    in_fd=open(av[1], O_RDONLY );    // 打开源文件，读取文件
    debug("Cannot open",av[1],in_fd);
    out_fd=creat( av[2], 0744 );   //创建目标文件，名称由参数 av[2]决定
    debug("Cannot creat",av[2],out_fd);
    while((n_chars = read( in_fd , buf, BUFFERSIZE )) > 0 )    //从源文件中读取，
       if(write( out_fd, buf, n_chars ) != n_chars )//将读取的内容写入目标文件中
```

```
            debug("Write error to ", av[2],-1);
    close(in_fd);
    close(out_fd) == -1 );//关闭文件
}
```

编译该程序，并执行如下命令，得到结果：

```
gcc -o rename rename.c
./rename a.txt b.txt
```

实例二：很多系统使用日志文件记录程序执行过程中发生的一些情况，系统中存在着多个进程，而日志文件是在进程中共享的，因此存在着多个进程同时向同一个文件追加内容，如果采用先用 lseek 定位到文件末端，然后再执行 write 操作，此时有可能出现某个进程所写入的数据被另外进程的数据所覆盖的情况。可由下列两个进程演示该过程及其结果，进程 1 与进程 2 同时向文件 A.txt 追加不同的数据。

【例 4-5】多进程并发写入文件数据。

```
//processA.c
#include <stdlib.h>
#include <unistd.h>
#include <sys/type.h>
#include <fcntl.h>
main( int ac, char **av )
{
   int  fd, nwrite,oldpos;
   fd=open("A.log", O_WRONLY );              //打开文件A，读取文件
   debug("Cannot open","A.log",fd);
   oldpos=lseek(fd,0,SEEK_END);              //位置指针定位到文件末尾
   debug("Lseek error","A.log",oldpos);      //这里的debug是上例中所使用的debug函数
   sleep(10);
   nwrite=write(fd,"AAAAAAAAAAAA",strlen("AAAAAAAAAAAA"));
   debug("Write error","A.log",nwrite);
   nwrite=write(fd,"AAAAAAAAAAAA",strlen("AAAAAAAAAAAA"));
   debug("Write error","A.log",nwrite);
   close(fd);
}

//processB.c
#include <stdlib.h>
#include <unistd.h>
#include <sys/type.h>
#include <fcntl.h>
main( int ac, char **av )
{
   int  fd, nwrite,oldpos;
   fd=open("A.log", O_WRONLY );     // 打开文件A，读取文件
   debug("Cannot open","A.log",fd);
   oldpos=lseek(fd,0,SEEK_END);     //位置指针定位到文件末尾
   debug("Lseek error","A.log",oldpos);
   sleep(10);
   nwrite=write(fd,"BBBBBBBBB",strlen("BBBBBBBBB"));
   debug("Write error","A.log",nwrite);
   nwrite=write(fd,"BBBBBBBBB",strlen("BBBBBBBBB"));
   debug("Write error","A.log",nwrite);
   close(fd);
```

编译调试成功后，同时执行两个程序，然后查看执行结果，如下列命令所示：

```
./processA &; ./processB &
vi A.txt
```

假设文本最初的内容只有一行"11111111111"的字符串，一种可能结果如图 4.6 所示。

在进程 B 中，连续写入两次长度为 13 的字符串"AAAAAAAAAAAAA"，从图中可看出，进程 A 的写入数据字符串"BBBBBBBBB"被进程 B 的字符串所覆盖。产生这种错误的原因在于操作系统在进程之间的切换。当进程 A 执行 lseek 定位到文件末尾时，在写入数据之前，操作系统进程切换到 B，此时的一种情况为 B 执行 lseek 也定位到文件末尾，然后执行写操作，然后进程再切换到 A，此时进程 A 执行 lseek 的下一条语句 write，此时进程 A 认为文件的位置指针为文件的末尾，但其实此时已经不是，当进程 A 写入数据时，将进程 B 的数据覆盖，这就造成了数据的丢失。其根本原因在于 lseek 和 write 操作非原子操作，所谓原子操作即一次性执行结束，不会被中断。可以通过在打开文件时使用 O_APPEND 模式解决这样的问题，该模式使进程在写文件时，自动移动到文件末尾。因此即使出现了上述所说的情况，当 A 进程在写入时，由系统自动定位到文件末尾。而且在修改文件位置指针及写入两个操作之间不会被中断。因此将上述两个程序中的 open 语句改为：fd=open("A.log", O_WRONLY| O_APPEND);重新编译执行，现在观察文件 A.log 的执行结果如图 4.7 所示。对该结果的分析就是通过 O_APPEND 选项，让程序每次写入数据时都是自动从文件末尾写入数据。

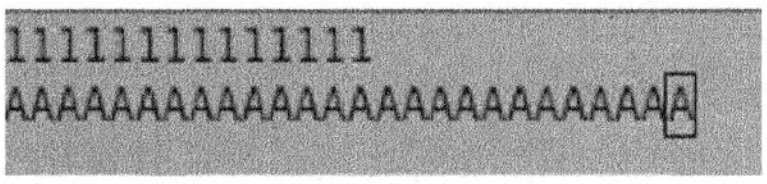

图 4.6　多进程同时写数据到文件 　　　　图 4.7　多进程同时写数据到文件

4.3　目　　录

对于目录的操作也是非常重要的一个部分，下面介绍目录相关的概念和如何实现目录的操作。

4.3.1　目录概述

从用户角度看，文件都是属于某个目录下面的，从逻辑上看，文件系统以目录树的层次结构组织文件。例如，在 Linux 中，一般的目录结构如图 4.8 所示。其中/是根目录，目录下面可以包含有子目录及文件。图中，将/目录称为 mydirA 及 mydirB 目录的父目录，mydirA 及 mydirB 是根目录的子目录。根目录其父目录就是自身，或者说其上层再无父目录的目录。目录本身在 Linux 中也是一种文件，不过其内容是其所包含的文件或者目录信息的目录项而不是具体的文件中的数据。该目录项将文件名与其在磁盘上的物理位置关联起来。同一目录下不能有同名文件，而不同目录下可以有同名文件，如图 4.8 中所示的 mydirC 目录下文件 fileB.txt 与 mydirB 目录下的文件 fileB.txt 名字相同，但系统中不会产生冲突，因为它们的绝对路径不同。绝对路径是指从根目录到该文件或者目录所经过的所有目录。例如，文件 fileA.txt 的绝对路径为:/mydirA/mydirC/fileA.txt。还有一种相对路径，它是指从当前工作目录开始到文件所包含的目录即不包含根目录/的路径。当前目录指当前进程或者当前用户所处的目录位置。Linux 中用"."表示当前目录本身，而".."表示当前目录的上级目录。假设用户当前处于 mydirA 目录中，"."表示/mydirA 而 ".." 表示根目录/，使用 mydirC/fileA.txt 可访问 fileA.txt 文件，而如果执行 ls mydirB/fileB.txt 命令，则系统提示找不到文件 mydirB/fileB.txt，这是因为在当前目录 mydirA 下没有目录 mydirB。在此情况下，可使用绝对路径/mydirB/fileB.txt 或者../mydirB/fileB.txt。目录的内容永远不会为空，总是包含"."和".."两个目录项。

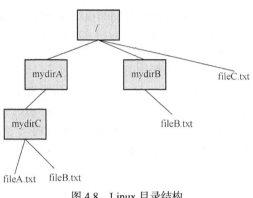

图 4.8　Linux 目录结构

4.3.2　Linux 文件系统 ext2 基本结构

ext2 是 Linux 所支持的文件系统中的一种。我们通过介绍 ext2 了解 Linux 文件系统的基本原理。操作系统将硬盘上的分区分成同样大小的块进行管理，并为每个磁盘块编号。这就使得磁盘上的数据从逻辑上看类似于数组的组织方式，Linux 又将块组织为同样大小的块组，另外，文件系统相关数据是如何组织的呢？图 4.9 是 ext2 文件系统的结构示意图。

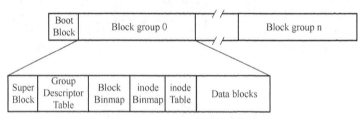

图 4.9　ext2 文件系统结构示意图

引导块（Boot Block）的大小为 1k 字节，它存储了磁盘的分区信息及启动信息，操作系统在启动时读取其中内容，文件系统不使用引导块。每个块组又包括如下内容。

- 超级块（Super Block）：每个块组中的第一个数据块，这个块存放整个文件系统本身的信息，包括 inode 数、块数、保留块数、空闲块数、空闲 inode 数、第一个数据块位置、块长度、每个块组块数、每个块组 inode 数，以及安装时间、最后一次写时间、文件系统状态信息等。超级块十分重要，若它损坏，则会丢失整个分区的信息，因此每个块组中都有一个超级块作为备份，它在内存中只加载一次。

- 组描述符表（Group Descriptor Table）：由很多块组描述符组成，整个分区分成多少个块组就对应有多少个块组描述符，因此它保存在每个块组中以防止数据丢失。每个块组都有一个组描述符，包括该块组的块位图地址指针、inode 位图地址指针、inode 节点地址指针、空闲块数、空闲 inode 数、目录数等内容。其数据结构可在内核源代码中 include/linux/ext2_fs.h 中找到，如下所示：

```
struct ext2_group_desc
{
    __le32    bg_block_bitmap;          /*指向块位图的地址 */
```

```
        __le32    bg_inode_bitmap;        /*执行 inode 位图地址 */
        __le32    bg_inode_table;         /*inode 表块地址*/
        __le16    bg_free_blocks_count;   /*空闲块数 */
        __le16    bg_free_inodes_count;   /*空闲 inode 数 */
        __le16    bg_used_dirs_count;     /*目录数*/
        __le16    bg_pad;
        __le32    bg_reserved[3];
    };
```

- 块位图（Block Bitmap）：它记录本组数据块中的使用情况，每一块对应一个 bit，若其为 1，表示对应的块已经占用，0 表示空闲。它本身占用一个数据块。

- inode 位图（Inode Bitmap)：它记录 inode 表中 inode 的使用情况，它也占用一个数据块。

- inode 表（Inode Table）：inode 表保存了本组所有的 inode，inode 用于描述文件的属性，一个 inode 对应一个文件或目录，有一个唯一的 inode 号，并记录了文件在磁盘的存储位置（或者块号）、存取权限、修改时间、类型、链接数等信息。include/linux/ext2_fs.h 文件中可找到具体的定义，主要内容有：

```
    struct ext2_inode {
        __le16    i_mode;                 /* 文件类型及权限模式 */
        __le16    i_uid;                  /* 文件所有者的标识符 */
        __le32    i_size;                 /* 文件字节数 */
        __le32    i_atime;                /* 访问时间 */
        __le32    i_ctime;                /* 创建时间 */
        __le32    i_mtime;                /* 修改时间 */
        __le32    i_dtime;                /* 删除时间 */
        __le16    i_gid;                  /*文件所有者的组标识符 */
        __le16    i_links_count;          /* 链接数 */
        __le32    i_blocks;               /* 所使用的块数*/
        __le32    i_flags;
        __le32 i_block[EXT2_N_BLOCKS];    /* 存储数据的块指针 */
    ...... }
```

- 数据块：对于普通文件，数据块存储文件中的数据；对于目录文件，数据块存储该目录下子目录或者文件的名称以及对应的 inode 信息。一个文件可占用多个数据块。

下面分别用两个实例介绍文件创建及文件读取的过程。

【例 4-6】执行系统调用 creat("a.txt",0744)创建文件时，主要有如下 4 个过程。

① 存储文件属性：内核从 inode 表中找到空闲的 inode 存储文件的属性，例如文件的创建时间、文件权限，链接数等。

② 存储文件数据：内核从数据块中找到空闲的数据块，将数据写入，并将数据块的地址记录到该文件所分配的 inode 中。

③ 更新 inode 位图及块位图，将所使用的块对应位的值置为 1。

④ 将文件名字及 inode 存储到文件所属的目录文件中。

【例 4-7】执行命令 more a.txt 时（假设 a.txt 文件存在且用户有读权限），显示 a.txt 的内容，它的主要过程为：

① 在当前目录中寻找 a.txt 文件名所对应的记录，得到文件 a.txt 的 inode 号。

② 读取 inode 节点号中文件的信息，得到文件数据块的地址。
③ 从数据块中读取数据到内核缓冲区然后再到应用程序中。

4.3.3 与目录有关的系统调用

读取目录中的内容时，无法使用 open 及 read 调用。读取目录内容相关的系统调用有：opendir、readdir、telldir、seekdir、rewinddir、closedir 等。其使用的主要过程如下：

- opendir 打开目录
- readdir 读取目录
- telldir 返回目录位置
- seekdir 目录的定位
- rewinddir 目录的定位
- closedir 关闭目录

（1）目录的打开、读取以及关闭

opendir 的用法如下：

```
#include <sys/types.>
#include <dirent.h>
DIR *opendir(const char *dir_name); /*打开目录，返回一个指向 DIR 的指针，从而创建一个到目录的连接*/
```

readdir 的用法如下：

```
#include <sys/types.>
#include <dirent.h>
struct dirent * readdir(DIR *dir); /*每次从 DIR 中读取目录项信息，该目录信息保存在结构体 dirent 中*/
```

dirent 结构的内容记录了目录中一个目录项的信息，Linux 中其格式如下，从中可以获取文件名称及其所对应的 inode 号，当目录项读完时，返回 NULL：

```
struct dirent{
   char d_name[1];         /* 文件名称 */
   int d_fileno;           /*文件的 inode 号*/
};
```

当读完目录中的数据时，则可调用 closedir 关闭目录：

```
#include <sys/types.h>
#include <dirent.h>
int closedir(DIR * dir_ptr);
```

【例 4-8】显示指定目录下所有的文件名称。

```
/*listdir.c*/
#include <sys/types.h>
#include <dirent.h>
#include <stdio.h>
int main( int ac, char **av)
{
   DIR * dir_ptr;
   struct dirent *dir;
   if (ac<2) {
     printf("usage: listdir directoryname");
     exit(1);
   }
```

```
    dir_ptr = opendir(av[1]); //打开目录
    if ( dir_ptr!= NULL ) {
        while ( ( dir=readdir(dir_ptr) ) !=NULL )
          printf("%s\n",dir->d_name);
        closedir(dir_ptr);
    }
}
```

编译执行该程序，指定一个目录，例如./listdir /，得到如下结果：

```
[cosmos@localhost book]$ ./mydir /
root
etc
temp
.
media
opt
.dbus
tmp
lost+found
......
```

（2）目录的定位

目录与文件一样，可以通过系统调用选择从何处读取目录的内容。seekdir 系统调用可确定下一次调用 readdir 读取目录时的位置。offset 是指定的位置，它没有返回值。

```
#include <dirent.h>
void seekdir(DIR *dir, off_t offset);
```

telldir 系统调用返回当前所打开的目录中下次读取时的位置。调用成功时，返回当前位置；失败时返回-1 并设置 errno 值。其 errno 值为 **EBADF** 表示无效的目录流描述符。

```
#include <dirent.h>
off_t telldir(DIR *dir);
```

rewinddir 系统调用重置目录流的位置至起始位置。

```
#include <sys/types.h>
#include <dirent.h>
void rewinddir(DIR *dir);
```

（3）目录创建与删除

使用 mkdir 创建目录，其用法如下：

```
#include <sys/stat.h>
#include <sys/types.h>
int res=mkdir(char*pathname,mode_t mode)
```

pathname 为创建目录的路径，mode 是目录的权限模式。成功创建目录时 res 值为 0；失败时为-1 并设置 errno 值。删除目录的系统调用为 rmdir，使用它删除目录时，要求目录必须为空。参数 pathname 告诉系统要删除的文件或者目录的路径。当成功时返回 0；失败时返回值为-1，并设置 errno。

```
#include <unistd.h>
int res=rmdir(char*pathname)
```

（4）改变进程工作目录

进程执行 chdir 函数调用切换其自身工作目录，对其他进程或者调用该进程的进程的工作目录没有影响。其中 path 是进程所想要到达的目录，执行成功时返回 0，失败时返回-1 并设置 errno。

```
#include <unistd.h>
```

```
int res=chdir(const char* path)
```
(5)目录或者文件重命名

rename 调用可对目录或者重新命名或者移动到新的位置。

```
#include <unistd.h>
int res=rename(const char*from,const char *to)
```

其中 from 参数是源文件路径，to 是目标路径名称。创建目标文件成功时，返回 0；失败时返回-1 并设置 errno。rename 的执行过程并不真正复制文件中的数据，它只是将文件的链接从一个目录中移动到另外一个目录中。例如 rename("a.txt","b.txt")表示将当前的文件 a.txt 名字改为 b.txt。假设 a.txt 文件的 inode 为 12345，则当前目录中必有一项(12345,a.txt)，而 rename 只是将该项中的文件名称修改，则目录项变为(12345,b.txt)。这个过程中数据本身并没有移动。rename("a.txt","../b.txt")表示将当前文件 a.txt 移动到上级目录并重命名为 b.txt。将当前的目录项(12345,a.txt)移动到上级目录中并修改为(12345,b.txt)。

(6)得到当前工作目录

getcwd 可获得进程当前所处的工作目录的绝对路径。buf 是存储路径的存储空间，同时，返回存储空间的首地址，size 为 buf 所指向的字符数组的字节数。

```
#include <unistd.h>
char *getcwd(char *buf, size_t size);
```

4.4 文件与目录的属性

文件与目录的属性保存在 inode 节点中，通过下面操作可获得这些属性的信息。

4.4.1 获得文件或目录属性

文件与目录的属性存储于其 inode 中，Linux 文件系统提供了相应的系统调用获得这些信息。可通过如下系统调用获得文件或者目录的属性。stat 调用获得参数 fname 所指定的文件的信息并将其保存在 struct stat 结构中。

```
#include <sys/stat.h>
int result=stat(char *fname,struct stat *bufp)
int lstat(const char *restrict path, struct stat *restrict buf);
int fstat(int fildes, struct stat *buf);
```

结构体 stat 中至少包含了如下文件信息（源代码下的/usr/include/sys/stat.h 文件中）：

```
struct stat {
    dev_t      st_dev          /*包含该文件的设备 ID 号*/
    ino_t      st_ino          /*文件的 inode*/file serial number
    mode_t     st_mode         /*文件类型及权限模式*/
    nlink_t    st_nlink        /*该文件的链接数*/number of links to the file
    uid_t      st_uid          /*文件所有者的用户 ID*/user ID of file
    gid_t      st_gid          /*文件的组 ID*/group ID of file
    dev_t      st_rdev         /*如果文件为字符或块设备时的设备 ID*/
    off_t      st_size         /*若文件为普通文件时文件的字节数*/
    time_t     st_atime        /*最近的访问时间*/
    time_t     st_mtime        /*最近数据修改时间*/
```

```
time_t    st_ctime           /*最近文件状态改变的时间*/
blksize_t st_blksize         /*该对象文件系统相关的最佳I/O块大小*/
blkcnt_t  st_blocks          /*系统为此文件所分配的数据块数*/
}
```

4.4.2 文件或目录的模式

文件或目录的模式是一个长度为 16 位的二进制数。模式中不同的 bit 位表示不同的含义，其分类如图 4.10 所示，左边是最高位，右边是最低位。其中最高四位表示文件类型，不同的值代表不同的文件类型，如表 4.4 所示。

图 4.10 文件或者目录的模式

表 4.4 文件类型

最高四位二进制数	文件类型常量（八进制）	文 件 类 型
0100	S_IFDIR 0040000	目录文件
0010	S_IFCHR 0020000	字符设备文件
0110	S_IFBLK 0060000	块设备文件
1000	S_IFREG 0100000	普通文件
1010	S_IFLNK 0120000	符号链接文件
1100	S_IFSOCK 0140000	Socket 文件
0001	S_IFIFO 0010000	命名管道文件

在判断文件类型的时候，Linux 利用掩码与模式的位进行"与"计算的结果为表格中第二列的值。文件类型掩码将不需要的字段置 0，而文件类型部分不变，因此它对应的二进制 bit 位为：

1111000000000000

其所对应的八进制值为 017000，Linux 中使用 S_IFMT 常量表示。假设 stat 读取文件的属性返回的 st_mode 值为 100664，将其与文件类型掩码位与操作：

st_mode   0010000000110110100
掩码   1111000000000000
结果   1000000000000000

得到的结果的八进制为 0100000，它等于 S_IFREG，说明它是普通文件。将上述过程用代码描述，如下所示：

```
if ( (info.st_mode&0170000) ==0040000)
    printf("this is a directory");
```

幸运的是，Linux 为用户提供了宏进行文件类型的判断，在/usr/include/bits/stat.h 文件中定义了如下的宏：

```
#define __S_ISTYPE(mode, mask)  (((mode) & __S_IFMT) == (mask))
#define S_ISDIR(mode)       __S_ISTYPE((mode), __S_IFDIR)
```

```
#define S_ISCHR(mode)      __S_ISTYPE((mode), __S_IFCHR)
#define S_ISBLK(mode)      __S_ISTYPE((mode), __S_IFBLK)
#define S_ISREG(mode)      __S_ISTYPE((mode), __S_IFREG)
#ifdef __S_IFIFO
# define S_ISFIFO(mode)    __S_ISTYPE((mode), __S_IFIFO)
#endif
#ifdef __S_IFLNK
# define S_ISLNK(mode)     __S_ISTYPE((mode), __S_IFLNK)
```

使用宏判断文件类型后,上述代码变为:

```
if (S_ISDIR(info.st_mode) )
    printf("this is a directory");
if ( S_ISREG(info.st_mode) )
    printf("this is a regular file");
if ( S_ISCHR(info.st_mode) )
    printf("this is a character device file");
......
```

文件模式中的最低 9 位表示用户权限、组权限及其他用户权限,对应的位置 1 表示具有相应的权限。Linux 定义了下列宏表示文件的不同权限:

```
#define S_IRUSR  0000400                              /* 文件所有者读权限 */
#define S_IWUSR  0000200                              /* 文件所有者写权限*/
#define S_IXUSR  0000100                              /*文件所有者执行权限  */
#define S_IRWXU (__S_IREAD|__S_IWRITE|__S_IEXEC)      /*文件所有者读写执行权限*/
#define S_IRGRP (S_IRUSR >> 3)                        /* 组用户读权限   */
#define S_IWGRP (S_IWUSR >> 3)                        /*组用户写权限   */
#define S_IXGRP (S_IXUSR >> 3)                        /*组用户执行权限  */
#define S_IRWXG (S_IRWXU >> 3)                        /*组用户读写执行权限*/
#define S_IROTH (S_IRGRP >> 3)                        /* 其他用户读权限 */
#define S_IWOTH (S_IWGRP >> 3)                        /*其他用户写权限 */
#define S_IXOTH (S_IXGRP >> 3)                        /*其他用户执行权限*/
```

文件所有者的读权限的二进制 bit 为:0 0 0 0 0 0 0 1 0 0 0 0 0 0 0 0,可看出其所对应的 bit 位为 1;将该数值向右移动三位后变为:0 0 0 0 0 0 0 0 0 1 0 0 0 0 0 0,表示组用户拥有读权限;再向右移动三位后变为:0 0 0 0 0 0 0 0 0 0 0 0 0 1 0 0,表示其他用户拥有读权限。下面的代码将文件的属性保存在一个字符数组中并打印出来。

【例 4-9】读取并显示文件的属性。

```
/*myls.c*/
#include <sys/stat.h>
#include <stdio.h>
void mode_to_letter(mode_t mode,char *str)  /*将数字形式的mode转换为人类可读的字符串形式*/
{
  strcpy(str,"----------");/*初始化文件属性数组,strcpy函数也将\0字符复制到str数组中*/
  if ( S_ISDIR(mode) )  str[0] = 'd';       /* d代表文件类型为目录 */
  if ( S_ISCHR(mode) )  str[0] = 'c';       /* 字符设备 */
  if ( S_ISBLK(mode) )  str[0] = 'b';       /* 块设备  */

  if ( mode & S_IRUSR ) str[1] = 'r';       /* 用户权限  */
  if ( mode & S_IWUSR ) str[2] = 'w';
  if ( mode & S_IXUSR ) str[3] = 'x';
```

```c
    if ( mode & S_IRGRP ) str[4] = 'r';         /* 组权限 */
    if ( mode & S_IWGRP ) str[5] = 'w';
    if ( mode & S_IXGRP ) str[6] = 'x';

    if ( mode & S_IROTH ) str[7] = 'r';         /* 其他用户权限 */
    if ( mode & S_IWOTH ) str[8] = 'w';
    if ( mode & S_IXOTH ) str[9] = 'x';
}
void do_ls(char * pathname)                     /*读取文件属性*/
{
    struct stat attr;
    char mode[11]; /*保存文件属性字符串的数组,其中最高位为文件类型,最后一位为字符串结束符,剩余9位为文件的权限模式*/
    if ( stat(pathname,&attr) != -1 )
    {
        mode_to_letter(attr.st_mode,mode);
        printf("file %s mode is:%s\n",pathname,mode);
    }
    else
    {
        printf("Stat error\n");
        exit(1);
    }
}
int main(int argc,char **argv)
{
    if ( argc<2 ) {
        printf("usage: myls filename\n");
        exit(1);
    }
    do_ls(argv[1]);
}
```

编译并执行上述程序,如下所示:

```
[cosmos@localhost book]$ ./myls myls
file myls mode is:-rwxrwxr-x
[cosmos@localhost book]$ ls -l myls
-rwxrwxr-x. 1 cosmos cosmos 5846 04-11 06:09 myls
```

4.4.3 符号链接

目录文件中存储的是文件名称及所对应的 inode,它被称为链接,如图 4.11 所示。文件都有一个属性:链接数。它与该文件所对应的 inode 中的链接数值一样。链接数是指指向该文件 inode 的文件数。在 Linux 中不同的文件名可以对应同一个 inode,这样如果一个文件修改之后,另外一个文件也能够立即看到这种变化,这种链接被称为硬链接。使用 ln 命令可建立硬链接,例如:ln Hello.c myHello.bak 命令将建立新文件 myHello.bak,它链接到源文件 Hello.c 的 inoe,其结果如图 4.12 所示。也就是说 Hello.c 和 myHello.bak 本质上是同一个文件。

【例 4-10】建立文件的硬链接。

```
[cosmos@localhost book]$ ls -li Hello.c    /*查看文件Hello.c的inode*/
133369 -rw-rw-r--. 1 cosmos cosmos 9 04-11 05:48 Hello.c
[cosmos@localhost book]$ ln Hello.c myHello.bak
```

```
[cosmos@localhost book]$ ls -li Hello.c myHello.bak
133369 -rw-rw-r--. 2 cosmos cosmos 9 04-11 05:48 Hello.c
133369 -rw-rw-r--. 2 cosmos cosmos 9 04-11 05:48 myHello.bak
/*查看两个文件的 inode 以及链接数等属性，发现除了名字之外，其他均相同*/
[cosmos@localhost book]$ diff  Hello.c myHello.bak/*命令查看两个文件内容的差异*/
[cosmos@localhost book]$ cat Hello.c
sfasfasf
[cosmos@localhost book]$ rm -f Hello.c
[cosmos@localhost book]$ cat myHello.bak
sfasfasf
[cosmos@localhost book]$
```

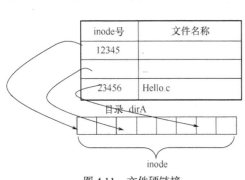

图 4.11 文件硬链接

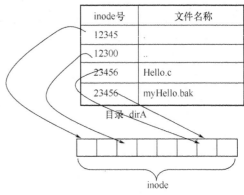

图 4.12 ln Hello.c myHello.bak 命令

从本质上说，删除文件命令 unlink 删除指定的文件时将 inode 的链接数减 1，当它为 0 时，才从磁盘上真正删除。例如：

```
rm -f Hello.c
vi Hello.bak
rm -f Hello.bak //此时，inode 所指向的数据块才会被释放，从而真正删除文件。请注意，Linux 中不允
```
许建立目录文件的硬链接。

另外一种链接方式为软链接或符号链接。可使用 ln -s 命令创建符号链接文件。

【例 4-11】建立符号链接。

```
[cosmos@localhost book]$ ln -s  Hello.c myHellosymbol
[cosmos@localhost book]$ ls -li  Hello.c myHellosymbol
133369 -rw-rw-r--. 1 cosmos cosmos 62 04-11 05:39 Hello.c
133293 lrwxrwxrwx. 1 cosmos cosmos  7 04-11 05:40 myHellosymbol -> Hello.c
[cosmos@localhost book]$ vi myHellosymbol /*在末尾添加数据，例如一行新数据 aaaaaaaa*/
[cosmos@localhost book]$ ls -li  Hello.c myHellosymbol
133369 -rw-rw-r--. 1 cosmos cosmos 73 04-11 05:43 Hello.c  /*源文件内容长度由 62 变为 73*/
133293 lrwxrwxrwx. 1 cosmos cosmos  7 04-11 05:40 myHellosymbol -> Hello.c /*符号链
接文件长度不变*/
[cosmos@localhost book]$ diff Hello.c myHellosymbol /*比较两个文件内容，结果相同，无差异*/
[cosmos@localhost book]$ rm -f Hello.c
[cosmos@localhost book]$ cat myHellosymbol
cat: myHellosymbol: 没有那个文件或目录
```

从中发现符号链接文件 Hellosymbol 的 inode 与 Hello.c 不同，文件的属性与源文件不同，它是一个新的文件，其本身存储的数据是源文件的路径名称。但是对于符号链接文件读写时，本质上也是对于源文件的读写，因此源文件的一些属性。例如，文件大小、修改时间、访问时间等都

会随之发生变化，而链接文件的属性并不会发生变化。当删除源文件后，符号链接文件仍然存在，但是当访问它时，就会发生错误。符号链接文件与 Windows 中常用的快捷方式相似。

应用程序可使用 link 及 symlink 创建硬链接及软链接。其用法如下，其中，src 为已经存在的源文件，dest 为链接文件，创建成功时返回 0；失败时返回-1 并设置 errno。

```
#include <unistd.h>
int link(const char *src, const char *dest);
int symlink(const char *src, const char *dest);
```

下面代码段演示如何创建硬链接及软链接。

```
#include <unistd.h>
char *src = "/etc/passwd";
char *hardlink = "/home/backup/passwd";
char *softlink="/home/cosmos/passwd";   /*backup 及 cosmos 目录必须存在*/
int   status;
status = link (src, hardlink);
status=symlink(src,softlink)
```

lstat 与 stat 功能基本相同，都可以获得其参数 path 所指定文件的属性，但如果 path 为符号链接文件时，lstat 得到的是符号文件本身的信息，而 stat 获得的是符号链接文件所指向文件的信息。

4.4.4 文件属性的更改

（1）更改文件的所有者

应用程序可使用 chown 修改文件的所有者及组。在使用该系统调用之前，要确保进程有相应的修改权限。path 参数是要修改属性的文件，owner 及 group 分别代表文件新所有者标识符及组标识符。执行成功时返回 0；发生错误时返回-1 并设置 errno。

```
#include <unistd.h>
int chown(const char *path, uid_t owner, gid_t group);
```

例如，chown("file.txt",200,40)表示将文件 file.txt 的所有者改为 200 所代表的用户，组改为 40 所代表的组。而 chown("file.txt",-1,-1)表示不改变文件所有者及组。

（2）更改文件的权限模式

应用程序可使用 chmod 修改文件的权限模式。它不受 umask 命令的值影响。path 参数是要修改属性的文件，mode 是新的权限模式。执行成功时返回 0；发生错误时返回-1 并设置 errno。例如 chmod("A.txt",07777)表示修改文件 A.txt,使得所有用户对其拥有读写执行的权限。同样，执行该调用需要相应的权限。

```
#include <sys/stat.h>
int chmod(const char *path, mode_t mode);
```

（3）更改文件的最后修改及访问时间

utime 可设置文件最后的修改及访问时间。执行成功时返回 0；发生错误时返回-1 并设置 errno。utimebuf 结构体包含了程序所指定的修改及访问时间。如果 times 参数为 null，则将这两个时间设置为当前时间。

```
#include <utime.h>
int utime(const char *path, const struct utimbuf *times);
```

结构体 utimebuf 在 utime.h 头文件中定义，其内容如下：

```
struct utimbuf {
    time_t actime;         /* 访问时间 */
```

```
        time_t modtime;              /* 文件内容修改时间 */
};
```

4.5　标准文件 I/O

　　C 语言标准 ISO C 定义了文件 I/O 操作的标准库函数，主要有：fopen、fread、fwrite、ftell、fclose、fseek 等函数，其函数原型如下：

```
#include <stdio.h>
FILE *fopen(const char *restrict filename, const char *restrict mode);
size_t fread(void *restrict ptr, size_t size, size_t nitems, FILE *restrict stream);
int fseek(FILE *stream, long offset, int whence);
long ftell(FILE *stream);
size_t fwrite(const void *restrict ptr, size_t size, size_t nitems, FILE *restrict stream);
int fclose(FILE *stream);
```

　　首先使用 fopen 打开一个文件，返回一个指向结构 FILE 的指针，它表示一个文件流，然后使用 fread、fwrite 在该文件流上执行读取写入等操作，fseek 可以改变文件读取写入位置，ftell 返回当前位置，fclose 关闭文件。标准文件 I/O 操作与系统 I/O 操作的关系如图 4.13 所示。

　　标准文件库函数使用系统调用 write、open 等完成数据的输入输出，它与系统调用

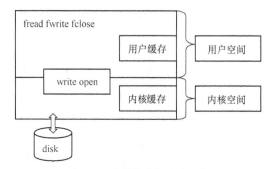

图 4.13　文件操作标准库函数

的区别在于它是具有用户缓冲的，也就是说数据的输入输出通过用户空间的缓冲空间进行的，例如，从磁盘读取数据到用户程序时，程序先从缓冲读取，如果缓冲中有数据，则将其读入应用程序，否则调用 read 从磁盘读入数据到缓冲区中，然后程序从缓冲区将数据读到指定的内存空间；当调用 fwrite 写数据到文件时，先写入缓冲区中，当缓冲区满时，再写入文件中。

　　【例 4-12】内核空间缓冲与用户空间缓冲。

　　而系统调用在用户空间是无缓冲的，但在内核中有缓冲区。从用户空间或者磁盘来的数据先保存在缓冲区中，在 read 时，如果缓冲区为空，则从磁盘读取数据到内核缓冲区，否则将数据复制到程序指定的用户缓冲区；在 write 时，先写入内核缓冲区，在一定的时间后，将缓冲区中的内容写入磁盘。

　　应用程序使用适当大小的缓冲区可以提高系统的性能，这是因为使用缓冲区可以减少系统切换的次数，系统切换时需要花费一定的时间，从而节省时间。例如，一个文件大小为 1000 字节，缓冲区设为 100 字节，则需要 10 次的 read 操作，而如果缓冲区设为 200 字节，则需要 5 次 read 操作。

　　【例 4-13】设置不同的缓冲区，对于同样大小的文件执行复制操作时，检查所花费的时间并比较。将【例 4-4】程序中的 BUFFERSIZE 设置为不同的值，对于一个大小为 5M 的文件进行测试。使用 time   mycp 命令测试执行时间。首先使用命令：

```
dd if=/dev/zero of=5M.file bs=1M count=5
```

在当前目录下生成名字为 5M.file 的大小为 5M 的文件。

然后分别执行 time ./mycp 5M.file a.txt 命令查看执行时间，结果见表 4.5。

表 4.5　　　　　　　　　　　　　有缓冲和无缓冲的区别

缓冲区大小（字节）	执行时间（ms）
1	16548
16	1082
128	169
512	79
2048	26
4096	25
8192	22
10240	25

4.6　处理系统调用中的错误

在系统调用时，经常会发生错误，但错误的原因非常多，每个错误都有个编号和文字描述信息，为了用户友好，一般要显示文字描述信息，因此，为了满足这种要求，程序员需要写大量的 if 语句或者 switch 语句来根据错误代码显示不同的错误信息，为了解决这个问题，perror 可提供将错误编码转换为对应的错误信息的功能。其使用方法如下。

功能描述：打印出错误原因信息字符串

头文件：#include<errno.h>

原型：void perror(const char *s)

说明：perror()用来将上一个函数发生错误的原因输出到标准错误(stderr)。参数 s 所指的字符串会先打印出，后面再加上错误原因字符串。此错误原因依照全局变量 error 的值来决定要输出的字符串。

在库函数中有个 error 变量，每个 error 值对应着以字符串表示的错误类型。当调用"某些"函数出错时，该函数已经重新设置了 error 的值。perror 函数只是将输入的一些信息和现在的 error 所对应的错误一起输出。但是需要注意，该调用务必在紧跟着发生错误的系统调用之后使用，中间不能出现有任何其他系统调用，否则，会出现不准确的情况。

【例 4-14】perrortest.c 演示了 perror 的使用方法。

```
#include<stdio.h>
#include<errno.h>
#include<unistd.h>
int main(void){
int fd;
fd=open("/root/noexitfile",O_WRONLY);
if(fd<0){
    perror("/root/noexitfile");}
    return 0;
}
```

当打开一个不存在的文件时，open 调用会返回失败并设置相应的错误代码值到 errno，perror 根据该 errno 值显示相应的错误信息。

总　结

1. 介绍了文件 I/O 操作的基本概念，介绍了文件的生命周期过程中需要使用的系统调用，包括创建、读取、写入、修改文件描述符属性、关闭文件、删除文件等基本操作。
2. 介绍了文件在操作系统的存储和读取过程，介绍了文件和目录各自的特点以及目录的操作，介绍了读取文件属性并判断文件类型的方法。
3. 介绍了文件描述符属性控制 fcntl 的主要作用：修改已经打开文件描述符属性以及对文件进行加锁操作防止并发访问对文件内容的破坏。
4. 介绍了文件与目录的硬链接和符号链接概念。
5. 介绍了标准文件 I/O 和系统调用 I/O 之间的区别。
6. 介绍了处理系统调用错误的处理方法。

习　题

1. 请编写一个程序，实现 tail-n a.txt 的功能：读取文件 a.txt 最后 n 行并将其显示出来。
2. 有一个目录，它的许可权限为 rwxr--x--，请写出与其对应的二进制 st_mode 形式。
3. 目录文件的 x 权限代表什么？当用户不具有该权限时，会发生什么情况？
4. 请简介标准文件 I/O 和系统调用 I/O 各自的优缺点。
5. 假设目前系统的 umask 为 0022，执行 CREAT("a.txt",765)代码后，请写出文件 a.txt 所有者、组用户及其他用户对该文件的权限。
6. 针对例 4-3，请按照顺序执行下列命令：

```
./writelock&
ls-l>book.dat
```

请查看 book.dat 数据是否发生变化，如果发生变化，请问是什么原因。

另外，请输入并执行如下程序 write.c：

```c
#include<stdio.h>
#include<stdlib.h>
#include<unistd.h>
#include<errno.h>
#include<sys/types.h>
#include<fcntl.h>
#include<string.h>
intmain()
{
charbuf[30]="123455678900000000";
intfd=open("book.dat",O_RDWR);
if(fd<0){

perror("openfailed\n");
exit(0);
}
if(write(fd,buf,strlen(buf))<0){
```

```
perror("writefailed\n");
exit(0);
    }
```

请按照如下方式执行命令:

```
./writelock&
./write
./write
./write
```

请问，book.dat 文件中的数据变化情况是什么？并给出原因。

7. 关于文件锁的使用，当某进程对某个文件上了读取锁或者写入锁后，请就下面几种情况分别编写程序进行分析，并解释原因。

（1）创建子进程，请问子进程对该文件是否拥有同样的锁。

（2）该进程执行 exec 调用，请问该进程对文件的锁是否依然有效。

（3）当该进程对文件建立锁的文件描述符关闭后，这些锁是否仍然有效？如果对这些文件描述符执行 dup 操作，锁是否对新的文件描述符仍然有效？

（4）假设该进程对某个文件加了读取锁/写入锁，然后又同时对该进程进行写入/读取操作，将会发生什么情况？

第 5 章 Linux 进程管理

Linux 是一个多任务的操作系统，系统上可同时运行多个进程。进程具有从创建、运行、睡眠到结束的完整的生命周期，如何通过程序管理进程的生命周期是本章的主要内容。通过 Linux 操作系统提供的系统调用接口完成进程的管理。本章主要内容有：进程基本概念、进程的创建和命令执行、进程的退出以及开发实例等基本内容。

5.1 进程基本概念

Linux 是一个多用户、多任务的操作系统。在这样的环境中，各种计算机资源（如文件、内存、CPU 等）的分配和管理都以进程为单位。为了协调多个进程对这些共享资源的访问，操作系统要跟踪所有进程的活动，以及它们对系统资源的使用情况，从而实施对进程和资源的动态管理。Linux 系统中每个运行的程序至少由一个进程组成。程序与进程之间是有区别的：进程不是程序，虽然它由程序产生。程序只是一个静态的指令集合，不占系统的运行资源；而进程是一个随时都可能发生变化的、动态的、使用系统运行资源的程序。一个程序运行多次从而产生多个进程。

Linux 操作系统包括以下 3 种不同类型的进程，每种进程都有其自身的特点和属性。

（1）交互进程：由一个 Shell 启动的进程。交互进程既可在前台运行，也可以在后台运行。前者称为前台进程，后者称为后台进程。前台进程可与用户通过 Shell 进行交互。

（2）批处理进程：这种进程和终端没有联系，是一个进程序列，由多个进程按照指定的方式执行。

（3）守护进程：Linux 系统启动时启动的进程，并在后台运行，它本身不在屏幕上显示任何信息，但是在后台悄悄地为用户服务，例如各种网络服务程序都是属于后台进程。

Linux 系统中，进程的执行模式划分为用户模式和内核模式。当进程运行于用户空间时属于用户模式，如果在用户程序运行过程中出现系统调用或者发生中断事件，就要运行操作系统（即核心）程序，进程的运行模式就变为内核模式。在该模式下运行的进程可以执行机器的特权指令，而且，此时该进程的运行不受用户的干预。

当用户登录 Linux 操作系统后，打开终端，即建立一个 Shell 进程，它接收用户的各种命令并创建子进程执行用户命令，当用户命令结束后，再返回当前 Shell 进程，可接收用户新的命令。Shell 程序可以创建前台进程和后台进程，当输入命令时，在命令后面加上&符号，则该程序在后台运行，否则在前台运行。在后台运行时，用户可继续输入其他命令执行；而在前台运行时，只有当该进程结束后，用户才能输入新的命令执行。

5.2 进程创建和命令执行

在 Linux 操作系统中，通过 fork()系统调用来创建子进程。其使用方法见表 5.1。

表 5.1　　　　　　　　　　　　　fork 调用

目　　标	创 建 进 程
头文件	#include <unistd.h>
函数原型	pid_t result=fork(void);
参数	无
返回值	-1 如果出错 0 返回到子进程 pid 将子进程的进程 ID 返回给父进程

将执行 fork 操作的进程称为父进程，被 fork()创建的进程称为该进程的子进程，当父进程执行 fork 操作时，操作系统内核执行如下任务完成进程的创建工作：

① 为子进程分配新的内存块和内核数据结构；
② 复制原来的进程的信息到新的进程，即子进程和父进程具有相同的可执行代码；
③ 向运行进程集添加新的进程；
④ fork 执行结束后，将控制返回给两个进程，此时，两个进程可独立执行，执行顺序取决于进程调度。

fork 系统调用与其他调用的区别在于它会返回两次：一次返回到执行 fork 操作的父进程，一次返回到子进程，父子进程通过不同的返回值进行区分。它在父进程中的返回值为新创建的子进程的 PID 号，而子进程的返回值为 0。默认情况下，父子进程具有相同的代码，执行完成后，父子进程均从 fork()代码后面的语句开始执行。

【例 5-1】fork 操作实例，请判断下列代码输出几行。

```
#include <stdio.h>
main()
{
  int ret_from_fork,mypid;
  mypid=getpid();
  printf("Before : my pid is %d\n",mypid);
  ret_from_fork=fork();
  sleep(1);
  printf("After:my pid is %d,fork() said %d\n",getpid(),ret_from_fork);
}
```

假设父进程的 PID 号为 4170，子进程的 PID 号为 4171。其中的 getpid()调用得到当前进程的 PID 值。上述程序的输出结果为：

```
Before:my pid is 4170
After:my pid is 4170,fork() said 4171
After:my pid is 4171,fork() said 0
```

其中，最后两行的顺序取决于进程调度，即父子进程执行的先后顺序。结果说明了 fork 返

113

回了两次，并且返回值不同，另外，也说明父子进程具有相同的代码段，都从 fork 操作之后开始执行。上述代码的执行过程示意图如图 5.1 所示。

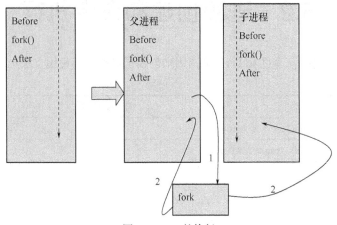

图 5.1 fork 的执行

图 5.1 中，虚线箭头表示程序的执行顺序，箭头 1 表示执行 fork 操作，箭头 2 表示执行完后返回 2 次，分别返回到父子进程，然后执行 After 所代表的语句。

父进程创建子进程后，子进程除了具有相同的代码段拷贝之外，也具有相同的数据段，即父进程的全局变量名称和值子进程也会一起拷贝过去，但它们之间是独立的，可独立改变相互不受影响。下面给出了示例。

【例 5-2】父子进程之间数据是否相互影响例程 vartest.c。

```
#include <sys/types.h>
#include <unistd.h>
#include <stdio.h>
Int glob = 10;   //全局变量
int main(void)
{
   int  local;
   pid_t pid;
   local = 8;
   if ((pid = fork()) == 0)
   { // 子进程执行该代码
      sleep(2);
   }
   else if (pid>0)   //父进程要执行的代码
   {
       glob++;
       local--;
       sleep(10);
   }
   printf("glob = %d, local = %d,mypid=%d\n", glob, local,getpid()); //父子进程都要执行的代码
   exit (0);
}
```

上述程序的执行结果为：

```
lyq@ubuntu:~/program$ ./vartest
glob = 10, local = 8 mypid=2829
glob = 11, local = 7 mypid=2828
```

第一行输出为子进程，第二行为父进程的输出，说明父子进程有相同的代码，但它们的变量之间相互不影响。

一般情况下，父进程创建子进程是为了执行特定的任务，通过执行 exec 家族系列系统调用让子进程执行新的任务，此时，由 exec 调用提供的命令的指令代码替换子进程的代码，相当于对子进程进行了换脑。下面是 exec 系列调用：

```
int execl(const char*path, const char* arg0, const char*arg1, … NULL)
int execv(const char*path, const char* argv[ ])
int execlp(const char* path, const char* arg0, const char*arg1, …NULL)
int execvp(const char*path, const char* argv[ ])
```

表 5.2 给出了该家族中的一个系统调用用法。

表 5.2　　　　　　　　　　　　　　execvp 调用

目　标	在指定路径中查找并执行一个文件
头文件	#include <unistd.h>
函数原型	result=execvp(const char *file,const char *argv[]);
参数	file　要执行的文件名 argv　字符串数组
返回值	-1　如果出错 若成功，execvp 没有返回值

其中，第一个参数是可执行程序的名称或者路径，后面的参数传递给该程序。execl 和 execlp 完全相同，execv 和 execvp 完全相同。execl()和 execv()要求提供可执行文件的绝对或相对路径名，而 execlp()和 execvp()使用$PATH 环境变量查找程序。它们之间的主要区别是：（1）可执行文件查找方式：前两个函数的查找方式都是完整的目录路径，而最后两个函数（以 p 结尾的函数，p 代表 PATH）可只给出文件名，系统自动从环境变量 "$PATH" 中进行查找。（2）参数表传递方式：有两种方式，逐个列举；将所有参数整体构造指针数组传递，以函数名的第五位字母来区分的，字母为 "l"（list）的表示逐个列举的方式，其语法为 char *arg；字母为 "v"（vertor）的表示将所有参数整体构造指针数组传递，其语法为*const argv[]。

如果 exec 系列调用没有找到可执行文件，系统调用返回-1；否则进程用可执行文件替换它的代码、数据和堆栈，exec 的成功调用不返回任何值。它的执行过程为：（1）将指定的程序复制到调用它的进程；（2）将指定的字符串数组作为 argv[]传给这个程序；（3）运行这个程序。

【例 5-3】execlp 系统调用演示程序 exctest.c。

```
#include <unistd.h>
#include <stdio.h>
main()
{
    char *arglist[3];
    pid_t pid ;
    arglist[0] = "ls";
    arglist[1] = "-l";
    arglist[2] = 0 ;
    pid=fork() ;
    if ( pid==0 ) {
```

```
        execvp( "ls" , arglist );
    }
    printf("* * * program is over. bye\n");
}
```

上述代码功能通过 execvp 让子进程执行 ls -l 命令的功能,可以发现,execvp 将 ls 进程载入子进程,替代当前进程的代码和数据,execvp 从子进程中把当前程序的机器指令清除,然后在空的进程中载入调用时指定的程序代码,最后运行该新程序。同时调整进程内存分配使之适应新的程序。因此,子进程不再执行 printf 语句,而父进程仍然不受影响,在 fork 后,执行 printf 语句。上述代码执行结果如图 5.2 所示。

```
lyq@ubuntu:~/program$ ./exctest
* * * program is over. bye
lyq@ubuntu:~/program$ total 1176
-rw-r--r-- 1 lyq lyq 208255 2013-04-14 05:50 abc.png
-rwxr-xr-x 1 lyq lyq   7547 2013-04-14 06:06 daemon
-rw------- 1 lyq lyq   1656 2013-04-14 06:03 daemon.c
-rw-r--r-- 1 lyq lyq 232343 2013-04-14 06:11 dae.png
-rwxr-xr-x 1 lyq lyq   7215 2013-04-14 06:39 exctest
-rw------- 1 lyq lyq    267 2013-04-14 06:39 exctest.c
-rwxr-xr-x 1 lyq lyq   7409 2013-04-14 06:30 forkfd
-rw------- 1 lyq lyq    574 2013-04-14 06:30 forkfd.c
-rwxr-xr-x 1 lyq lyq   7530 2013-04-14 05:40 myshell
-rw------- 1 lyq lyq    802 2013-04-14 05:43 myshell.c
-rw-r--r-- 1 lyq lyq 493968 2013-04-14 06:31 test.png
-rw-r--r-- 1 lyq lyq     43 2013-04-14 06:30 test.txt
-rw-r--r-- 1 lyq lyq 198545 2013-04-14 05:57 xyz.png
-rwxr-xr-x 1 lyq lyq   7206 2013-04-14 05:55 zombine
-rw------- 1 lyq lyq    193 2013-04-14 05:55 zombine.c
```

图 5.2 【例 5-3】执行结果

其中,第一行输出为父进程的输出,下面的输出为 ls 命令输出的结果,为子进程所执行,同时,子进程此时不再执行 printf 语句,因为子进程的代码已经被 ls 代码所替换。创建子进程时,子进程也继承了父进程所打开的文件描述符,当刚创建结束时,父子进程共享了文件描述符的文件位置指针,即父进程对文件描述符读写操作后,子进程的文件位置指针也跟着变化,因此务必要注意。否则在写文件时容易带来问题。【例 5-4】详细说明了该问题。

【例 5-4】test.txt 文件。

//假设当前目录有一个文件 test.txt,其内容如下:

```
aaaaa
bbbbbb
ccccccc
```

下面是 forkfd.c 的程序:

```c
#include <stdio.h>
#include <stdlib.h>
#include <unistd.h>
#include <sys/types.h>
#include <fcntl.h>
int main()
{
    char buf[10];
    char *str1="This is child process";
    char *str2="This is parent process";
    pid_t pid;
```

```
    int fd,readsize;
    fd=open("test.txt",O_WRONLY);
    if (fd==-1) {
perror("open failed");
exit(0); }
readsize=read(fd,buf,5);
//读取 aaaaa 字符串到 buf，此时，与 fd 关联的文件位置指针指向了第二行的第一个字符
pid=fork();
//创建子进程，该子进程此时复制了 fd 的属性，其与父进程的 fd 的文件位置指针指向同一个地方
switch(pid){
case -1: perror("fork failed"); exit(0); break;    //创建失败
    case 0: write(fd,str1,strlen(str1));           //子进程
        break;
    default: write(fd,str2,strlen (str2));          //父进程
    }
}
```

编译并运行上述程序多次后，可发现文件内容可能变为：

```
lyq@ubuntu:~/program$ more test.txt
This is parent processThis is child process
```

上述结果说明，在父子进程运行时，父进程向文件写入内容，其文件位置指针会移动到写入的内容之后，同时，子进程的文件位置指针也移向此处位置，然后子进程开始向文件写入内容。当然，也有可能在父进程未写完时，子进程开始写，然后父进程再继续写入未完成的内容，例如，一种可能的结果是：This is parThis is child process ent process。

5.3 进程退出

进程的退出主要分为正常退出和异常退出。正常退出主要有 3 种方式：一种是程序正常运行结束，进程自动消失；第二种是由程序调用 exit()函数退出；第三种是调用_exit()退出。exit()与_exit()之间的区别在于：exit 刷新缓冲中所有的流，调用由用户通过 atexit 和 on_exit 注册的函数，执行当前系统定义的其他与 exit 相关的操作，然后再调用_exit。其区别如图 5.3 所示。

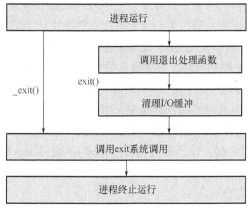

图 5.3　exit()和_exit()的区别

进程的异常退出是当进程在执行时收到系统传来的外部信号而终止执行，该信号可以是进程

发出的,也可以是系统管理员发出来的,例如 kill -9 pid 就是向进程号为 pid 的发出的结束执行的信号。

5.3.1 守护进程

在 Linux 或者 UNIX 操作系统中,当系统引导的时候,会开启很多服务为用户提供某种功能,这些服务就叫做守护进程或 Daemon 进程,例如 ftp 服务、计划任务进程 crond、http 进程 httpd(这里的结尾字母 d 就是 Daemon 的意思)等。守护进程是脱离于终端并且在后台运行的进程。一般用户都是打开终端,在终端的 Shell 提示符下输入命令执行,此时该命令的进程受该终端控制,当控制终端被关闭时,则其控制的进程也一起结束。而守护进程则不受终端控制,即使终端退出,其仍然在后台运行。守护进程脱离终端是为了避免进程在执行过程中产生的信息在任何终端上显示,另外进程也不会被任何终端所产生的信息所打断。在很多情况下,用户需要将自己的程序作为守护进程,例如网络服务程序的服务器端。因此,下面介绍程序开发人员如何通过系统调用实现守护进程。

首先介绍进程组和会话期的概念。进程组是一组进程的集合,进程组由进程组 PID 表示,每个进程除了进程 ID 之外,还必须有一个进程组 ID,即必须属于某个进程组。每个进程组都有一个组长,其进程 ID 就作为进程组 ID,它不受进程组长的退出影响。一般来说,一个终端一般是进程组组长。会话期是由一个或多个进程组组成的集合。一个会话期开始于用户登录,结束于用户退出。在此期间用户运行的所有进程都属于这个会话期。它与进程组的关系如图 5.4 所示。

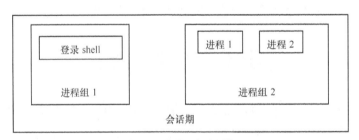

图 5.4　进程组与会话期

创建守护进程的过程如下:

(1)创建子进程。在终端输入命令执行用户程序时,该进程称为父进程,它此时受控制终端即创建该进程的控制终端的控制,通过它创建子进程,想办法让子进程脱离该终端的控制,让子进程执行守护进程需要执行的代码,然后让父进程退出,此时,子进程的父进程就变为了系统的 init 进程。当父进程先于子进程结束时,子进程就成为了孤儿进程。在 Linux 操作系统中,每当系统发现一个孤儿进程后,就会自动的由 1 号进程(init 进程)收养它。每个进程在创建的时候都有其自身的进程组、会话期及所属的控制终端,当创建子进程时,子进程复制父进程的这些属性,因此,此时父子进程属于同一个进程组、会话期及控制终端。

(2)让子进程脱离控制终端。让子进程执行 setsid()系统调用,使其脱离原控制终端。它创建一个新的会话并让调用它的进程成为该会话的组长。它主要有 3 个作用:

① 让进程摆脱原会话的控制;
② 让进程摆脱原进程组的控制;
③ 让进程摆脱原控制终端的控制。

setsid()系统调用见表 5.3。

表 5.3　　　　　　　　　　　　　　　setsid 调用

目　　标	创建新会话
头文件	#include <unistd.h> #include <sys/types.h>
函数原型	pid_t pid=setsid(void);
参数	无
返回值	出错，返回-1 成功，返回该进程组的 pid

（3）改变当前目录为根目录。每个进程在执行时，都保存当前执行目录的信息。子进程也继承了父进程的该信息。由于在进程运行过程中，当前目录所在的文件系统是不能卸载的，这对以后的使用会造成诸多麻烦（如用户要对不使用的文件目录进行卸载操作，由于该目录还在被守护进程使用，所以 umount 出错，导致该目录不能被卸载）。因此，通常的做法是让系统根目录 "/" 作为守护进程的当前工作目录，这样就会避免上述的不必要的问题。当然，如果有特殊需要，也可以把当前工作目录换成其他的路径，如：/tmp。通过系统调用 chdir("./")可实现这种改变。

（4）修改文件权限掩码。文件权限掩码是指屏蔽掉文件权限中的对应位。例如，一个文件的权限掩码为 0 5 0，其对应的二进制码为 000101000，表示屏蔽文件组用户的读与执行权限。由于新建子进程继承父进程的文件权限掩码，这就给该子进程操作文件带来了诸多麻烦。因此，把文件权限掩码设置成为 0，即取消子进程对文件操作的限制，从而大大增强该守护进程的灵活性。设置文件权限掩码的系统调用是 umask，即调用 umask(0)。

（5）关闭文件描述符。同文件权限掩码一样，新建子进程从父进程继承已经打开的文件描述符。这些被打开的文件描述符可能永远都不会被守护进程读或写，但它们同样耗费系统资源，而且可能导致文件系统无法卸载。既然守护进程已经与控制终端失去了联系，因此与控制终端相关的文件描述符，如：文件描述符为 0、1、2（常用的标准输入、输出和出错）等文件描述符就不会被使用，失去存在的意义，需要关闭它们。可使用 close(fd)方法关闭文件描述符。图 5.5 给出了创建守护进程的基本过程。

【例 5-5】daemon.c 创建守护进程。

```
#include <stdio.h>
#include <stdlib.h>
#include <string.h>
#include <fcntl.h>
#include <sys/types.h>
#include <unistd.h>
#include <sys/wait.h>
#define MAXFILE 65535
int main(void)
{pid_t pc;
int i,fd,len;
char *buf = "Hello,everybody!\n";
len = strlen(buf);
pc = fork();                        //第一步
if (pc < 0)   {
printf("fork error \n");
exit(1);   }
```

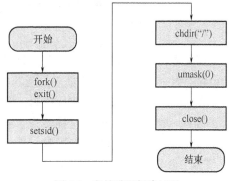

图 5.5　守护进程创建过程

```c
    else if (pc > 0)
        exit(0);
    setsid();                              //第二步，下面都是子进程需要执行的代码
    chdir("/");                            //第三步
    umask(0);                              //第四步
    for (i = 0;i < MAXFILE;i++)            //第五步
    //以下代码是守护进程真正长期执行的代码或功能
    while(1)
    {
    if((fd = open("/tmp/daemon.log", O_CREAT | O_WRONLY | O_APPEND,0600)) < 0)
    {
        perror("open");
        exit(1);
    }
    write(fd,buf,len+1);
    close(fd);
    sleep(10);
    }
```

打开一个终端，输入 gcc -o daemon daemon.c 编译该程序，使用./daemon 执行该程序，然后关闭该终端，重新打开，执行 ps -aux|grep ./daemon 命令，可看到如下所示结果：

```
File Edit View Terminal Help
lyq@ubuntu:~/program$ ps aux|grep ./daemon
lyq      2175  0.0  0.1  3320   800 pts/2    S+   06:08   0:00 grep --color=au
to       ./daemon
lyq@ubuntu:~/program$ import -window root dae.png
```

其中，./daemon 是正在运行的我们自己编写的守护进程，使用 cat /tmp/daemon.log 命令，可查看守护进程是否正在不停地向该文件写入内容，如下所示：

```
lyq@ubuntu:~/program$ cat /tmp/daemon.log
Hello,everybody!
Hello,everybody!
Hello,everybody!
Hello,everybody!
Hello,everybody!
Hello,everybody!
Hello,everybody!
```

5.3.2 僵尸进程

当父进程还没有结束而子进程结束运行，同时父进程没有使用 wait 系统调用获取子进程的结束状态时，子进程就成为僵尸进程。父进程先结束不会产生僵尸进程。僵尸进程没有任何代码、数据或堆栈，占用不了多少资源，但它存在于系统的任务列表中。在进程表中仍占了一个位置，因此一般要避免出现这种情况。当使用 ps 命令查看进程时，如果进程名称旁边出现 defunct，则表明该进程为僵尸进程。

【例 5-6】zombie.c 演示了僵尸进程的产生。

```c
#include <stdio.h>
#include<unistd.h>
void parent_code(int delay){
    sleep(delay);   //让子进程先结束，产生僵尸进程
}
```

```
main(){
pid_t pid;
int status;
pid=fork();
if (pid==0)  ;   //子进程什么都不做，尽快结束
if (pid>0) parent_code(100000);    //父进程睡眠足够长，可通过命令查看僵尸进程信息
}
```

执行 gcc -o zombine zombine.c，编译成功后，输入命令./zombine &执行程序，接着使用 ps 命令，可查看到如下所示结果：

```
File Edit View Terminal Help
lyq@ubuntu:~/program$ ./zombine &
[1] 1971
lyq@ubuntu:~/program$ ps
  PID TTY          TIME CMD
 1947 pts/1    00:00:00 bash
 1971 pts/1    00:00:00 zombine
 1972 pts/1    00:00:00 zombine <defunct>
 1973 pts/1    00:00:00 ps
```

从该结果中可看出，其中子进程的 PID 为 1972，其父进程的 PID 为 1971，子进程变为了僵尸进程。

5.3.3 进程退出状态

为了防止子进程变为僵尸进程，一般在父进程调用 wait()系统调用等待子进程的结束并获取子进程的返回状态。wait 调用做两件事：首先暂停调用它的进程直到子进程结束，然后取得子进程结束时传给 exit 的值。wait()系统调用见表 5.4。

表 5.4　　　　　　　　　　　　　　　　wait 调用

目　　标	等待子进程的结束
头文件	#include <sys/wait.h> #include <sys/types.h>
函数原型	pid_t pid=wait(int *status);
参数	status 指向一个保存子进程返回状态的整型变量
返回值	如果不存在子进程，返回-1 若有任何一个子进程结束，则返回该子进程的 pid 并保存其返回状态在 status 中，同时，wait 调用也结束

【例 5-7】waitdemo.c 演示了如何使用 wait 系统调用。

```
#include <sys/wait.h>
#include <sys/types.h>
#include<unistd.h>
#include <stdio.h>
void child(int delay){
   sleep(delay);
   exit(0);   //
}
void parent(int *status) {
  wait(status);
}
main(){
pid_t pid;
int status;
```

```
printf("before :my pid is%d\n",getpid());
pid=fork();
if (pid==0) child_code(1000);
if (pid>0) parent_code(&status);
}
```

上述代码编译执行可防止僵尸进程的产生。waitpid()亦可实现 wait()调用类似的功能，在很多情况下，会选择使用 waitpid。它们之间的区别主要是：

（1）wait()只能得到任何一个子进程结束的状态，当一个父进程有多个子进程时，若某个子进程结束，则 wait 可得到其结束状态，此时，无法再得到其他子进程的结束状态，此时，容易产生其他子进程的僵尸进程；

（2）wait()调用属于阻塞调用，父进程执行该指令后，其等待子进程结束之后才能执行它后面的代码，而 waitpid()可提供非阻塞调用的方式。

（3）waitpid()调用可以等待指定的子进程具有比 wait 多的功能。

waitpid 系统调用见表 5.5。

表 5.5　　　　　　　　　　　　　　waitpid 系统调用

目　　标	等待某个子进程的结束
头文件	#include <sys/wait.h> #include <sys/types.h>
函数原型	pid_t pid=waitpid(pid_t pid,int *status,int options);
参数	pid=-1 等待任一个子进程。与 wait 等效 pid>0 等待其进程 ID 与 pid 相等的子进程 pid=0 等待其组 ID 等于调用进程组 ID 的任一个子进程 pid<-1 等待其组 ID 等于 pid 绝对值的任一子进程 Options 选项： WNOHANG 表示如果没有任何已经结束的子进程则马上返回，不等待 WUNTRACED 如果子进程进入暂停执行情况则马上返回，但结束状态不予以理会 0 作用和 wait 一样，阻塞父进程，等待子进程结束
返回值	如果有错误发生，返回-1 若有指定子进程结束，则返回该子进程的 pid 并保存其返回状态在 status 变量中，同时，waitpid 调用结束。

系统还提供了对子进程退出状态检测的宏，见表 5.6。

表 5.6　　　　　　　　　　　　　　退出状态检测宏

宏	说　　明
WIFEXITED(status)	如果子进程正常结束，则为非 0 值，此时，可调用 WEXITSTATUS(status)取得子进程 exit()返回的结束代码
WIFSIGNALED(status)	如果子进程是因为信号而结束则此宏值为真，此时，可用 WTERMSIG(status)取得子进程因信号而中止的信号代码
WIFSTOPPED(status)	如果子进程处于暂停执行情况则此宏值为真。采用 WSTOPSIG(status)取得引发子进程暂停的信号代码

5.4 进程开发实例

开发一个类似于 Shell 的程序，其主要实现功能为：执行该程序时，该程序等待用户输入命令和命令参数，用户输入后，执行用户命令，并将命令结果显示给用户，同时用户可继续输入其他命令，当用户输入#时，程序结束。

【例 5-8】myshell.c 程序。使用的头文件为了简化，在此省略，具体头文件可参考之前的例子。

```c
/*myshell.c*/
void parent(int *status){
   wait(status);
}
void split( char **arr, char *str, const char *del)//字符分割函数
{ char *s =NULL;
  s=strtok(str,del);
while(s != NULL){
  *arr++ = s;
  s = strtok(NULL,del); }
}
void main(){
char *args[10];
char arg[100];   //保存用户输入的命令
pid_t pid;
int status
while (1)
{
   printf("please input command:\n");
   memset(args, 0x0, sizeof(args)); //清空字符串数组
   gets(arg);
   if (strcmp("#",arg)==0) break;
   split(args,arg,"");
pid=fork();
if (pid<0) { printf("fork failed\n"); exit(0);}
else if (pid==0) {
   if ( execvp(args[0],args+1)==-1) printf("exec error!");
}
else wait(&status);   }
}
```

执行 gcc -o myshell myshell.c，编译成功后，输入命令./myshell 执行程序，其结果如下所示：

```
lyq@ubuntu:~/program$ ./myshell
please input command:
ps -aux
  PID TTY          TIME CMD
 1583 pts/0    00:00:00 bash
 1857 pts/0    00:00:00 myshell
 1858 pts/0    00:00:00 ps
please input command:
ls -l
abc.png  daemon.c  myshell  myshell.c
please input command:
#
```

从上面可看出，myshell 程序类似于 Shell 程序的功能，首先父进程等待用户输入命令，然后创建子进程，子进程执行用户的命令，而父进程等待子进程的结束，当子进程结束后，父进程又可继续等待用户的输入。上述实例的基本模型如图 5.6 所示，其中最上面一行是父进程的执行路径，下面的为子进程的生命周期。

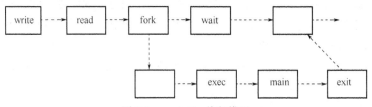

图 5.6 myshell.c 执行模型

从图 5.6 中可看出父进程执行 write 调用向用户提示输入命令，执行 read 读取用户输入数据，通过 fork 创建子进程，父进程执行 wait 调用等待子进程的结束，子进程通过 exec 调用执行输入的命令，子进程执行命令结束后，执行 exit 调用退出，并通知父进程它已经结束。此时，父进程可继续重复上述过程。实际的 Shell 程序的原理也如同图 5.6 所示，只不过功能更多。

总　　结

1. 进程的基本概念。
2. 进程的生命周期相关的系统调用，包括进程创建、进程等待、进程执行其他命令以及进程退出的方法和过程。
3. 介绍了如何创建守护进程和如何防止僵尸进程的方法和过程。
4. 简单介绍了进程开发 shell 程序的一个实例，综合运用了进程的创建、等待和执行命令等系统调用。

习　　题

1. 请给出下列代码输出行数，并解释原因。
```
main(){
printf("my pid is %d\n",getpid());
fork();
fork();
fork();
printf("my pid is %d\n",getpid());
}
```
2. 画出上述进程的创建过程。
3. 编写一个程序，实现下图所示的进程之间的关系，其中箭头的方向表明它们之间的生成关系，即 A 是祖先进程，C 是孙子进程。

4. 编写一个程序，创建两个子进程，父进程在屏幕上输出 10 个字符 'A'，两个子进程分别输出 10 个 'B' 和 'C'，要求父进程在两个子进程输出完字符后再输出自己的字符。

第 6 章 信号及信号处理

信号是 Linux 操作系统中进程之间通信的一种方式，它可用于控制信息的传递，例如当发生某种情况时通知进程进行处理。在进行 Linux 编程时，需要知道信号的基本概念、信号可能的发生原因、在信号发生时的处理等情况，例如 write、read 等系统调用都有可能被信号所中断，此时需要进行正确的处理。通过本章的学习，读者可以掌握信号的基本概念和信号的正确处理方法以及被中断的系统调用如何重新执行。

6.1 信号的基本概念

信号是 Linux 进程之间的一种通信机制，信号传递一种信息，接收方根据该信息进行相应的动作。例如，现实生活中的红绿灯就是一种信号，当行人或者机动车遇到红灯时，其停止通过，而当遇到绿灯时，可继续通过。不同的信号代表了不同的操作或者行为。Linux 的信号本质是一种软中断，是进程在运行时由自身产生或由进程外部发过来的消息（事件）。前者例如当进程执行了一条除 0 指令时产生 SIGDIV 错误信号或者执行指令时非法访问某内存地址时产生 SIGSEGV 信号；后者可由管理员通过 kill 命令或者进程通过 sigsend 调用所发来的信号。

6.1.1 信号的使用和产生

使用信号的两个主要目的是：①让进程知道发生了某种事件；②根据该事件执行相应的动作即执行它自己代码中的信号处理程序。

每个信号用整型常量宏表示，以 SIG 开头，如 SIGCHLD、SIGINT 等，它们在系统头文件 <signal.h> 中定义，也可以通过在 Shell 下输入 kill -l 查看信号列表，或者键入 man 7 signal 查看更详细的说明。

信号由内核产生和发出，其来源主要有以下几点。

- 用户通过在进程的控制终端输入 Ctrl+C、Ctrl+\ 等请求内核产生结束进程信号。
- 当进程执行出错时，内核向进程发送一个信号，例如，非法段访问、浮点数溢出等，也可通知进程其他特定事件的发生。
- 进程通过系统命令 kill 或者 sigsend 系统调用给另一个进程发送信号，进程之间可通过信号进行通信。

6.1.2 信号的状态

一个信号主要有以下几种状态。

信号的递送（delivery）：当进程对信号采取动作（执行信号处理函数或忽略）时称为递送。信号产生和递送之间的时间间隔内称信号是未决的（pending）。

信号递送阻塞（block）：进程可指定对某个信号采用递送阻塞。如果此时信号的处理为默认或者捕捉的，该信号就会处于未决的状态，直到进程解除对该信号的递送阻塞或者处理方式改为忽略。如果信号的处理方式是忽略该信号，那么该信号永远不会处于递送或者递送未决状态，即被丢弃。

6.2 信号的分类

根据信号的来源，可将其分为同步信号和异步信号。由进程的某个操作产生的信号称为同步信号，例如被零除。该信号的产生和操作同步产生。用户击键这样的进程外的事件引起的信号称为异步信号，该信号产生的事件进程是不可控的。

6.2.1 可靠与不可靠信号

根据信号的处理情况，将信号分为不可靠信号和可靠信号。前者当同时有多个信号产生时，无法来得及处理，造成信号的丢失，称为不可靠信号。Linux 信号机制基本上是从 UNIX 系统中继承过来的。早期 UNIX 系统中的信号机制比较简单和原始，后来在实践中暴露出一些问题，因此，把那些建立在早期机制上的信号叫作"不可靠信号"，信号值小于 SIGRTMIN 为不可靠信号，在 SIGRTMIN-SIGRTMAX 之间的为可靠信号，它克服了信号可能丢失的问题。可靠信号通过对信号的排队来实现信号的不丢失。当多个信号发生在进程中的时候（收到信号的速度超过进程处理的速度的时候），这些没来得及处理的信号就会被丢掉，仅仅留下一个信号。可靠信号是多个信号发送到进程的时候（收到信号的速度超过进程处理信号的速度的时候），这些没来得及处理的信号就会排入进程的队列。等进程有机会来处理的时候，依次再处理，信号不丢失。

6.2.2 实时信号与非实时信号

实时信号与非实时信号：Linux 目前定义了 64 种信号（将来可能会扩展），前 32 种为非实时信号；后 32 种为实时信号。非实时信号都不支持排队，都是不可靠信号；实时信号都支持排队，都是可靠信号。表 6.1 是 Linux 下的常用信号列表。

表 6.1　　　　　　　　　　　常用信号列表

信 号 名 称	信 号 说 明	默 认 处 理
SIGABRT	调用 abort 时产生该信号，程序异常结束	进程终止并且产生 core 文件
SIGALRM	由 alarm 或者 setitimer 设置的定时器到期	进程终止
SIGBUS	总线错误，地址没对齐等，取决于具体硬件	进程终止并产生 core 文件
SIGCHLD	子进程停止或者终止时，父进程收到该信号	忽略该信号
SIGCONT	让停止的进程继续执行	继续执行或者忽略

续表

信号名称	信号说明	默认处理
SIGFPE	算术运算异常，除 0 等	进程终止并且产生 core 文件
SIGHUP	进程的控制终端关闭时产生这个信号	进程终止
SIGILL	代码中有非法指令	进程终止并产生 core 文件
SIGINT	终端输入了 Ctrl+C 信号（下面用^C 表示）	进程终止
SIGIO	异步 I/O，跟 SIGPOLL 一样	进程终止
SIGIOT	执行 I/O 时产生硬件错误	进程终止并且产生 core 文件
SIGKILL	该信号用户不能去捕捉和忽略它	进程终止
SIGPIPE	往管道写时，管道的读取程序已经不在，或者往一个已断开数据流 socket 写数据	进程终止
SIGPOLL	异步 I/O，跟 SIGIO 一样	进程终止
SIGPROF	setitimer 设置的 timer 到期引发	进程终止
SIGPWR	Ups 电源切换	进程终止
SIGQUIT	Ctrl+\（下面用^\表示），不同于 SIGINT，会产生 core dump 文件	进程终止并且产生 core 文件
SIGSEGV	内存非法访问，默认打印出 segment fault	进程终止并且产生 core 文件
SIGSTOP	某个进程停止执行，该信号不能被用户捕捉	进程暂停执行
SIGSYS	调用未知的系统调用	进程终止并且产生 core 文件
SIGTERM	由 kill 函数调用产生	进程终止
SIGTRAP	由调试器 GDB 使用	进程终止并且产生 core 文件
SIGTSTP	Ctrl+z，挂起进程	进程暂停
SIGTTIN	后台程序要从终端读取数据时	进程暂停
SIGTTOU	后台终端要把数据写到终端时	进程暂停
SIGURG	一些紧急事件，比如从网络收到带外数据	忽略
SIGUSR1	用户自定义信号	进程终止
SIGUSR2	用户自定义信号	进程终止
SIGVTALRM	setitimer 产生	进程终止

6.3 信号的处理

进程对信号的处理主要有以下 3 种方式。

（1）接受默认处理。接收默认处理的进程通常会导致进程本身终止。例如连接到终端的进程，用户按下^C，将导致内核向进程发送一个 SIGINT 的信号，进程如果不对该信号做特殊的处理，系统将采用默认的方式处理该信号，即终止进程的执行。

（2）忽略信号。可以通过 signal(SIGINT,SIG_IGN)系统调用告诉内核忽略该信号，但是某些信号是不能被忽略的，如 SIGKILL 和 SIGSTOP。

（3）捕捉信号并处理。进程可以事先注册信号处理函数，当接收到信号时，由信号处理函数自动捕捉并且处理信号。这是功能最强大的也是最常用的一个。SIGKILL 和 SIGSTOP 也不能被捕捉。进程接收到这两个信号后,只能接受系统的默认处理,即终止进程的执行。

目前对信号的处理主要有以下两种方式:signal 和 sigaction 机制。

6.3.1 signal 信号处理机制

signal 系统调用方法见表 6.2。

表 6.2　　　　　　　　　　　　　signal 使用

目标	简单的信号处理
头文件	#include <signal.h>
函数原型	result=signal (int signum,void (*action)(int));
参数	signum 要处理的信号 action 为一函数指针,指向处理该信号的用户编写的函数
返回值	-1 遇到错误 prevaction 返回之前的处理函数指针,通过该返回值保存之前设置的处理函数

signal 调用的 action 参数还可以使用下列两种参数。

SIG_DEF:表示由系统缺省处理。DEF 表示 DEFAULT 的缩写。

SIG_IGN:表示忽略掉该信号而不做任何处理。IGN 是 IGNORE 的缩写。

【例 6-1】sigdemo.c 程序演示了如何使用 signal 处理函数,该程序的功能是:当用户输入^C之后,程序并不退出,而是输出一个字符串,当用户输入^\时,也不退出进程。

```
//sigdemo.c
#include <unistd.h>
#include <stdio.h>
#include <sys/types.h>
void sigHandler(int signalNum)
{
   printf("The sign no is:%d\n", signalNum);
}
int main()
{
   signal(SIGINT,sigHandler);
   signal(SIGQUIT,SIG_IGN);  //忽略^\信号
   while(true)
      sleep(1);
   return 0;
}
```

编译并执行该程序,当输入 Ctrl+C 时,输出:The sign no is 2;当输入^\时,程序无反应,这是因为 Ctrl+C 信号被 sigHandler 处理,而 Ctrl+\信号被忽略。但是如果连续输入两个 Ctrl+C 时,进程则被终止。这是什么原因产生的呢?这是早期不可靠信号处理机制造成的。当执行完一次信号处理函数之后,系统的信号处理就恢复为默认处理,如果想让信号处理函数继续有效,必须重新设置。在信号处理函数执行结束和重新设置期间,有可能有信号产生,但未能来得及处理。为了解决上述问题,可将 sigHandler 函数改为如下形式:

```
void sigHandler(int signalNum)
{
   printf("The sign no is:%d\n", signalNum);
```

```
            signal(SIGINT,sigHandler);    //重新设置
}
```

同时，signal 还面临如下几种问题。

（1）如果信号处理函数正在执行，并且还没有结束时，又发生了一个同类型的信号，这时该怎么处理？

（2）如果信号处理函数正在执行，并且还没有结束时，又发生了一个不同类型的信号，这时该怎么处理？

（3）如果进程执行一个阻塞系统调用如 read()时，发生了一个信号，这时是让该阻塞系统调用返回错误再接着进入信号处理函数，还是先跳转到信号处理函数，等信号处理完毕后，系统调用再返回？此时，如何能让 read 和 write 继续操作呢？

【例 6-2】multisignal.c 程序演示了 signal 所面临的上述问题。

```
//multisignal.c
#include <unistd.h>
#include <stdio.h>
#include <sys/types.h>
#include <signal.h>
#define INPUTLEN 20
char input[INPUTLEN];
void inthandler(int s)
{
 printf(" I have Received signal %d .. waiting\n", s );
 sleep(2);
 printf(" I am Leaving inthandler \n");
    signal( SIGINT,  inthandler );
}
void quithandler(int s)
{
 printf(" I have Received signal %d .. waiting\n", s );
 sleep(3);
 printf("I am Leaving quithandler \n");
   signal( SIGQUIT, quithandler );
}
void main()
{
signal( SIGINT,  inthandler );   /* set ^C handler */
signal( SIGQUIT, quithandler );  /* set ^\ handler */
do {
 printf("please input a message\n");
 nchars = read(0, input, (INPUTLEN-1));   //从键盘读取输入
 if ( nchars == -1 )
  perror("read returned an error");
 else {
  input[nchars] = '\0';   //存放字符串结束符
  printf("You have inputed: %s\n", input);
       }
} while( strncmp( input , "quit" , 4 ) != 0 ) ;
```

对于第一种情况，当连续按 3 次^C 信号之后，输出的结果如图 6.1 所示。图中的结果显示输入了 3 次^C 信号，但信号处理程序只执行了两次，这说明有信号丢失。

对于第二种情况，连续输入^C^C^C 和^\，查看到的输出结果如图 6.2 所示。

图 6.1 ^C^C^C 的结果

图 6.2 ^C^C^C^\结果

从图中可看出，只收到 2 个^信号，在执行第一个^C 信号时，第二个^C 信号被阻塞，此时又收到^\信号，^C 信号的处理程序被中断，执行^\信号的处理程序，执行完后，再接着处理第一个^C 信号，然后是第二个^C 信号，第 3 个^C 信号被丢弃。

对于第 3 种情况，输入 hello^C 时，输出结果如图 6.3 所示。

图 6.3 hello^C 结果

从图中可看出程序无法接收到 hello 输入。输入 hello Return ^C 时，程序可接收到 hello 字符串。输入 hel^Clo Return 时，程序只接收到 lo。^\ ^\ hello^C 时，无法得到 hello 输入，同时信号处理执行完后，重新开始执行 read 操作等待用户输入。从上述情况可看出，输入的值在回车之前如果遇到信号，则程序没有读取，如果遇到信号之前回车，则程序可读取用户输入。在不同的 Linux 发行版本下，上述程序运行结果会有一定的差异，但是 signal 所面临的这些问题都是一致的。因此，目前都采用 sigaction 函数来替代 signal 的使用。

6.3.2 sigaction 信号处理机制

sigaction 的原型见表 6.3。

表 6.3　　　　　　　　　　　　　　sigaction 函数

目标	指定信号的处理函数
头文件	#include <signal.h>
函数原型	result=signaction(int signum,const struct sigaction *action struct sigaction *prevaction));
参数	signum 表示对何种信号进行处理 action 指向描述操作的结构的指针 prevaction 指向描述被替换操作的结构指针
返回值	-1 遇到错误 0 成功

其中 sigaction 结构体的主要内容如下所示：

```
struct sigaction{
void (*sa_handler)();
void (*sa_sigaction)(int,siginfo_t *,void *);
sigset_t sa_mask;
int sa_flags; }
```

其中 sa_handler 可以为 SIG_DFL、SIG_IGN 或者函数名称，当使用它时，sigaction 的作用就和 signal 的是一样的，是老的信号处理方式。sa_sigaction 是函数指针，指向信号处理函数，其主要有 3 个参数，第一个为接收到的信号，siginfo_t 为一个结构体，主要存储了与该信号相关的信息，例如信号产生的原因等。这也是与 signal 不同的一点，signal 只能传递信号值，无法知道信号产生的原因等更多信息。sa_mask 是一个包含信号集合的结构体，该结构体内的信号表示在进行信号处理时将要被阻塞的信号，即如果信号处理函数正在执行，有新的信号到来，如果该信号在该集合中，则该信号被阻塞，如果是可靠信号，则入队等待解除阻塞，否则，丢弃。针对 sa_mask 结构体，有一组专门的函数对它进行处理，它们是：

```
#include <signal.h>
int sigemptyset(sigset_t *set);                              //清空信号集合 set
int sigfillset(sigset_t *set);                               //将所有信号填充进 set 中
int sigaddset(sigset_t *set, int signum);                    //往 set 中添加信号 signum
int sigdelset(sigset_t *set, int signum);                    //从 set 中移除信号 signum
int sigismember(const sigset_t *set, int signum);   //判断 signnum 是不是包含在 set 中
```

sa_flags 指示信号处理时所应该采取的一些行为，该选项可同时使用多个，其主要选项见表 6.4。

表 6.4 sa_flags 选项

掩码	描述
SA_RESETHAND	处理完捕捉的信号后，自动撤消信号处理函数的注册，即必须再重新注册信号处理函数，才能继续处理接下来产生的信号。该选项现已不再使用。RESETHAND 的含义就是 Reset Handler，即重置信号处理函数
SA_NODEFER	在处理信号时，如果又发生了其他的信号，则立即进入其他信号的处理，等其他信号处理完毕后，再继续处理当前的信号，即信号的递归处理。某个信号的处理可被另外的信号处理所中断。如果 sa_flags 设置该选项，则结构体 sigaction 的 sa_mask 将无效，即对信号不再阻塞。NODEFER 的含义就是 No Defer，即新来的信号不需要等待，立即进入新来信号的处理函数
SA_RESTART	如果在产生信号时，程序正阻塞在某个系统调用，例如 read 操作尚未完成时，则在处理完信号后，接着从阻塞的系统返回。否则信号处理完后，该系统调用将会返回失败。RESTART 的含义为 Restart，表示被阻塞的系统调用重启
SA_SIGINFO	指示结构体的信号处理函数指针是哪个有效，如果 sa_flags 设置该选项，则 sa_sigaction 有效，否则是 sa_handler 有效

函数 sigaction 中设置的被阻塞信号集合只是针对于要处理的信号，例如

```
struct sigaction act;
sigemptyset(&act.sa_mask);
sigaddset(&act.sa_mask,SIGQUIT);
sigaction(SIGINT,&act,NULL);
```

表示只有在处理信号 SIGINT 时，才阻塞信号 SIGQUIT，即当正对 SIGINT 信号处理时，如果此时来了一个或者多个 SIGQUIT 信号，则将其阻塞。函数 sigprocmask 是对信号的全程阻塞，在 sigprocmask 中设置了阻塞集合后，被阻塞的信号将不能再被信号处理函数捕捉，直到重新设置阻塞信号集合解除该信号的阻塞为止。其原型为：

```
#include <signal.h>
int sigprocmask(int how, const sigset_t *newset, sigset_t *oldset);
```

参数 how 的值为如下几种：

（1）SIG_BLOCK，将 newset 的信号集合添加到进程原有的阻塞信号集合中；

（2）SIG_UNBLOCK，从进程原有的阻塞信号集合移除参数 newset 中包含的信号；

（3）SIG_SET，重新设置进程的阻塞信号集为参数 newset 的信号集。

参数 oldset 是用于保存进程原有的信号集。当用户程序执行完成后，一般应对其还原。

下面的例子演示 sigaction 和被阻塞的可靠信号与不可靠信号的使用。

【例 6-3】sigactdemo.c 程序：

```c
#include <stdio.h>
#include <string.h>
#include <signal.h>
#include <unistd.h>
void sig_handler(int,siginfo_t*,void*);
int main(int argc,char**argv)
{
 struct sigaction act;
 sigset_t newmask, oldmask;
 int rc;
 sigemptyset(&newmask);              //清空信号集中的所有信号
 sigaddset(&newmask, SIGINT);        //信号集中添加一个非实时信号
 sigaddset(&newmask,SIGRTMIN);       //信号集中添加一个实时信号
 sigprocmask(SIG_BLOCK, &newmask, &oldmask); //屏蔽实时信号 SIGRTMIN 和非实时信号
SIGINT，并将之前的信号集保存到 oldmask 中
 act.sa_sigaction=sig_handler;
 act.sa_flags=SA_SIGINFO;
 if(sigaction(SIGINT,&act,NULL)<0)
 {
 printf("install sigalerror\n");
 }
 if(sigaction(SIGRTMIN,&act,NULL)<0)
 {
 printf("installsigalerror\n");
 }
 printf("myprocesspid=%d\n",getpid());
//进程睡眠 60 秒，在此时间内，发给该进程的所有实时信号将排队，信号不会丢失
 sleep(60);
//解除 SIGRTMIN 和 SIGINT 信号的屏蔽，此时其信号处理函数被调用，对于可靠信号，有几个信号其信号处
//理函数调用几次，而对于不可靠信号，只调用一次
 sigprocmask(SIG_SETMASK,&oldmask,NULL);
 return0;
}
voidsig_handler(intsignum,siginfo_t*info,void*myact)
{
if(signum==SIGINT)
printf("Got a common signalSIGINT\n");
else
printf("GotarealtimesignalSIGRTMIN\n");
}
```

执行 gcc-o sigaction sigactdemo.c 并执行上述程序，首先打开一个终端，执行./sigaction 程序，得到该进程的 pid 值。然后打开另外一个终端，执行命令 kill -SIGRTMIN pid 多次，表示向 sigaction 传递多个实时信号，然后在第一个终端中连续输入多次^C 信号，其运行过程和结果如图 6.4~图 6.7 所示。

图 6.4 执行信号处理程序，该程序将自身的进程 ID 打印出来，图 6.5 中，通过命令 kill 向该进程发送实时信号 SIGRTMIN，图 6.6 中，向该进程输入不可靠信号^C，图 6.7 是执行的结果。

从图 6.7 可看出，发送的 6 个实时信号都得到接收并且均被处理，而普通信号却只被处理一次。通过上述图显示的结果可看出可靠信号在阻塞期间被排队，解除阻塞之后，其信号处理函数得到多次调用，而不可靠信号的处理函数只调用一次，其余的被丢弃。

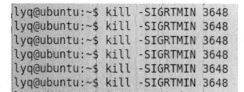

图 6.4 获取进程 pid　　　　　　　　图 6.5 发送实时信号

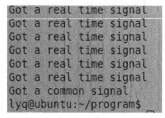

图 6.6 输入^C 信号　　　　　　　　图 6.7 解除阻塞后的结果

6.4 信号发送函数

发送信号必须满足的条件是：发送信号进程的用户 ID 必须和接收该信号的进程的用户 ID 相同，或者发送信号的进程拥有者是一个超级用户。

（1）kill 函数

kill 函数的用法见表 6.5。

表 6.5　　　　　　　　　　　　　kill 调用

目　标	向一个进程发送信号
头文件	#include<sys/types.h> #include<signal.h>
函数原型	int kill(pid_t pid,int sig);
参数	pid 目标进程的 pid sig 被发送信号
返回值	-1 遇到错误 0 成功

（2）raise 函数

该函数向进程本身发送信号，它相当于 kill(getpid(),signum)，其用法见表 6.6。

表 6.6　　　　　　　　　　　　　raise 调用

目　标	向自身进程发送信号
头文件	#include<sys/types.h> #include<signal.h>

续表

目 标	向自身进程发送信号
函数原型	int raise(int sig);
参数	sig 被发送信号
返回值	-1 遇到错误 0 成功

（3）sigqueue 函数

该函数的用法见表 6.7。

表 6.7　　　　　　　　　　　　sigqueue 调用

目 标	向进程发送信号
头文件	#include<sys/types.h> #include<signal.h>
函数原型	int sigqueue(pid_tpid,int sig,const union sigval value);

参数	pid 目标进程的 pid
	sig 被发送信号
	参数 value 为一整型与指针类型的联合体：
	　　union sigval{
	　　　　int sival_int;
	　　　　void*　sival_ptr;
	　　};

返回值	-1 遇到错误 0 成功

sigqueue 也可以发送信号，并且能传递附加的信息。其第 3 个参数 value 的值可被进程的信号处理函数所获得。第 3 个参数只有在注册信号处理函数时，在 sa_flags 中包含 SA_SIGINFO 选项，系统才会把 value 传递给信号处理函数。

6.5　可重入函数

如果某个函数可被多个任务并发使用，而不会造成数据错误，则该函数具有可重入性（reentrant）。在信号处理函数中，应该避免使用不可重入函数，因为信号处理函数有可能被中断即同一个函数可被调用多次。若处理函数使用了不可重入函数而变成不可重入时，则必须阻塞信号，若阻塞信号，则信号有可能丢失。可重入函数中不能使用静态变量，不能使用 malloc/free 函数和标准 I/O 库，使用全局变量时也应小心。Linux 下可重入的函数见表 6.8。

表 6.8　　　　　　　　　　　　可重入函数列表

Accept	fchmod	lseek	sendto	stat
Access	fchown	lstat	setgid	symlink
aio_error	fcntl	mkdir	setpgid	sysconf
aio_return	fdatasync	mkfifo	setsid	tcdrain
aio_suspend	fork	open	setsockopt	tcflow
Alarm	fpathconf	pathconf	setuid	tcflush

Bind	fstat	pause	shutdown	tcgetattr
Cfgetispeed	fsync	pipe	sigaction	tcgetpgrp
cfgetospeed	ftruncate	poll	sigaddset	tcsendbreak
cfsetispeed	getegid	posix_trace_event	sigdelset	tcsetattr
cfsetospeed	geteuid	pselect	sigemptyset	tcsetpgrp
chdir	getgid	raise	sigfillset	time
chmod	getgroups	read	sigismember	timer_getoverrun
chown	getpeername	readlink	signal	timer_gettime
clock_gettime	getpgrp	recv	sigpause	timer_settime
close	getpid	recvfrom	sigpending	times
connect	getppid	recvmsg	sigprocmask	umask
creat	getsockname	rename	sigqueue	uname
dup	getsockopt	rmdir	sigset	unlink
dup2	getuid	select	sigsuspend	utime
execle	kill	sem_post	sleep	wait
execve	link	send	socket	waitpid
_exit	listen	sendmsg	socketpair	write

6.6 父子进程的信号处理

父进程创建子进程时，子进程继承了父进程信号处理方式，直到子进程调用 exec 函数。子进程调用 exec 函数后，exec 将父进程中设置为捕捉的信号变为默认处理方式，其余不变。例如父进程设置捕捉 SIGINT 信号，创建子进程时，子进程与父进程执行相同的 SIGINT 处理函数，当子进程执行 exec 后，SIGINT 设置为终止子进程。

【例 6-4】sigfork.c 程序演示了该特性。

```
/*sigfork.c*/
#include<stdio.h>
#include<string.h>
#include<signal.h>
#include<unistd.h>
voidintsig_handler(intsignumber,siginfo_t*siginfo,void*empty){
printf("int_handler,mypid=%d\n",getpid());
}
intmain()
{
intpid;
char*arg[]={"-l"};
structsigactionact;
act.sa_sigaction=intsig_handler;
 act.sa_flags=SA_SIGINFO;
if(sigaction(SIGINT,&act,NULL)<0){
printf("installsigalerror\n");}
printf("Theparentpid=%d\n",getpid());
pid=fork();
if(pid<0){perror("forkfailed!\n");exit(0);}
printf("Thereturnfork=%d\n",pid);
```

```
    //if(pid==0)execvp("ls",arg);
    //else
while(1);
}
```

其结果如图 6.8 所示。输出结果中,第一行和第二行为父进程输出,第三行为子进程输出,当用户输入^C 时,父进程和子进程均执行了信号处理函数。将上述代码被注释的部分去掉注释后,子进程的 SIGINT 信号恢复为默认处理,即结束子进程。其执行结果如图 6.9 所示。其中前三行和上述情况一样,第 4~8 行为子进程执行 ls 命令的输出。而第 9 行为父进程的输出,子进程不再执行 SIGINT 信号处理函数。

图 6.8 子进程不执行 execvp

图 6.9 子进程执行 execvp

6.7 信号处理机制的应用

一般情况下,当进程正在执行某个系统调用,那么在该系统调用返回前信号是不会被递送的。但对于慢速设备的系统调用除外,例如读写终端、文件、网络、磁盘等操作。如果采用 sigaction 设置信号处理函数的话,当使用了 SA_RESTART 选项时,像 read、write、ioctl 等系统调用都会自动重启,若未使用 SA_RESTART 选项,则返回-1,errno 设置为 EINTR。

也可以利用信号机制防止僵尸进程的产生。子进程在退出程序时,会向父进程发送 SIGCHLD 信号,父进程在该信号的处理函数中调用 wait 或者 waitpid 获取子进程的退出状态,默认情况下,父进程是忽略该信号的。

【例 6-5】sigchldtest.c 程序演示了如何利用信号机制防止僵尸进程产生。

```
/*sig.c*/
#include<stdio.h>
#include<signal.h>
#include<unistd.h>
#include<wait.h>
#include<stdlib.h>
#include<sys/types.h>
voidsigchld_handler(int sig)
{
intstatus;
waitpid(-1,&status,WNOHANG);
if(WIFEXITED(status))printf("child process exitn ormally\n");
elseif(WIFSIGNALED(status))printf("child process exit abnormally\n");
```

```
else if(WIFSTOPPED(status))printf("child process iss topped\n");
else printf("else");
}
int main()
{
pid_tpid;
signal(SIGCHLD,sigchld_handler);
pid=fork();
if(pid==0)abort(0);//子进程调用abort异常退出
else if(pid>0){sleep(2);printf("parent process\n");}
else exit(0);
}
```

上述程序的执行结果如图 6.10 所示。

```
lyq@ubuntu:~/program$ ./sigchild
child process exit abnormally
parent process
```

图 6.10 sig.c 执行结果

6.8 系统定时信号

Linux 操作系统提供了定时机制，当定时时间到期时，产生定时信号 SIGALRM。

6.8.1 睡眠函数

Linux 下有两个睡眠函数，原型为：

```
#include<unistd.h>
unsigned int sleep(unsigned int seconds);
void usleep(unsigned long usec);
```

函数 sleep 让进程睡眠指定的 seconds 秒，函数 usleep 让进程睡眠 usec 微秒。sleep 睡眠函数内部是用信号机制实现的，所用的系统调用为：

```
#include<unistd.h>
    unsigned int alarm(unsigned int seconds);
    int pause(void);
```

alarm 让调用它的进程在 seconds 秒后产生一个 SIGALRM 的信号，而 pause 将进程挂起，只有当进程接收到一个信号后返回。因此，利用上述两个系统调用可实现 sleep 的功能。下面代码通过 alarm 和 pause 实现了 sleep(int seconds)的功能。

【例 6-6】定时器的应用。

```
/*mysleep.c*/
#include<signal.h>
#include<stdio.h>
#include<unistd.h>
void alarm_handler(int alarm){
printf("sleep is over");
}
int mysleep(int seconds){
signal(SIGALRM,alarm_handler);
alarm(seconds);
```

```
pause();
}
int main()
{
    printf("before pause\n");
    mysleep(3);
printf("after pause\n");
return 0;
}
```

编译并运行该程序，可发现程序在输出 before pause 之后，等待一会儿后，输出 after pause，这说明实现了 sleep 的功能，运行结果如图 6.11 所示。

```
lyq@ubuntu:~/program$ ./mysleep
before pause
sleep is over
after pause
```

图 6.11　sleep 功能

因此，在使用时要注意：因为 sleep 在内部是用 alarm 实现的，所以在程序中最好不要 sleep 与 alarm 混用，以免造成混乱。

6.8.2　计时器

Linux 系统为每个进程设计了 3 个计时器，分别是真实计时器、虚拟计时器和实用计时器。

（1）真实计时器计算的是程序运行的实际时间；

（2）虚拟计时器计算的是程序运行在用户态时所消耗的时间（可认为是实际时间减掉系统调用切换和程序睡眠所消耗的时间）；

（3）实用计时器计算的是程序处于用户态和处于内核态所消耗的时间之和。

例如：有一程序运行，在用户态运行了 10 秒，在内核态运行了 8 秒，还睡眠了 7 秒，则真实计算器计算的结果是 25 秒，虚拟计时器计算的是 10 秒，实用计时器计算的是 18 秒。所以，真实计算器反映了程序运行真正所消耗的时间，而虚拟计时器只是反映了进程运行在用户空间所消耗的时间。

用指定的初始间隔和重复间隔时间为进程设定好一个计时器后，该计时器就会定时地向进程发送时钟信号。3 个计时器发送的时钟信号分别为：SIGALRM、SIGVTALRM 和 SIGPROF。用到的函数与数据结构如下：

```
#include<sys/time.h>
int getitimer(int which,struct itimer val* value);
```

该调用获取计时器的设置，其中 which 参数是获取哪个计时器，可选项为 ITIMER_REAL（真实计时器）、ITIMER_VITUAL 虚拟计时器、ITIMER_PROF（实用计时器），value 为一结构体指针，用于保存该计时器的初始间隔时间和重复间隔时间。当调用成功，返回 0，否则为-1。

```
int setitimer(int which,const struct itimer val*value,struct itimer val* ovalue);
struct itimerval{
struct timeval it_interval;/*nextvalue*/
struct timeval it_value;/*currentvalue*/
};
struct timeval{
long tv_sec;/*seconds*///时间的秒数部分
```

```
long tv_usec;/*microseconds*////时间的微秒部分
};
```

定时器按照 itimerval 结构体的 it_interval 值对 it_value 递减，例如，当 it_interval 为 1 秒，it_value 为 10 秒时，则定时器每隔 1 秒将 it_value 减一，当 it_value 的值为 0 时，表示定时时长 10 秒到时，产生定时信号。下面代码演示了通过真实计时器让程序定时执行某种功能：

```
#include<stdio.h>
#include<unistd.h>
#include<signal.h>
#include<sys/time.h>
inti=0;
void timeChange(int ms,timeval* ptVal)        //假设按照微秒计数，要将其转换为 timeval 结构体中的参数
{
    ptVal->tv_sec=ms/1000;                    //转换为秒数
    ptVal->tv_usec=(ms%1000)*1000;            //将秒数小数点后面的转化为微秒
}
void alarmsign_handler(int SignNo){
    printf("%d seconds\n",++i);               //每秒钟将全局变量的值加 1 并显示
}
int main()
{
    signal(SIGALRM,alarmsign_handler);
    itimer valtval;
    timeChange(1,&tval.it_value);             //设初始间隔为 1 毫秒
    timeChange(1000,&tval.it_interval);       //设置总间隔为 1000 毫秒
    setitimer(ITIMER_REAL,&tval,NULL);
    while(getchar()!='#');                    //主程序在此循环，当用户输入#时，程序退出
    return 0;
}
```

编译并运行该程序，其结果如图 6.12 所示。

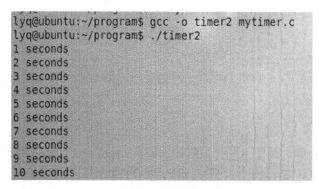

图 6.12　定时器

总　　结

1. 信号的基本概念和分类。

2. 信号的处理机制，可靠信号和不可靠信号以及不同的处理方式，包括 signal 和 sigaction 两个系统调用的具体用法。

3. 信号的发送函数用法。

4. 父子进程之间的信号处理机制。

5. 系统定时信号的用法和应用。

习 题

1. 编写一个程序，实现这样的功能：搜索 2~65535 之间所有的素数并将其保存到数组中，用户输入^C 信号时，程序打印出最近找到的素数。

2. 简述什么是可靠信号和不可靠信号，并实验 SIGINT 信号是可靠的还是不可靠的。

3. 在执行 ping http://www.people.com.cn 时，假设该网站是可 ping 通的，但是在输入^C 时，ping 命令并没有结束而是显示 ping 的成功率，但是输入^\时，ping 程序却被退出，请解释发生这一现象的原因。

4. 请观察在你的 Linux 系统中，当执行多次相同信号或者不同信号时，系统对信号的处理情况并解释原因。

5. 编写程序实现如下功能：程序 A.c 按照用户输入的参数定时向程序 B.c 发送信号，B.c 程序接收到该信号后，打印输出一条信息。运行过程如下：

```
./B value&   //此时，输出进程 B 的 PID 号，value 表示要输出的参数。
./A processBPID timerVal   //第一个参数表示进程 B 的 PID，第二个参数为定时时间。
```

第 7 章 进程间通信

Linux 是一种多进程操作系统，在实际应用中，通过多进程实现操作的并发性来提高效率，但为了实现一个任务，进程之间需要相互合作。这种合作包括进程之间的同步和互斥。同步是为了协调进程之间操作的顺序，而互斥是为了保护多个进程都共享访问的资源，当然，进程之间也需要数据的传递。本章介绍进程之间通信的几种方式：管道、信号量、共享内存、消息队列。这些机制在某些情况下需要相互结合使用，可根据具体需求选择。

7.1 进程间通信基本概念

进程是程序的一次运行的动态过程，操作系统内核提供了进程的管理，其中运行了大量的进程，为了完成一个任务，很多进程之间需要进行通信，从而相互合作以实现用户所需的功能。在现实生活中，一个复杂的任务由一个人完成很困难，可以将其分解为多个任务由多个人之间协同完成，而软件程序也是这样，将功能复杂的模块分解为多个程序，由多个进程之间相互合作完成，不仅提高效率，也降低了功能实现的复杂性。

7.1.1 进程通信的作用

进程之间的通信一般都有如下作用：
- 数据传输，一个进程需要将它的数据发送给另一个进程，发送的数据量在一个字节到几兆字节之间。
- 共享数据，多个进程想要操作共享数据，若一个进程对共享数据修改，别的进程可立刻看到。
- 通知事件，一个进程需要向另一个或一组进程发送消息，通知它（它们）发生了某种事件（如进程终止时要通知父进程）。
- 资源共享，多个进程之间共享同样的资源。为了做到这一点，需要内核提供锁和同步机制。
- 进程控制，有些进程希望完全控制另一个进程的执行（如 GDB 进程控制被调试的程序），此时控制进程能够拦截另一个进程的所有系统调用和异常，并能够及时知道它状态的改变。

7.1.2 进程通信的实现和方法

Linux 下的进程通信手段基本上是从 UNIX 平台上的进程通信手段继承而来的。对 UNIX 发展做出重大贡献的两大主力 AT&T 的贝尔实验室及 BSD（加州大学伯克利分校的伯克利软件发布中心）在进程间通信方面的侧重点有所不同。前者对 UNIX 早期的进程间通信手段进行了系统的改进和扩充，形成了"System V IPC"，通信进程局限在单个计算机内；后者则跳过了该限制，形成了基于套接口（socket）的进程间通信机制。Linux 则把两者继承了下来，如图 7.1 所示。

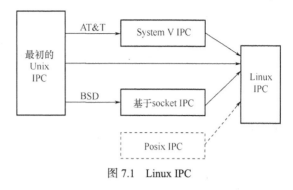

图 7.1　Linux IPC

根据进程通信时进程之间传递信息量大小的不同，可将进程间通信划分为两大类型：传递控制信息的低级通信和大批数据信息的高级通信。低级通信主要用于进程之间的同步、互斥、终止、挂起等控制信息的传递，高级通信主要用于大量数据的传递。Linux 系统目前支持的主要的进程间通信方式有以下几种。

（1）管道：它可分为无名管道和命名管道，无名管道可用于具有亲缘关系进程间的通信，命名管道克服了管道没有名字的限制，因此，除具有无名管道所具有的功能外，它还允许无亲缘关系的进程通过它进行通信。

（2）信号（Signal）：信号用于通知接收该信号的进程有某种事件发生，除了用于进程间通信外，进程还可以发送信号给进程本身。

（3）消息队列：消息队列是消息所构成的链接表，包括 POSIX 消息队列和 System V 消息队列。POSIX 是 IEEE 为了在不同 UNIX 操作系统环境下的移植而开发的标准。Unix System V 是 UNIX 操作系统众多版本中的一支。它最初由 AT&T 开发，在 1983 年第一次发布，因此也被称为 AT&T System V。一共发行了 4 个 System V 的主要版本：版本 1、2、3 和 4。System V Release 4，或者称为 SVR4，是目前最成功的版本，成为一些 UNIX 共同特性的源头。有足够权限的进程可以向队列中添加消息，被赋予读权限的进程则可以读走队列中的消息。消息队列克服了信号的信息量少，管道只能传输无格式字节流以及缓冲区大小受限等缺点。

（4）共享内存：使得多个进程可以访问同一块内存空间，是最快的可用进程间通信形式。是针对其他通信机制运行效率较低而设计的。往往与其他通信机制，如信号量结合使用，来达到进程间的同步及互斥。

（5）信号量：主要作为进程间以及同一进程不同线程之间的同步手段。

（6）套接字（Socket）：更为一般的进程间通信机制，可用于不同机器之间的进程间通信。起初是由 UNIX 系统的 BSD 分支开发出来的，但现在一般可以移植到其他类 UNIX 系统上，Linux 也支持套接字。

7.2　管　道　通　信

管道是 Linux 的一种最简单的通信机制。它在进程之间建立一种逻辑上的管道，一端为流入端，一端为流出段，一个进程在流入端写入数据，其他进程在流出段按照流入顺序读出数据，从而实现进程间的通信。其逻辑结构如图 7.2 所示。管道具有如下特点：

（1）单工且单向通信，一个管道的数据只能向一个方向传送并且发送和接收不能同时进行，并且管道一旦确定了其数据传送方向后就不能再更改。要想通过管道实现进程之间的双向通信，需要在进程之间创建两个管道。

图 7.2　管道通信模型

（2）数据在管道中以字节流的形式传送的，即以字节为单位的按照流入顺序传递数据（FIFO 方式）。

Linux 把管道当作文件对待，采用文件管理的办法管理管道。管道与文件的区别在于：管道不使用磁盘，而是使用内存存放传送的数据。无名管道由进程创建，当进程退出时，无名管道也将消失，而命名管道即使进程退出也会存在，除非采用命令删除。命名管道和无名管道的区别为：

① 无名管道只能在父子进程之间通信，有名管道可以在任意进程间通信；

② 无名管道没有名字标识，命名管道有名称。

在之前讲述的 Shell 命令中，例如"ps –aux | grep httpd"命令就是一个管道通信的实例，中间的|表示管道，它在 ps 进程和 grep 进程之间建立通信，将 ps 的输出结果输出到管道中，而 grep 从该管道读取数据并查找是否有 httpd 进程。

7.2.1　无名管道

创建无名管道的系统调用见表 7.1。

表 7.1　　　　　　　　　　　　　无名管道的创建

头文件	#include <unistd.h>
函数原型	int pipe(int pipe[2])
函数作用	创建无名管道
参数	参数是长度为 2 的 int 型数组，创建成功后，该数组里面保存了两个文件描述符，pipe[0]是读端的文件描述符，pipe[1]是写端的文件描述符
返回值	成功时，返回 0；失败时，返回-1

【例 7-1】编写一个程序，实现如下功能：创建父子进程，父进程向子进程通过管道发送一个字符串，子进程读取该字符串显示并倒序后发送给父进程，父进程读取该倒序后的字符串并打印出来。

分析：在该例中，首先在父进程创建管道，然后创建子进程，此时，父子进程是共享该管道的。父进程先通过该管道将字符串发送，子进程接收。然后子进程将倒序后的字符串通过该管道发送，父进程接收。父进程在从管道读取数据之前，先需要等待子进程将数据读出，否则，就会将自己发送的数据读出。

```
/*pipedemo.c*/
#include<stdio.h>
#include<unistd.h>
#include<fcntl.h>
#include<stdlib.h>
#include<string.h>
```

```c
char sendbuf[]="I am Linux";
char recbuf[20];
char parrecbuf[20];
void reverse(char *str1)   //字符串倒序函数
{
   if (str1==NULL) return;
   char* p = str1 ;
   char* q = str1 ;
   while( *q )   ++q ;
    q -- ;
   while(q > p)
    {
       char t = *p ;
       *p++ = *q ;
       *q-- = t ;
    }
}
int main() {
   int mypipe[2],fd;
   if ( pipe(mypipe)<0 ) { perror("pipe failed"); exit(0); }
   if ( (fd=fork())<0 ) { perror("fork failed"); exit(0); }
   if ( fd==0 ) {
     read(mypipe[0],recbuf,strlen(sendbuf));
     printf("The child process get %s\n",recbuf);
     reverse(recbuf);   //倒序字符串
     write(mypipe[1],recbuf,strlen(recbuf));   //向管道写入倒序后的字符串
   }
   if (fd>0) {
     write(mypipe[1],sendbuf,strlen(sendbuf));
     sleep(10); //等待子进程从管道将数据取走
     read(mypipe[0],parrecbuf,strlen(sendbuf));
     printf("The parent process get %s\n",parrecbuf);
     wait();   //防止僵尸进程
   }
}
```

编译执行上述代码后，结果如图7.3所示，父进程得到了子进程发送过来的逆序后的字符串。

```
lyq@ubuntu:~/program$ gcc -o pipedemo pipedemo.c
lyq@ubuntu:~/program$ ./pipedemo
The child process get I am Linux
The parent process get xuniL ma I
```

图7.3　管道通信

对上述代码的分析：pipe系统调用为进程建立一个管道，该管道有两个文件描述符，分别是mypipe[0]和 mypipe[1]，前者为读端，后者为写端。在分配文件描述符时，系统为每个进程按照最低可用的文件描述符为其分配，在这个例子中，因为每个进程打开后，系统自动为其打开标准输入/输出/出错3个文件描述符，因此 mypipe[0]的值为3，mypipe[1]的值为4。当父进程建立管道后，此时，该管道的两端均与该父进程相连，如图7.4所示。

当执行fork操作后，父子进程共享该管道，如图7.5所示。父子进程分别通过描述符3和4连接到该管道的读端和写端。因此，如果子进程通过描述符4向管道中写入数据时，父进程可通过文件描述符3读取该数据，同样，父进程也可通过类似方式实现向子进程传递数据。

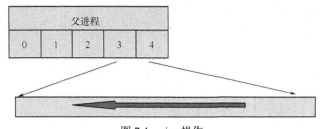

图 7.4 pipe 操作

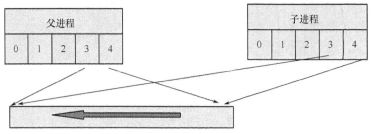

图 7.5 父子进程共享管道

本例中，要注意，当多个进程对同一个管道进行操作的时候要注意并发控制。

7.2.2 管道与重定向

无名管道可实现进程之间输入输出的重定向，即将某个进程的标准输出与另外一个进程的标准输出相连接，从而实现进程间的通信，例如之前提到的"ps –aux | grep httpd"命令就利用了管道和重定向的机制。下面通过编程来实现该功能。为了实现该功能，需要使用 dup 系统调用。该调用的用法如表 7.2 所示，dup(oldfd)表示复制文件描述符 oldfd，其返回值作为新的文件描述符 dup2(oldfd,newfd)调用相当于"close(newfd);dup(oldfd)"语句。它先将 newfd 文件描述符关闭，再将 oldfd 描述符复制到 newfd 描述符。例如：newfd=dup(0);表示复制标准输入文件描述符，它根据最低可用文件描述符的原则返回 newfd 值，此时，newfd 和 0 均指向标准输入。而 dup2(0,newfd)表示先将 newfd 这个标准文件描述符关闭，再将标准文件描述符复制给 newfd。当 oldfd 为非法描述符时，newfd 不会被关闭，dup2 调用返回错误。当 oldfd 为合法描述符时，如果 newfd 和 oldfd 值相同，则该调用任何事情都不做直接将 newfd 值返回。

表 7.2　　　　　　　　　　　　　dup 系统调用用法

目标	复制一个文件描述符
头文件	#include <unistd.h>
函数原型	newfd=dup(oldfd); newfd=dup2(oldfd,newfd)
参数	oldfd 需要复制的文件描述符 newfd 复制 oldfd 后得到的文件描述符
返回值	-1 如果出错 newfd 新的文件描述符

【例 7-2】请写出下列程序的输出结果。

```
/*duptest1.c*/
#include<unistd.h>
```

```
#include<fcntl.h>
#include<stdio.h>
#include<stdlib.h>
#include<sys/types.h>
#include<errno.h>
void main()
{
   int newfd,oldfd1,oldfd2,newfd2,nchar;
   char buf[30];
   oldfd1=open("a.txt",O_RDWR);
   oldfd2=open("b.txt",O_RDWR);
  if (oldfd1>0) printf("The oldfd1 file descriptor =%d\n",oldfd1);
  if (oldfd2>0) printf("The oldfd2 file descriptor =%d\n",oldfd2);
  newfd=dup(oldfd1);
  printf("The newfd file descriptor =%d\n",newfd);
  newfd2=dup2(oldfd1,0);
  if (newfd2==-1) {
   perror("dup2 failed\n");
   exit(0);
   }
  printf("The newfd2 file descriptor =%d\n",newfd2);
  nchar=read(newfd2,buf,28);
  if (nchar==-1)
  {
     perror("read failed\n");
     exit(0);
     }
  buf[nchar]='\0';
  printf("I have read from a.txt:%s\n",buf);
```

分析：当运行该程序时，进程自动为其打开 3 个文件描述符，即 0、1、2。因此，根据最低可用文件描述符原则，open 打开文件成功时，oldfd1 应该为 3，oldfd2 为 4。当执行 dup 操作时，此时，0~4 描述符均已占用，因此，将描述符 3 复制到描述符 5，即 newfd 的值此时应该为 5。如果执行第 14 行的 dup2 操作，先将 0 描述符关闭，然后将 oldfd1 文件描述符复制给 newfd2，即此时 newfd2 文件描述符指向打开的文件 a.txt，根据文件描述符最低可用原则，newfd2 的值为 0 而不是 6。当对 readfd2 进行读取操作时，发现读到的数据为文件 a.txt 中的数据，这说明此时的文件描述符 0 指向文件 a.txt。

在 Linux 下执行上述程序的结果如图 7.6 所示，证明分析的正确性。执行程序的前提条件是创建 a.txt 和 b.txt 文件。

```
yq@ubuntu:~/program/chapter7$ ./duptest1
The oldfd1 file descriptor =3
The oldfd2 file descriptor =4
The newfd file descriptor =5
The newfd2 file descriptor =0
I have read from a.txt:3344455667788sadfsadfasdsafd
```

图 7.6 duptest.c 执行结果

【例 7-3】请写出下列程序的输出结果。

```
#include<unistd.h>
#include<fcntl.h>
```

```
#include<stdio.h>
#include<sys/types.h>
int main() {
    int fd1,fd2,fd3 ;
    fd1 = open ("test.txt", O_RDWR | O_TRUNC);
    fd2 = dup (fd1);
    printf("fd2=%d\n",fd2);
    close (0);
    fd3 = dup (fd1);
    printf("fd3=%d\n",fd3);
}
```

【例 7-4】请编写程序，实现类似于"ps -aux | grep init"的功能。

实例分析：为了实现本程序要求功能，首先要创建父子进程，然后让每个进程执行一个命令。其次，让父子进程通过管道进行通信。最后，将父子进程的标准输入/输出与管道的读写端分别相连。这是因为，本例中的 ps 和 grep 进程默认情况下的标准输出是屏幕，标准输入是键盘。该程序的实现流程图如图 7.7 所示。

代码功能如下所示：

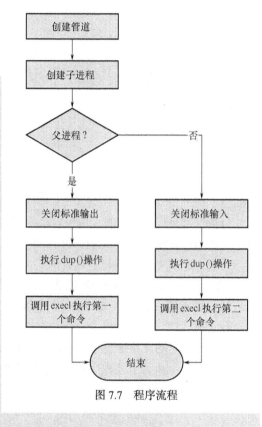

图 7.7 程序流程

```
/*mypipe.c*/
#include<unistd.h>
#include<fcntl.h>
#include<stdio.h>
#include<sys/types.h>
#include <stdlib.h>
void main() {
int pid ,mypipe[2];
pipe(mypipe);
pid=fork() ;
if (pid<0 ) {
   perror("create process failed\n");
   exit(0);
}
 if (pid==0) {   //子进程
  close(mypipe[1]);
  dup2(mypipe[0],0);
  close(mypipe[0]);
  sleep(1);
  execlp("grep","grep","init",NULL);
}
 else {   //父进程
  close(mypipe[0]);
  dup2(mypipe[1],1);
  close(mypipe[1]);
  execlp("ps","ps","aux",NULL);
}
}
```

下面给出了该程序执行过程中标准输入输出是如何通过重定向实现管道通信的。当程序执行完第 8 行指令后，父子进程打开的文件描述符及建立的管道如图 7.8 所示。

当子进程执行 close(mypipe[1]); dup2(mypipe[0],0); close(mypipe[0]);指令后的情况如图 7.9 所示。

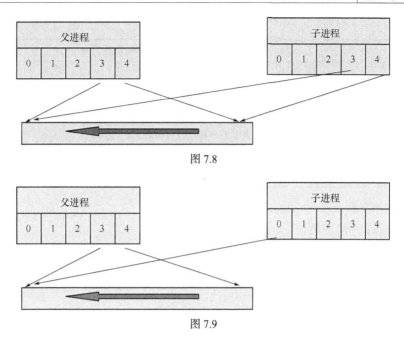

图 7.8

图 7.9

当父进程执行完 close(mypipe[0]); dup2(mypipe[1],1); close(mypipe[1]);3 条指令后的情况如图 7.10 所示。

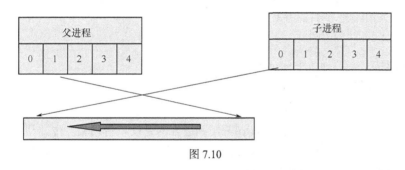

图 7.10

从图 7.10 中可看出，父进程的标准输入未变，仍然是从键盘中获取输入数据，而标准输出已经重定向到管道的写入端；子进程的标准输出未变，输出仍然到屏幕中，而标准输入已经重定向为管道的读出端。通过这种方式建立了父子进程之间的管道通信机制。

该程序编译执行后的结果如图 7.11 所示。

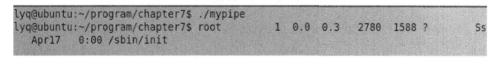

图 7.11　mypipe 执行结果

7.2.3　popen 的介绍

popen 调用功能与 fopen 功能类似，fopen 返回一个到文件的连接，通过该连接可读写文件。popen 返回一个带缓冲的到进程的连接，通过该连接可读写进程。对其操作和对文件操作是一样的。其具体用法见表 7.3。

表 7.3　　　　　　　　　　　　　　popen 用法

目标	复制一个文件描述符
头文件	#include <stdlib.h>
函数原型	FILE *fd=popen("command",mode)
参数	command 需要执行的命令,可为 shell 的任意命令 mode 为 w 或者 r，表示向进程写或者读数据
返回值	-1，如果出错 fd，返回到进程的文件描述符

下面通过实例演示 popen 的用法。

【例 7-5】popen 用法实例。

```
/* read/write from popen */
/*popenexam.c*/
#include<stdlib.h>
#include<stdio.h>
#include <string.h>
void main() {
  FILE *readfp,*writefp;
  char buf[100];
  readfp=popen("ps aux","r");            //r 表示读取管道命令执行结果
  writefp=popen("grep init","w");        //w 表示向进程写入数据
  while( fgets(buf,99,readfp)!=NULL ) {
      fputs(buf,writefp);
  }
//从 popen 读取数据并写入另外一个进程中
  pclose(readfp);
  pclose(writefp);
}
```

在程序结束之前，必须调用 pclose(fp)关闭到进程的连接，否则会产生僵尸进程。这是因为 popen 是通过产生新的子进程来调用 command 命令的，因而父进程务必通过 pclose 调用执行 wait 防止僵尸进程的产生。上述程序的执行结果如图 7.12 所示。

```
lyq@ubuntu:~/program/chapter7$ ./popenexam
root          1  0.0  0.3  2780  1588 ?        Ss   Apr17   0:00 /sbin/init
lyq        8773  0.0  0.1  1828   520 pts/1    S+   21:38   0:00 sh -c grep init
lyq        8774  0.0  0.1  3324   796 pts/1    S+   21:38   0:00 grep init
```

图 7.12　popen 实例

上个例子的执行过程其实就是 popen 首先创建管道，然后通过 fork 调用创建一个子进程，通过 dup2 和 close 调用在父子进程之间建立管道实现的。子进程通过 execl 命令执行指定的命令。popen 一个调用完成了这几个系统调用的功能。上述代码实现的过程如图 7.13 和图 7.14 所示，其中 popenexam 进程表示本程序执行时的进程。

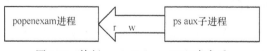

图 7.13　执行 popen("ps -aux","r")命令后

图 7.14　执行 popen("grep init","r")命令后

第一步，这里 popenexam 为父进程，它创建一个子进程并将父进程的标准输入与该子进程的标准输出通过管道相连，同时，让子进程执行 ps aux 命令；第二步，popenexam 父进程创建另外一个新的子进程，将其标准输出与该新建子进程的标准输入通过管道相连，同时让该子进程执行 grep init 命令，从中可看出，通过 popenexam 进程在两个子进程之间建立一个通信的管道。可看出 popen 的使用还是非常容易的。

7.2.4　命名管道

无名管道只能在父子进程间通信，为了解决这个问题，Linux 提供了命名管道。用户可通过命令在文件系统中创建命名管道，该管道可在非父子进程之间进行通信。命名管道是一种特殊类型的文件，可通过如下的几个系统调用创建命名管道：

```
#include <sys/types.h>
#include <sys/stat.h>
int mkfifo(const char *filename, mode_t mode);
int mknode(const char *filename, mode_t mode | S_IFIFO, (dev_t) 0 );
```

其中 filename 指定要创建管道的名称，mode 是命名管道文件的权限模式。也可通过命令 mkfifo 创建命名管道：mkfifo filename，其中，filename 是需要创建的命名管道文件的名称。可通过 ls -l filename 命令来查看该文件的相关信息，例如，执行命令：mkfifo mypipe; ls -lmypipe，结果如下所示：

```
cosmos@ubuntu:~$ mkfifo mypipe
cosmos@ubuntu:~$ ls -l mypipe
prw-rw-r-- 1 hadoop hadoop 0 Dec  9 00:48 mypipe
```

其中的 p 标识该文件是管道文件，该文件占用 i-node，但不占用数据块。我们可以使用 open 系统调用打开该管道文件，对其进行操作，但一般我们打开时不同时对其进行读写操作，即只读或只写。也就是说打开该文件时的模式一般不选择 O_RDWR 模式，这样做的后果未明确定义。这个限制是有道理的，使用 FIFO 只是为了单向传递数据，所以没必要使用 O_RDWR 模式。如果需要在程序之间双向传递数据，最好使用一对 FIFO，一个方向使用一个。对于该文件，可使用 rm -f 命令删除。

在对命名管道文件操作时，有如下规则要求。

如果以读方式打开命名管道文件时：

O_NONBLOCK 选项关闭，则进程阻塞直到有相应进程以写操作方式打开该管道文件。O_NONBLOCK 选项打开，则打开该文件时立刻返回成功，即使没有数据或者没有进程以写的方式打开该管道文件。

如果当前打开操作是为写而打开管道文件时：

O_NONBLOCK 选项关闭，则进程阻塞直到有相应进程为读而打开该管道文件，即有进程从该管道读取数据。

O_NONBLOCK 选项打开，则进程立刻返回失败，错误码为 ENXIO。

默认情况下，打开的文件描述符是阻塞的。下面是命名管道的例子。

【例 7-6】请编写两个程序，其中一个以读的方式打开已经创建好的管道文件并向其中写入数据，另外一个以写的方式打开该管道文件并读取其中的数据，并观察发生的现象，并解释原因。

```c
/*namedpipe1.c*/ 程序以只读方式打开命名管道
#include<stdio.h>
#include <stdlib.h>
#include <sys/types.h>
#include <sys/stat.h>
#include <error.h>
#define N 20
int main(){
int fd= open("/home/mypipe",O_RDONLY);
char buf[N];
   if(fd!=-1) {
       printf("FIFO file is opened/n");
    }
   if ( read(fd,buf,N )!=-1) )
      printf("I received data %s\n",buf);
   else
      perror("read error:");
    exit(EXIT_SUCCESS);
}

/*namedpipe2.c*/  程序以写的方式打开命名管道文件
#include<stdio.h>
#include <stdlib.h>
#include <sys/types.h>
#include <sys/stat.h>
#include <error.h>
#define N 20
int main(){
   char buf[N];
int fd= open("/home/mypipe",O_WRONLY);
   if(fd!=-1) {
       printf("FIFO file is opened/n");
    }
printf("please input string\n");
scanf("%s",buf); getchar();
if ( write(fd,buf,sizeof(buf))!=-1 )
  printf("write successful");
else perror("write failed:");
   exit(EXIT_SUCCESS);
}
```

第一个进程在打开管道文件后，阻塞在该操作，当第二个进程运行后，以写的方式打开管道文件后，第一个进程的打开操作返回，执行后面的操作，同时，第二个进程的打开操作也返回。或者这两个进程先后执行顺序可以交换一下，也会发生类似的现象。最后，第一个进程通过 read 从管道中读取数据，而第二个进程向管道中写入数据。写进程将在管道满时阻塞，读进程将在管道空时阻塞。图 7.15 表示在打开该管道时，因为没有数据，所有读操作阻塞等待数据的到来。

```
lyq@ubuntu:~/program/chapter7$ ./namedpipe1
```

图 7.15 管道无数据时

执行写程序，向管道中写入数据后 namedpipe2 的结果如图 7.16 所示。

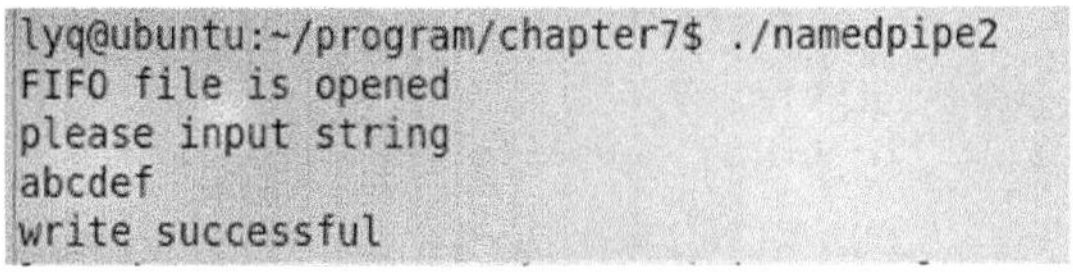

```
lyq@ubuntu:~/program/chapter7$ ./namedpipe2
FIFO file is opened
please input string
abcdef
write successful
```

图 7.16　向管道写入数据

namedpipe1 的结果如图 7.17 所示，当管道有数据时，即可读取并显示。

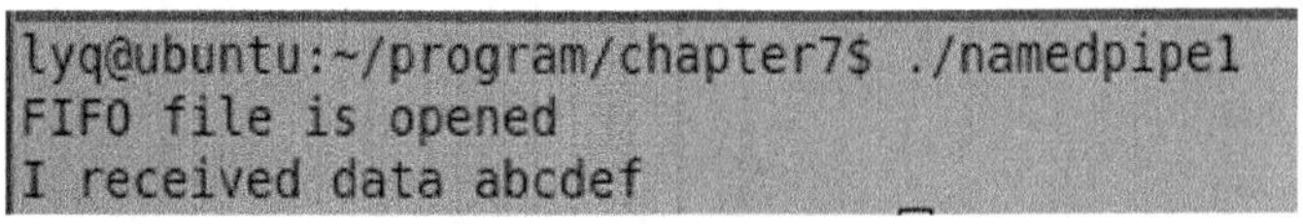

```
lyq@ubuntu:~/program/chapter7$ ./namedpipe1
FIFO file is opened
I received data abcdef
```

图 7.17　管道有数据时

【例 7-7】利用命名管道机制实现一个客户/服务器的应用程序，服务器进程接受请求，对它们进行处理，最后把结果数据返回给发送请求的客户方。

首先建立一个头文件 pipelib.h，它定义了客户和服务器程序都要用到的数据结构，并包含了必要的头文件。

```c
/*pipelib.h*/
#include<stdio.h>
#include<stdlib.h>
#include<string.h>
#include<fcntl.h>
#include<limits.h>
#include<sys/types.h>
#include<sys/stat.h>
#define SERVER_FIFO_NAME "/tmp/server_fifo"
#define CLIENT_FIFO_NAME "/tmp/client_fifo"
#define BUFFER_SIZE PIPE_BUF
#define MESSAGE_SIZE 20
#define NAME_SIZE 256
typedef struct message
{
   pid_t client_pid;
   char data[MESSAGE_SIZE + 1];
}message;
```

接下来是服务器端程序，以只读阻塞模式打开服务器管道，用于接收客户发送过来的数据，这些数据采用 message 结构体封装：

```c
/*client.c*/
#include "pipelib.h"
int main()
{
   int server_fifo_fd;
   int client_fifo_fd;
   int res;
   char client_fifo_name[NAME_SIZE];
   message msg;
   char *p;
   if (mkfifo(SERVER_FIFO_NAME, 0777) == -1)     {  //创建服务器从客户端接收消息的管道文件
       fprintf(stderr, "Sorry, create server fifo failure!/n");
```

```c
        return -1;
    }
    server_fifo_fd = open(SERVER_FIFO_NAME, O_RDONLY);  //打开管道
    if (server_fifo_fd == -1)    {
        fprintf(stderr, "Sorry, server fifo open failure!/n");
        return -1;
    }
    sleep(5);
    while (res = read(server_fifo_fd, &msg, sizeof(msg)) > 0)    {
//从服务器管道读取客户端发送过来的数据并在循环体中处理
        p = msg.data;
        while (*p)
        {
            *p = toupper(*p);       //转换为大写字母
            ++p;
        }
        sprintf(client_fifo_name, CLIENT_FIFO_NAME, msg.client_pid);
        client_fifo_fd = open(client_fifo_name, O_WRONLY);   //打开客户端的管道
        if (client_fifo_fd == -1)
        {
            fprintf(stderr, "Sorry, client fifo open failure!/n");
            return -1;
        }
        write(client_fifo_fd, &msg, sizeof(msg));
//将消息通过client的管道发送给客户端
        close(client_fifo_fd);
    }
    close(server_fifo_fd);
    unlink(SERVER_FIFO_NAME);   //删除管道文件
    exit(EXIT_SUCCESS);
}
```

客户端程序client.c，这个程序用于向服务器发送消息，并接收来自服务器的回复。

```c
#include "pipelib.h"
int main()
{
int server_fifo_fd;
int client_fifo_fd;
int res;
char client_fifo_name[NAME_SIZE];
message msg;
msg.client_pid = getpid();
sprintf(client_fifo_name, CLIENT_FIFO_NAME, msg.client_pid);  //将客户进程的pid写入结构体中
    if (mkfifo(client_fifo_name, 0777) == -1)   //创建向服务器发送数据的管道文件
{
fprintf(stderr, "Sorry, create client fifo failure!/n");
return -1;
}
server_fifo_fd = open(SERVER_FIFO_NAME, O_WRONLY);   //以写的方式打开该管道文件
    if (server_fifo_fd == -1)   {
fprintf(stderr, "Sorry, open server fifo failure!/n");
return -1;
}
```

```
    sprintf(msg.data, "Hello from %d", msg.client_pid);    //向服务器进程发送 Hello from
PID 信息
    printf("%d sent %s ", msg.client_pid, msg.data);
    write(server_fifo_fd, &msg, sizeof(msg));
    client_fifo_fd = open(client_fifo_name, O_RDONLY);
    if (client_fifo_fd == -1) {
    fprintf(stderr, "Sorry, client fifo open failure!/n");
     return -1;
    }
    res = read(client_fifo_fd, &msg, sizeof(msg));    //从服务器接收数据
    if (res > 0) {
    printf("received:%s/n", msg.data);
    }
    close(client_fifo_fd);
    close(server_fifo_fd);
    unlink(client_fifo_name);
    return 0;
    }
```

上述两个进程之间建立了两个管道，分别是向对方发送数据和从对方接收数据的管道。

通过如下命令编译程序：

```
gcc -o server server.c pipelib.c
gcc -o client client.c pipelib.c
```

通过一个服务器进程和多个客户进程测试这个程序。使用 shell 命令让多个客户进程在同一时间启动：

```
[root@localhost]# ./server &    //该命令让服务器程序在后台运行
[26] 5171
[root@localhost]# for i in 1 2 3 4 5; do ./client & done //shell 的 for 循环语句，创建 5
个进程执行在后台执行 client 程序。下面 5172~5176 为该五个进程的 PID，该数值在不同的机器上执行时可能不同：
[27] 5172
[28] 5173
[29] 5174
[30] 5175
[31] 5176
[root@localhost]# 5172 sent Hello from 5172 received:HELLO FROM 5172
5173 sent Hello from 5173 received:HELLO FROM 5173
5174 sent Hello from 5174 received:HELLO FROM 5174
5175 sent Hello from 5175 received:HELLO FROM 5175
5176 sent Hello from 5176 received:HELLO FROM 5176
```

在该例子中服务器以只读模式创建它的命名管道并以阻塞的方式打开该文件，当第一个客户以写方式打开同一个队列文件来建立连接时，服务器进程解除阻塞并执行 sleep 语句，这使得来自客户的数据排队等候。

与此同时，在客户端打开服务器 FIFO 后，它创建自己唯一的一个命名管道，服务器向该管道写入数据，而客户端从该管道读取服务器返回的数据。完成这些工作后，客户通过服务器建立的管道发送数据给服务器（如果管道满或服务器仍处于休眠就阻塞），并阻塞于对自己命名管道文件的 read 调用上，等待服务器响应。

接收到来自客户的数据后，服务器处理该数据，然后以写的方式打开客户管道并将处理后的数据写入该管道返回，这将解除客户端的阻塞状态，客户程序就可以从自己的管道里面读取服务器返回的数据了。整个处理过程不断重复，直到最后一个客户关闭服务器管道为止，这将使服务器的 read 调用失败（返回 0），因为已经没有进程以写方式打开服务器管道了。

7.3 System V 信号量

信号量是进程之间同步与互斥的一种机制，通过它可实现对共享资源的保护，防止多进程或多线程的并发带来的不一致问题。在多任务操作系统环境下，多个进程会同时运行，并且一些进程间可能会运行同一部分代码或者对共享变量进行修改。多个进程可能为了完成同一个任务相互协作，这就形成了进程间的同步关系。而在不同进程间，为了争夺有限的系统资源（硬件或软件资源）会进入竞争状态，这就是进程间的互斥关系。进程间的互斥关系与同步关系存在的根源在于临界资源。临界资源是在同一时刻只允许有限个（通常只有一个）进程可以访问（读）或修改（写）的资源，通常包括硬件资源（处理器、内存、存储器及其他外围设备等）和软件资源（共享代码段、共享结构和变量等）。访问临界资源的代码叫做临界区，临界区本身也会成为临界资源。信号量是用来解决进程间的同步与互斥问题的一种进程间通信机制，包括一个称为信号量的变量和在该信号量下等待资源的进程等待队列，以及对信号量进行的两个原子操作（P/V 操作）。其中，信号量对应于某一种资源，取一个非负的整型值。信号量值（常用 sem_id 表示）指的是当前可用的该资源的数量，若等于 0 则意味着目前没有可用的资源。

7.3.1 信号量的用法

在 Linux 系统中，使用信号量通常分为以下 4 个步骤。

（1）创建信号量或获得在系统中其他进程已经创建的已存信号量，此时需要调用 semget()函数。不同进程通过使用同一个信号量键值来获得同一个信号量。

（2）初始化信号量，此时使用 semctl()函数的 SETVAL 操作。当使用二维信号量时，通常将信号量初始化为 1。

（3）信号量的 P 和 V 操作，此时，调用 semop()函数。这一步是实现进程间的同步和互斥的核心工作部分。

（4）当不需要信号量时，从系统中删除它，此时使用 semctl()函数的 IPC_RMID 操作。

与信号量有关的系统调用主要有：semget/semctl/semop 等操作，分别代表了信号量的获取/控制/操作几个功能，其详细用法见表 7.4、表 7.5、表 7.6。

表 7.4　　　　　　　　　　　　　　　semget 系统调用

头文件	#include<sys/types.h> #include<sys/ipc.h> #include<sys/sem.h>
函数原型	int semget(key_t key,int sems,int semflag)
函数参数	key：信号量的键值，多个进程通过它访问同一个信号量，当 semflag 为 IPC_PRIVATE 时，表示创建当前进程的私有信号量
	sems：创建的信号量数
	semflag：标志位，同 open()函数指定的打开文件的权限位一样，也可用八进制表示，IPC_CREAT 表示创建新的信号量，即使该信号量存在。当同时使用 IPC_EXCL 标志时，如果信号量已经存在，则函数返回错误
函数返回	成功：创建的信号量标识符，在信号量的其他函数中使用 -1 表示出错

表 7.5　semctl 系统调用

头文件	#include<sys/types.h> #include<sys/ipc.h> #include<sys/sem.h>
函数原型	int semctl(int semid,int semnum,int cmd,union semun arg)
函数参数	semid：semget 函数返回的信号量标识符 semnum：信号量编号，当使用信号量集时才有用。通常取 0，表示取第一个信号量 cmd：对信号量的操作，是最重要的参数。当使用单个信号量时，主要取值有： IPC_STAT，获得信号量的 semid_ds 结构，并存放在由 arg 联合体参数中的 semid_ds 结构中，该结构描述了信号量的信息 IPC_SETVAL，将 arg 参数中的值设置为信号量的值 IPC_GETVAL，获得当前信号量的值 IPC_RMID，从系统中删除指定的信号量 union semun{ 　　int val; 　　struct semid_ids *buf; 　　unsigned short *array; }，该联合体定义有时需要程序员自己在程序中定义
函数返回	成功：根据 cmd 的取值返回相应的信息，IPC_STAT/IPC_SETVAL/IPC_RMID 返回 0，而 IPC_GETVAL 返回信号量的当前值 出错返回-1

表 7.6　semop 系统调用

头文件	#include<sys/types.h> #include<sys/ipc.h> #include<sys/sem.h>
函数原型	int semop(int semid,struct sembuf *sops,size_t nsops)

函数参数	semid：semget 函数返回的信号量标识符
	sops：指向信号量操作数
	struct sembuf {
	　short sem_num; 信号量编号，使用单个信号量时，通常取值为 0
	　short sem_op; 信号量操作：为-1 表示 P 操作，+1 表示 V 操作
	　short sem_flag; 通常设置为 SEM_UNDO,从而在进程未释放信号量而退出时，由系统自动释放该信号量
	};
	nsops：操作数组 sops 中的操作个数（元素数目），通常取值为 1

函数返回	成功：信号量标识符 出错：-1

7.3.2　信号量实例

【例 7-8】编写一个程序，通过信号量控制父子进程之间的执行顺序。一般而言，当父进程创建子进程后，父子进程之间的执行顺序取决于 CPU 对进程的调度。现在通过信号量的方式实现父子进程顺序的控制。其基本原理为：创建一个初始值为 0 的信号量，首先在父进程中执行信号量的 P 操作，此时，信号量的值变为-1，父进程被阻塞。子进程得以执行，当子进程的主要功能执行完后，执行信号量的 V 操作，此时，信号量的值变为 0，此时父进程被唤醒，得到执行。

本题目让父进程先输出字符串 AAAAAAA 而子进程输出字符串 BBBBBBBBB。首先将对信号量的操作进行函数封装，具体代码在文件 semlib.h 和 semlib.c 文件中：

```c
/* semlib.h */
#include<sys/types.h>
#include<sys/ipc.h>
#include<sys/sem.h>
#include<unistd.h>
#include<stdio.h>
#include<stdlib.h>
#define DELAY_TIME  2
//定义信号量编号联合体
union semun{
    int val;
    struct semid_ds *buf;
    unsigned short *array;
};
//信号量初始化函数
int init_sem(int sem_id,int init_value);
//信号量删除函数
int del_sem(int sem_id);
//信号量的P操作函数
int sem_p(int sem_id);
//信号量的V操作函数
int sem_v(int sem_id);

/*semlib.c*/
#include "semlib.h"
int init_sem(int sem_id,int init_value)
{
    union semun sem_union;
//设置信号量的初始值
    sem_union.val=init_value;
//SETVAL 参数表示设置信号量的初始值
    if(semctl(sem_id,0,SETVAL,sem_union) == -1) {
        perror("initializing semaphore");
        return -1;
    }
    return 0;
}
/*从系统中删除信号量*/
int del_sem(int sem_id)
{
    union semun sem_union;
// IPC_RMID 参数表示删除 sem_id 信号量
    if(semctl(sem_id,0,IPC_RMID,sem_union)==-1) {
        perror("Delete semaphore failed");
        return -1;
    }
}

/*信号量P操作函数 */
int sem_p(int sem_id)
```

```c
{
    struct sembuf sem_b;
    sem_b.sem_num=0;   //信号量编号，单个信号量时，设置为0
    sem_b.sem_op= -1;  //设置为-1表示进行P操作
    sem_b.sem_flg=SEM_UNDO; //当程序退出时未释放该信号量时，由操作系统负责释放
// 对编号为sem_id的信号量执行P操作
    if(semop(sem_id,&sem_b,1)==-1)  {
        perror("P operation failed");
        return -1;
    }
    return 0;
}
/*V 操作函数*/
int sem_v(int sem_id){
    struct sembuf sem_b;
    sem_b.sem_num=0;
    sem_b.sem_op=1; //1表示V操作
    sem_b.sem_flg=SEM_UNDO;
    if(semop(sem_id,&sem_b,1)==-1)  {
        perror("V operation failed");
        return -1;
    }
    return 0;
}
/*semexample.c  主程序，实现父子进程之间执行顺序的控制*/
#include "semlib.h"
int main(void)
{
    pid_t result;
    int sem_id;
    /*获取信号量的标识符，在下列中，不同独立进程可获取相同的信号量标识符，该操作通过ftok函数获得
信号量的键值。ftok函数通过获取第一个参数所指定的文件的i节点号，在其之前加上子序号作为键值返回*/
    sem_id=semget(ftok(".",'a'),1,0666|IPC_CREAT);
    init_sem(sem_id,0);/*设置信号量的初值为0*/
    result=fork();
    if(result==-1)  {
        perror("Fork failed\n");
    }
    else if(result==0)/*子进程*/
    {
        printf("Child progress is waiting for parent process\n");
        sleep(DELAY_TIME);
        printf("The child progress output\n");
     printf("BBBBBBBBBBBB\n");
        sem_v(sem_id);  //V操作
    }
    else {   /*父进程*/
        sem_p(sem_id);  //P操作
        printf("The father process output \n");
     printf("AAAAAAAAAAA\n");
        del_sem(sem_id);
    }
```

```
        exit(0);
}
```
程序执行流程为：先将信号量值初始化为 0，我们通过 P 操作让子进程先执行，这是因为信号量值为 0，执行 P 操作后，父进程被阻塞，也就是转而去执行子进程。子进程执行完后，通过 V 操作，改变信号量的值，由于信号量的等待队列中有进程（这里是父进程）在等待资源，则唤醒处于阻塞的父进程。编译并执行上述程序的结果如图 7.18 所示。

```
lyq@ubuntu:~/program/chapter7$ ./semexample
The child progress output
BBBBBBBBBBB
The father process output
AAAAAAAAAAA
```

图 7.18　父子进程执行顺序控制

将上述程序中的 P/V 操作均删除，重新再执行这个程序，可发现输出结果会有所不同，请解释为什么。

7.4　POSIX 有名信号量

上述内容阐述了 System V 版本的信号量操作，该信号量只能在有父子进程关系或者同一进程之内的多个线程之间实现同步与互斥。本节介绍通过 POSIX 有名信号量机制实现没有任何关系的进程之间的同步。有名信号量把信号量的值保存在文件中。这决定了它的用途非常广：可用于线程，也可用于相关进程间，甚至是不相关进程。

7.4.1　POSIX 有名信号量的使用

下列的系统调用均在文件<semaphore.h>文件中。

（1）打开一个已存在的有名信号量，或创建并初始化一个有名信号量。该调用完成信号量的创建、初始化和权限的设置。

```
sem_t* sem_open(const char * name,  int oflag, mode_t mode , int value);
    name：文件的路径名； 一般有名信号量文件都是在/dev/shm 目录下的。
    oflag：O_CREAT 或 O_CREAT|O_EXCL 两个取值；前者指当有名文件不存在时根据 mode_t 指定的权限创建该
文件，而后者指当打开文件存在时，则返回错误。
    mode_t 控制新的有名信号量的访问权限；
    value 指定信号量的初始化值。
```

（2）信号量的关闭和销毁

在信号量不再使用时，可通过 sem_close(sem_t)进行关闭，然后使用 sem_unlink(const char *name)将有名信号量删除，它的用法与文件删除调用 unlink 类似，只有当对该信号量文件的引用数为 0 时，才从文件系统中真正删除该文件。

（3）信号量的 P 和 V 操作

P 操作，请求资源：

```
int sem_wait(sem_t *sem);
```

这是一个阻塞的函数，测试所指定信号量的值。它的操作是原子的。sem>0，那么它减 1 并立即返回。sem=0，则在此调用处阻塞直到 sem>0 时为止，此时立即减 1，然后返回。int sem_trywait(sem_t *sem)为非阻塞的函数，其他参数和 sem_wait 一样，当 sem=0 时调用该方法的进程不是阻塞而是返回一个错误 EAGAIN，可以说 sem_trywait 是 sem_wait 的非阻塞版本。

V 操作，释放资源：

```
int sem_post(sem_t *sem);
```
把指定的信号量 sem 的值加 1，唤醒正在等待该信号量的任意进程。

在编译使用 sempahore.h 的函数时，需要使用-lrt 或者-lpthread 链接库文件。

7.4.2 有名信号量实例

【例 7-9】请采用有名信号量的方法实现下列功能：两个独立进程交替向文件中写入数据，要求 A 进程向文件 a.txt 中写入"ABC\n"字符串，B 进程向其中写入"DEF\n"字符串，因此文件 A 中的内容应该是 ABC 和 DEF 两行字符串的交替出现。

```c
/*outabc.c*/
#include <sys/types.h>
#include <sys/ipc.h>
#include <semaphore.h>
#include <unistd.h>
#include <stdio.h>
#include <stdlib.h>
#include <fcntl.h>
char SEM_NAME[]= "process1";
char SEM_NAME2[]= "process2";
#define SHMSZ 27
int main(int argc,char **argv)
{
    char ch;
    int shmid;
    key_t key;
    int fd;
    sem_t *mutex,*mutex2;
    //create & initialize existing semaphore
    mutex = sem_open(SEM_NAME,O_CREAT,0777,0);
    mutex2 = sem_open(SEM_NAME2,O_CREAT,0777,1);
    if(mutex == SEM_FAILED||mutex2==SEM_FAILED)    {
        perror("unable to execute semaphore");
        sem_close(mutex);
        sem_close(mutex2);
        exit(-1);
    }
    fd=open("a.txt",O_CREAT|O_WRONLY|O_TRUNC|O_APPEND);
    if(fd == -1)    {
        perror("open failed");
        sem_close(mutex);
        exit(-1);
    }
    while (1) {
        sem_wait(mutex);    //P 操作
        write(fd,"ABC\n",sizeof("ABC\n")-1);
        close(fd);
        fd=open("a.txt",O_WRONLY|O_APPEND);
        sleep(1);
        sem_post(mutex2);           //V 操作
```

```c
        }
        sem_close(mutex);
        sem_unlink(SEM_NAME);
        close(fd);
        exit(0);
}

/*outdef.c*/
#include <sys/types.h>
#include <sys/ipc.h>
#include <semaphore.h>
#include <unistd.h>
#include <stdio.h>
#include <stdlib.h>
#include <fcntl.h>
char SEM_NAME[]= "process1";
char SEM_NAME2[]= "process2";
#define SHMSZ 27
int main(int argc,char **argv)
{
    char ch;
    int shmid;
    key_t key;
    int fd;
    sem_t *mutex,*mutex2;
    //create & initialize existing semaphore
    mutex = sem_open(SEM_NAME,O_CREAT,0777,0);
    mutex2 = sem_open(SEM_NAME2,O_CREAT,0777,1);
    if(mutex == SEM_FAILED ||mutex2 == SEM_FAILED)    {
        perror("unable to execute semaphore");
        sem_close(mutex);
        sem_close(mutex2);
        exit(-1);
    }
    fd=open("a.txt",O_CREAT|O_WRONLY|O_TRUNC|O_APPEND);
    if(fd == -1)    {
        perror("open failed");
        sem_close(mutex);
        sem_close(mutex2);
        exit(-1);
    }
    while (1) {
      sem_wait(mutex2);   //P操作
        write(fd,"DEF\n",sizeof("DEF\n")-1);
        close(fd);
        fd=open("a.txt",O_WRONLY|O_APPEND);
        sleep(1);
        sem_post(mutex);        //V操作
        }
    sem_close(mutex);
    sem_unlink(SEM_NAME);
    close(fd);
    exit(0);
}
```

编译并执行上述程序，通过 tail -f a.txt 查看文件数据的变化情况，如图 7.19 所示。

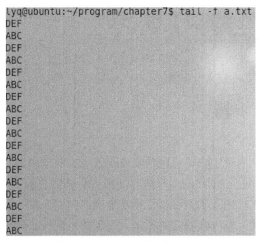

图 7.19 文件内容的交替写入

从图 7.19 中可看出两行字符串是交替写入文件的，同时，DEF 在前而 ABC 在后，说明通过有名信号实现了两个完全独立进程之间的同步机制。通过 vi a.txt 查看文件内容，和显示的完全一致。

7.5 共享内存

共享内存允许不相关的进程访问同一个逻辑内存。共享内存是在两个正在运行的进程之间共享和传递数据的一种非常有效的方式。不同进程之间共享的内存通常安排为同一段物理内存。进程可以向共享内存写入数据，其他可访问该段共享内存的任何其他进程均可读写该数据。与消息队列和管道通信机制相比，一个进程要向队列/管道中写入数据时，引起数据从用户地址空间向内核地址空间的一次复制，同样一个进程进行消息读取时也要进行一次复制。共享内存的优点是完全省去了这些操作。共享内存会映射到进程的虚拟地址空间，进程对其可以直接访问，避免了数据的复制过程。因此，共享内存是 GNU/Linux 现在可用的最快速的进程间通信机制。共享内存机制如图 7.20 所示，进程退出时会自动和已经挂接的共享内存区段分离，但是仍建议当进程不再使用共享内存区段时调用系统调用来卸载区段。当进程通过 fork 产生子进程时，父进程先前创建的所有共享内存区段都会被子进程继承，即父子进程共享该内存区段。如果内存区段已经

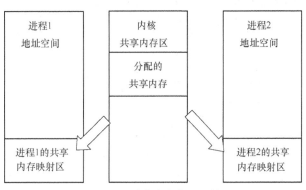

图 7.20 共享内存实现机制

做了删除标记（在前面以 IPC_RMID 指令调用 shmctl），而当前挂接到该内存区段的进程数变为 0 时，该共享内存就会自动被移除。

内存共享机制的实现有多种方式，包括 System V、POSIX 和 mmap 系统调用。下面主要介绍 System V 提供的内存共享机制 API 调用。

7.5.1 共享内存步骤

共享内存的使用步骤如下：

（1）创建共享内存。从内存中获得一段共享内存区域，这里用到的函数是 shmget()；

（2）映射共享内存。将这段创建的共享内存映射到具体的进程空间中，使用函数 shmat()。到这一步就可以使用这段共享内存了，可以使用不带缓冲的 I/O 读写命令对其进行操作；

（3）撤消映射。使用完共享内存就需要撤消，用到的函数是 shmdt()。

共享内存机制不提供对该内存在多个进程之间的保护机制，即程序开发人员必须使用信号量或者其他机制实现对共享内存的同步或者互斥访问。

7.5.2 System V 共享内存 API

对于系统 V 共享内存，主要有以下几个 API：shmget()、shmat()、shmdt()及 shmctl()。这几个 API 的原型声明包括在如下头文件中。

```
#include <sys/ipc.h>
#include <sys/shm.h>
```

shmget()用来获得共享内存区域的 ID，如果不存在指定的共享区域就创建相应的区域。shmat()把共享内存区域映射到调用进程的地址空间中去，这样，进程就可以方便地对共享区域进行访问操作。shmdt()调用用来解除进程对共享内存区域的映射。shmctl 实现对共享内存区域的控制操作。这些 API 的具体参数见表 7.7 至表 7.10。

表 7.7 shmget 用法

所需头文件	#include <sys/types.h> #include <sys/ipc.h> #include <sys/shm.h>
函数原型	int shmget(key_t key, int size, int shmflg)
参数	key：共享内存的键值，多个进程可以通过它访问同一个共享内存，其中有个特殊值 IPC_PRIVATE，用于创建当前进程的私有共享内存 如果要想在 key 标识的共享内存不存在时创建它的话，可以与 IPC_CREAT 做或操作。共享内存的权限标志与文件的读写权限一样，例如，0644,它表示允许一个进程创建的共享内存被内存创建者所拥有的其他进程向共享内存读取和写入数据，同时其他用户创建的进程只能读取共享内存
	size：共享内存区大小
	shmflg：同 open()函数的权限位，也可以用八进制表示法
函数返回值	成功：共享内存段标识符
	出错：-1

在/proc/sys/kernel/目录下，记录着系统 V 共享内存的限制，如一个共享内存区的最大字节数 shmmax，系统范围内最大共享内存区标识符数 shmmni 等。

表 7.8　shmat 用法

所需头文件	#include <sys/types.h> #include <sys/ipc.h> #include <sys/shm.h>	
函数原型	char *shmat(int shmid, const void *shmaddr, int shmflg)	
参数	shmid：要映射的共享内存区标识符	
	shmaddr：将共享内存映射到指定地址（若为 0 则表示系统自动分配地址并把该段共享内存映射到调用进程的地址空间）	
	shmflg	SHM_RDONLY：共享内存只读
		默认 0：共享内存可读写
返回值	成功：被映射的段地址	
	出错：-1	

表 7.9　shmdt 用法

所需头文件	#include <sys/types.h> #include <sys/ipc.h> #include <sys/shm.h>
函数原型	int shmdt(const void *shmaddr)
参数	shmaddr：被映射的共享内存段地址
返回值	成功：0
	出错：-1

表 7.10　shmctl 用法

所需头文件	#include <sys/types.h> #include <sys/ipc.h> #include <sys/shm.h>
函数原型	int shmctl(int shmid, int cmd, struct shmid_ds *buf)
参数	shmid 共享内存标识符 cmd 表示对共享内存的属性执行的相关命令，主要有： IPC_STAT 表示得到共享内存的状态，把共享内存的 shmid_ds 结构复制到 buf 中； IPC_SET：改变共享内存的状态，把 buf 所指的 shmid_ds 结构中的 uid、gid、mode 复制到共享内存的 shmid_ds 结构内 IPC_RMID：删除该共享内存 buf：共享内存管理结构体
返回值	成功：0
	出错：-1

7.5.3　共享内存实例

【例 7-10】请设计一个程序，实现父子进程之间通过共享内存进行通信。父进程向共享内存中写入指定字符串而子进程读取该字符串后并将其打印出来。

```
// shmemPar.c
#include <stdio.h>
#include <unistd.h>
#include <string.h>
#include <sys/ipc.h>
```

```c
#include <sys/shm.h>
#include <error.h>
#define SIZE 1024
int main()
{
    int shmid ;            //共享内存段标识符
    char *shmaddr ;
    char buff[30];
    int shmstatus;         //获取共享内存属性信息
    int pid ;              //进程ID号
    shmid = shmget(IPC_PRIVATE, SIZE, IPC_CREAT|0600 ) ;
    if ( shmid < 0 )   {
         perror("get shm  ipc_id error") ;
         return -1 ;
    }
    pid = fork() ;
    if ( pid == 0 )   {   //子进程向共享内存中写入数据
       shmaddr = (char *)shmat( shmid, NULL, 0 ) ;  //映射共享内存, 可读写
       if ( (int)shmaddr == -1 )     {
          perror("shmat addr error") ;
          return -1 ;
       }
     strcpy( shmaddr, "Hello World!\n") ;
      shmdt( shmaddr ) ;
      return 0;
    } else if ( pid > 0) {
      sleep(10);
       shmaddr = (char *) shmat(shmid, NULL, 0 ) ;
       if ( (int)shmaddr == -1 )       {
          perror("shmat addr error") ;
          return -1 ;
       }
    strcpy(buff,shmaddr);
    printf("I have  got from shared memory :%s\n", buff) ;
     shmdt( shmaddr ) ;
     shmctl(shmid, IPC_RMID, NULL) ;
    }else{
       perror("fork error") ;
       shmctl(shmid, IPC_RMID, NULL) ;
    }
    return 0 ;
}
```

上述代码执行结果如图 7.21 所示，从图中可看出，子进程向共享内存中写入的数据可被父进程读取并显示，说明成功通过共享内存实现父子进程之间数据的共享。

```
lyq@ubuntu:~/program/chapter7$ ./shmemPar
I have  got from shared memory :Hello World!
```

图 7.21 共享内存传输数据

上述代码并未实现真正的同步，可能会出现拷贝数据时共享内存中没有数据的情况。下面通过信号量机制避免出现这种情况。

【例 7-11】通过信号量机制实现多进程之间共享内存的互斥访问。请设计一个程序，实现父

子进程之间的同步通信，父进程向共享内存中写入数据后，等待子进程读取，该过程循环3次。

```c
#include<sys/types.h>
#include<sys/ipc.h>
#include<sys/shm.h>
#include<sys/sem.h>
#include "semlib.h"           //前面章节的信号量操作库函数
#include <string.h>
#define BUFFER_SIZE  2048
int main()
{
   pid_t pid;
   int sem_id;                //信号量 ID
   int shmid;                 //共享内存段 ID
   char *shm_addr=NULL;       //共享内存首地址
   char buff[40];             //字符串
   int i=0;
   sem_id=semget(ftok(".",'a'),1,0666|IPC_CREAT);/*信号量*/
   init_sem(sem_id,0);        //信号量初始化
   if((shmid=shmget(IPC_PRIVATE,BUFFER_SIZE,0666))<0)  {
      perror("shmget");
      return -1;
   }
   pid=fork();
   if(pid==-1)  {
      perror("fork");
      return -1;
   }
   else if(pid==0) {
      if ((shm_addr=shmat(shmid,0,0))==(char *)-1) {
        perror("shmat");
        return -1;
      }
        while ( i<3 ) {

      printf("Child process is waiting for data:\n");
      sem_p(sem_id);           //P 操作
      strcpy(buff,shm_addr);   //读取数据
      printf("Child get data from shared-memory:%s\n",buff);
      sem_v(sem_id);           //V 操作
         i++;
   }
    del_sem(sem_id); //
   if((shmdt(shm_addr))<0) {
        perror("shmdt");
        return -1;
      }
   if(shmctl(shmid,IPC_RMID,NULL)==-1)  {
        perror("child process delete shared memory ");
        return -1;
      }
   }
   else   { //父进程
```

```c
    if((shm_addr=shmat(shmid,0,0))==(char *)-1)   {
        perror("Parent shmat failed");
        return -1;
    }
    while(i<3)   {
    printf("Please input some string:\n");
    fgets(buff,BUFFER_SIZE,stdin);
    strncpy(shm_addr,buff,strlen(buff));
    sem_v(sem_id);          //V 操作
            i++;
    sem_p(sem_id);          //P 操作
    }
    if((shmdt(shm_addr))<0)    {
        perror("Parent:shmdt");
        exit(1);
    }
    waitpid(pid,NULL,0);
    }
    return 0;
}
```

上述程序的执行结果如图 7.22 所示，父进程先向共享内存写入数据，子进程再从中读取，通过信号量实现父子进程对共享内存的互斥访问。

```
lyq@ubuntu:~/program/chapter7$ ./memshare
Please input some string:
Child process is waiting for data:
abcdef
Child get data from shared-memory:abcdef

Child process is waiting for data:
Please input some string:
xyzxyz
Child get data from shared-memory:xyzxyz

Child process is waiting for data:
Please input some string:
tuyzxyf
Child get data from shared-memory:tuyzxyf
```

图 7.22　共享内存的互斥访问

7.5.4　mmap 共享内存机制

mmap()系统调用使得进程之间通过映射同一个普通文件实现共享内存。普通文件被映射到进程地址空间后，进程可以像访问普通内存一样对文件进行访问，不必再调用 read、write 等操作。与 mmap 调用配合使用的系统调用还有 munmap、msync 等。实际上，mmap()系统调用并不完全是为了用于共享内存而设计的。它本身提供了不同于一般对普通文件的访问方式，进程可以像读写内存一样对普通文件的操作。而 POSIX 或系统 V 的共享内存则用于实现不同进程之间的共享目的，当然 mmap()实现共享内存也是其主要应用之一。

mmap、munmap、msync 调用的原型见表 7.11～表 7.13。

表 7.11　　　　　　　　　　　　　　　　mmap 系统调用

所需头文件	#include <sys/mman.h>
函数原型	void *mmap(void *start, size_t length, int prot, int flags, int fd, off_t offset);
函数作用	将磁盘文件映射到进程的某段内存空间中
参数	start 指定文件被映射到进程空间的起始地址，一般被指定一个空指针，表示由内核确定起始地址 fd 为映射到进程空间的文件描述符，由 open()调用返回。fd 可以为-1，同时将 flags 参数设置为 MAP_ANON，表明进行的是匿名映射（避免了文件的创建及打开，但是只能用于具有亲缘关系的进程间通信，ANON 是英文单词 Anonymous 的缩写） length 是映射到调用进程地址空间的字节数，它从被映射文件的 offset 个字节开始算起。prot 参数指定共享内存的访问权限。可取如下几个值的或：PROT_READ（可读）、PROT_WRITE（可写）、PROT_EXEC（可执行）、PROT_NONE（不可访问） flags 参数选项包括：MAP_SHARED、MAP_PRIVATE、MAP_FIXED，其中，MAP_SHARED、MAP_PRIVATE 必选其一，更多参数可详见手册
返回值	成功：文件映射到进程空间的地址
	出错：-1

表 7.12　　　　　　　　　　　　　　　　　munmap 调用

所需头文件	#include <sys/mman.h>
函数原型	int munmap(void * addr, size_t len);
函数作用	解除进程地址空间中的映射关系
参数	addr 是调用 mmap()时返回的地址，len 是映射区的大小
返回值	成功：0
	出错：-1

表 7.13　　　　　　　　　　　　　　　　　msync 调用

所需头文件	#include <sys/mman.h>
函数原型	int msync(void * addr , size_t len, int flags);
函数作用	实现磁盘上文件内容与共享内存区的内容一致
参数	addr 是调用 mmap()时返回的地址，len 是映射区的大小 flags：表示将数据更新到磁盘时的参数设置 ● 取值为 MS_ASYNC（异步）时，调用会立即返回，不等到更新的完成 ● 取值为 MS_SYNC（同步）时，调用会等到更新完成之后返回 ● 取 MS_INVALIDATE（通知使用该共享区域的进程，数据已经改变）时，在共享内容更改之后，使得文件的其他映射失效，从而使得共享该文件的其他进程去重新获取最新值
返回值	成功：0
	出错：-1

【例 7-12】利用 mmap 实现进程之间的内存共享。要求编写两个程序通过一个文件实现进程间通信，第一个程序将学生信息写入该文件，另外一个进程从该文件中读出学生信息。

```
/*first.c*/
#include <sys/mman.h>
#include <sys/types.h>
```

```c
#include <fcntl.h>
#include <unistd.h>
#include <string.h>
typedef struct{
  char name[4];
  int  age;
}student;
main(int argc, char** argv) {
  int fd,i;
  student *p_map;
  char temp;
  fd=open("stu.txt",O_CREAT|O_RDWR|O_TRUNC,00777);
  lseek(fd,sizeof(student)*5-1,SEEK_SET);
  write(fd,"",1);
  p_map = (student*) mmap( NULL,sizeof(student)*10,PROT_READ|PROT_WRITE,
       MAP_SHARED,fd,0 );
  if (p_map==(void *)-1){
    perror("mmap failed\n");
    exit(0);
  }
  close( fd );
  temp = 'a';
  for(i=0; i<10; i++)
  {
    temp += 1;                      //学生姓名
    memcpy( ( *(p_map+i) ).name, &temp,2 );
    ( *(p_map+i) ).name[1]='\0';
    ( *(p_map+i) ).age = 20+i;      //学生年龄
  }
  sleep(10);
  munmap( p_map, sizeof(student)*10 );
}
/*-------------second.c------------*/
#include <sys/mman.h>
#include <sys/types.h>
#include <fcntl.h>
#include <unistd.h>
#include <string.h>
#include <stdio.h>
typedef struct{
  char name[4];
  int  age;
}student;
main(int argc, char** argv)
{
  int fd,i;
  student *p_map;
  fd=open( "stu.txt",O_CREAT|O_RDWR,00777 );
  p_map = (student*)mmap(NULL,sizeof(student)*10,PROT_READ|PROT_WRITE,
      MAP_SHARED,fd,0);
  for(i = 0;i<10;i++)
  {
  printf( "name: %s age %d;\n",(*(p_map+i)).name, (*(p_map+i)).age );
  }
  munmap( p_map,sizeof(student)*10 );
```

}
编译并执行上述两个程序的结果如图 7.23 所示。

```
lyq@ubuntu:~/program/chapter7$ ./shmsecond
name: b age 20;
name: c age 21;
name: d age 22;
name: e age 23;
name: f age 24;
name: g age 25;
name: h age 26;
name: i age 27;
name: j age 28;
name: k age 29;
```

图 7.23　内存共享的进程通信机制

从图 7.23 中可看出，程序 1 向共享内存中写入学生信息，而程序 2 从中读取数据并显示，说明通过共享内存实现了不具有任何血缘关系的进程之间的通信。

7.6　消息队列

消息队列是 UNIX 系统 V 版本中进程间通信机制之一。消息队列就是一个消息的链表即将消息看作一个记录，并且这个记录具有特定的格式以及特定的优先级。对消息队列有写权限的进程可以按照一定的规则添加新消息到队列的末尾；对消息队列有读权限的进程则可以从消息队列中读取消息。Linux 支持以消息队列的方式来实现消息传递。

7.6.1　消息队列的实现原理

其发送方式是：发送方不必等待接收方去接收该消息就可不断发送数据，而接收方若未收到消息也无需等待。这种方式实现了发送方和接收方之间的松耦合，发送方和接收方只需负责自己的发送和接收功能，无需等待另外一方，从而为应用程序提供了灵活性。新的消息总是放在队列的末尾，接收的时候并不总是从头来接收，可以从中间来接收。消息队列是随内核持续的并和进程相关，只有在内核重起或者使用管理命令删除某消息队列时，该消息队列才会真正被删除。消息队列的使用过程为：

（1）创建消息队列；
（2）发送数据到消息队列；
（3）从消息队列中读取数据；
（4）删除队列。

7.6.2　消息队列系统调用

消息队列与管道以及命名管道相比，具有更大的灵活性，首先，它提供有格式字节流，有利于减少开发人员的工作量；其次，消息具有类型，在实际应用中，可为不同类型的消息分配不同的优先级。这两点是管道以及命名管道所不具有的。同样，消息队列可以在几个进程间通信实现数据的传输，而不管这几个进程是否具有亲缘关系，这一点与命名管道相似。与消息队列有关的主要系统调用主要包括：msgget()、msgsnd()、msgrcv()、msgctl()，其作用分别是创建消息队列，发送消息队列，接收数据，控制消息队列，其具体用法分别详见表 7.14～表 7.17。

表 7.14　　　　　　　　　　　　　msgget 用法

所需头文件	#include<sys/msg.h>
函数原型	int msgsnd(key_t key,int msgflg);
函数作用	创建一个消息队列或取得一个已经存在的消息队列
参数	key：消息队列的键值，为 IPC_PRIVATE 时将创建一个只能被创建进程读写的消息队列；若不是 IPC_PRIVATE，则可指定某个整数值，还可以用 ftok ()函数来获得一个唯一的键值 msgflg：创建消息队列的创建方式或权限。创建方式有： IPC_CREAT，如果内存中不存在指定消息队列，则创建一个消息队列，否则取得该消息队列 IPC_EXCL，消息队列不存在时，新的消息队列才会被创建，否则会产生错误
返回值	成功：返回消息队列的标示符 出错：-1

表 7.15　　　　　　　　　　　　　msgsnd 用法

所需头文件	#include<sys/msg.h>
函数原型	int msgsnd(int msgid,struct msgbuf *msgp ,int msgsz, int msgflg);
函数作用	往队列中发送一个消息

参数	msgid：消息标识 id，也就是 msgget ( ) 函数的返回值
	msgp：指向消息缓冲区的指针，该结构体为
	struct mymesg {
	long mtype;　　　　　　/*消息类型*/
	char mtext[512];　/*消息文本*/
	}
	msgsz：消息文本的大小，不包含消息类型（4 个字节）
	msgflg：可以设置为 0，或者 IPC_NOWAIT。如为 IPC_NOWAIT，则当消息队列已满，则此消息将不写入消息队列，将返回到调用进程，如果没有指明（即为 0），调用进程会被挂起，直到消息写入消息队列为止

返回值	成功：0 出错：-1

表 7.16　　　　　　　　　　　　　msgrcv 用法

所需头文件	#include<sys/msg.h>
函数原型	int msgrcv(int msgid , struct msgbuf *msgp,int msgsz , long mtype,int msgflg);
函数作用	从消息队列中读走消息（即读完之后消息就从队列中消失）
参数	msgid：消息队列的 id 号 msgp：存储所读取消息的结构体指针 msgsz：消息的长度（不包含 mtype，可用公式计算： msgsz=sizeof(struct msgbuf)-sizeof(long)） mtype：从消息队列中读取的消息的类型。如果为 0，则会读取驻留消息队列时间最长的那一条消息，不论它是什么类型 msgflg：为 0 时表示该进程将一直阻塞，直到有消息可读；还可设为 IPC_NOWAIT，表示如果没有消息可读时立刻返回-1，否则进程被挂起
返回值	成功：0 出错：-1

表 7.17　msgctl 用法

所需头文件	#include<sys/msg.h>
函数原型	int msgctl(int msgid, int cmd ,struct msgqid _ds *buf);
函数作用	消息队列控制系统调用
参数	msgid：消息队列的 ID，即函数 msgget()的返回值 cmd：消息队列的处理命令，主要包括如下几种类型 IPC_RMID：从系统内核中删除消息队列，相当于命令"ipcrm -q id" IPC_STAT：获取消息队列的详细消息，包含权限、各种时间、id 等 IPC_SET：设置消息队列的信息 buf：存放消息队列状态的结构体指针
返回值	成功：0
	出错：-1

7.6.3　消息队列实例

【例 7-13】消息队列实例：请采用消息队列实现如下功能：一个进程连续随机向队列中发送 3 种不同交易消息，另外 3 个独立进程分别从消息队列中读取指定类型的交易信息并显示。

```
/*msgexamp.h*/
#ifndef MSGQUE_EXAMP
#define MSGQUE_EXAMP;
#include <stdlib.h>
#include <stdio.h>
#include <string.h>
#include <errno.h>
#include <unistd.h>
#include <sys/msg.h>
#include <sys/stat.h>
#define MAX_TEXT 512
#define MSG_KEY 335
struct my_msg_st    //消息结构体
{
   long my_msg_type;    //消息类型，其值分别为 1, 2, 3, 代表不同交易消息
   char  text[MAX_TEXT];   //存放具体消息内容
};
#endif
/*msgsnd.c 消息队列发送程序 */
#include "msgexamp.h"
#include<stdlib.h>
int main(){
   int index = 1;
   struct my_msg_st some_data;
   int msgid;
   char buffer[BUFSIZ];
   msgid = msgget((key_t)MSG_KEY, IPC_CREAT|S_IRUSR|S_IWUSR); if(msgid == -1)    {
        perror("create message queue failed ");
    return -1;
   }
   srand((int)time(0));
   while(index<5)    {
```

```c
        printf("[%d]Enter some text: less than %d\n",msgid,MAX_TEXT);
        fgets(buffer, BUFSIZ, stdin);
        some_data.my_msg_type = rand()%3+1;    //随机产生消息类型1～3值
        printf("my msg_type=%ld\n",some_data.my_msg_type);
        strcpy(some_data.text, buffer);
         if (msgsnd(msgid, (void *)&some_data, sizeof(some_data), 0) == -1)     {
            fprintf(stderr, "msgsnd failed\n");
            exit(-1);
         }
      index++;
    }
    exit(0);
}
/*msgrcv.c 接收指定类型消息的进程，头文件与上个程序一样 */
#include "msgexamp.h"
int main(int argc,char **argv) {
    int msgid;
    int type;
    struct my_msg_st *my_data=(struct my_msg_st *)malloc(sizeof(struct my_msg_st));

    if (argc<2) {
     printf("USAGE msgexample msgtype\n");
     return -1 ;
    }
    type=atoi(argv[1]);
    if ( type<0 || type>3 ) {
     printf("msgtype should be one of 1,2,3");
     return -1;
    }
    msgid = msgget((key_t)MSG_KEY, IPC_CREAT|S_IRUSR|S_IWUSR);
    if(msgid == -1)    {
        perror("get message queue failed ");
     return -1;
    }
    while (1) {
      if (msgrcv(msgid,(void *)my_data, sizeof(struct my_msg_st),(long)type,IPC_NOWAIT) !=-1) {
            printf("The message type is:%ld\n",my_data->my_msg_type);
         printf("The message content is:%s\n",my_data->text);
           }
        else if (ENOMSG==errno)    {
    printf("there is no any message which is matched to message type \n");
    break;
    }
  }
}
```

编译并执行上述程序，在执行过程中，可通过命令 ipcs -q 命令查看指定消息队列的变化情况。程序执行结果如图 7.24 所示。从图中可看出消息队列中数据的变化情况，刚开始，里面消息数量为 0，当执行 ./msgsnd 程序后，分别输入了 4 条数据，并随机产生相应的消息类型，再次使用 ipcs -q 命令可看到队列中已保存该数据。当执行 ./msgrcv 1 时，将数据类型为 1 的数据读走，此时消息队列中的数据变为 3，证明指定数据类型数据已从队列中读出。

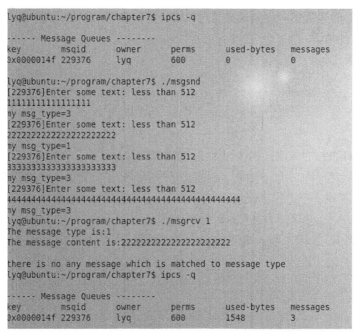

图 7.24 消息队列的使用

总 结

1. 进程通信基本概念、作用和应用场景，这是 Linux 编程中很重要的一部分。
2. 在管道通信中介绍了无名管道、管道实现的基本原理和方法、命名管道等基本概念和应用方法。
3. 信号量的概念，信号量实现进程之间的同步与互斥。介绍了 System V 的无名信号量和 POSIX 的有名信号量，并通过该有名信号量实现不同进程之间的同步。
4. 共享内存基本概念和用法。
5. 消息队列的基本概念和使用方法。
6. 进程之间的这几种通信方式各有特点：共享内存的速度最快，但进程之间的耦合性强。信号量适合用户进程之间控制信号的传递，不能传输数据。消息队列对进程之间的关系没有要求，可在不同进程之间传递大量不同类型的数据。无名管道只能在父子进程之间进行通信，而命名管道可在不同进程之间传输数据。命名管道是一种特殊的文件，而消息队列也是一种特殊的文件。
7. 这几种通信方式也可以相互结合，例如，共享内存在多进程或多线程情况下，可和信号量机制结合起来实现并发控制访问和同步访问。

习 题

1. 请简述进程间通信的几种方式之间的特点和不同点。
2. 请查阅相关资料简述进程间通信的 System V、POSIX 两种标准之间的差异性。

3. 请编写一个管道通信程序实现文件的传输，并请思考采用其他进程通信方式是否可方便实现进程之间的文件传输。

4. 有以下一段代码：

```
int fd1,fd2,fd3,fd4;
fd1=open("a.txt",O_RDONLY);
fd2=open("b.txt",O_WRONLY);
fd3=dup(fd1);
fd4=dup2(fd2,0);
```

请问，最后 fd1,fd2,fd3 和 fd4 的值为多少？并解释原因。

5. 编写 C 语言程序实现如下功能：创建父子进程，父子进程之间通过管道进行通信，父进程向子进程发送字符串，子进程接收到该字符串后，将该字符串的最后 5 个字符发送给父进程。

6. 修改【例 7-8】，使得父子进程执行的顺序改变。

7. 请修改【例 7-9】，要求写入两行 ABC 之后，再写入一行 DEF 这样的顺序循环写入文件。

第 8 章 多线程编程

进程是操作系统分配资源的单位，但线程是操作系统调度单位，线程和进程相比分配所需资源消耗比进程小，另外，同一进程之内的线程之间的通信更为方便。线程还可以提高程序的响应，使 CPU 利用率更高以及改善程序结构。通过本章的学习，读者应掌握线程的生命周期以及与之有关的系统调用，即会用 API 创建线程、销毁线程、指定线程执行的代码，线程的同步和互斥等内容。

8.1 多线程概念

进程是操作系统资源分配的基本单位。每个进程有自己的数据段、代码段和堆栈段。线程是在共享内存空间中并发的多道执行路径，它们共享一个进程的资源，如文件描述和信号处理。运行于一个进程中的多个线程，它们彼此之间使用相同的地址空间，共享大部分数据，启动一个线程所花费的代价远小于新建一个进程所费代价，而且，线程间彼此切换所需的时间也远远小于进程间切换所需要的时间，因而线程通常又叫作轻量级进程。在支持多线程的操作系统环境中，线程是操作系统资源调度的基本单位。由于线程之间共享内存空间，因而多线程在访问共享资源时务必采用互斥机制防止资源共享带来的冲突。进程与多线程之间的关系如图 8.1 所示。

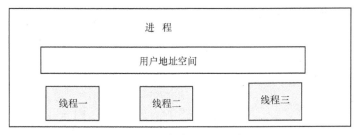

图 8.1 进程与线程之间的关系

线程与进程相比，具有如下几个特点：

（1）与进程相比，线程调度花费资源较少，响应较快，所占用资源较少；

（2）不同进程占用不同数据空间，其间数据传递必须通过通信机制来实现，而多个线程共占同一个进程资源空间，因而通信更为方便和快捷；

（3）多线程作为一种并发机制，可提高程序的响应时间，如图形界面中的应用。当一个操作耗时很长时，整个系统都会等待该操作的完成，此时程序不会响应键盘、鼠标、菜单的操作，而使用多线程技术，将耗时长的操作由一个新的线程执行，主进程可以及时响应用户的其他操作；

（4）提高 CPU 的应用效率，当系统具有多个 CPU 时，可让线程运行于不同 CPU，从而提高效率；

Linux 线程属于用户级线程，即线程的调度是在用户空间执行的。Linux 线程遵循 POSIX 线程接口，称为 pthread。编写 Linux 下的多线程程序，需要使用头文件 pthread.h，在编译程序的时候，需要通过参数-lpthread 使用库文件中的线程创建、终止、同步等系统调用。

8.2 线程状态与线程编程

与线程的生命周期有关的系统调用主要有：线程创建、线程挂起、线程终止以及其他相关系统调用。

8.2.1 线程的创建和参数传递

pthread 库提供线程创建系统调用为 pthread_creat，具体用法见表 8.1。

表 8.1　　　　　　　　　　　　pthread_creat 用法

头文件	#include <pthread.h>
函数原型	int pthread_create(pthread_t *tid,const pthread_attr_t *pth_attr, void *(*start_rtn)(void),void *arg);
参数	tid：所要创建的线程的线程 id 指针 pth_attr：所要创建线程的属性，通常为空 start_rtn：函数指针类型，指向所创建线程将要执行的代码 arg：传递给线程的参数
返回值	创建线程成功为 0 失败，则返回失败原因代码，线程创建失败的原因代码尽量避免使用 errno，这是因为该值可能会随时被破坏

【例 8-1】线程创建用法实例。

```
/*thread_creat.c*/
#include <pthread.h>
#include <stdio.h>
#include<stdlib.h>
#include<string.h>
typedef struct student
{
int age;
char name[20];
} STU;
void *create(void *arg) {   //线程将要执行的代码
  STU *temp=(STU *)arg; //
printf("The following is transferred to thread\n");
printf("STU age is %d\n",temp->age);
printf("STU name is %s\n",temp->name);
}
int main(int argc,char *argv[])
```

```
    {
    pthread_t tidp;
    int error;
    STU *stu=malloc(sizeof(STU));
    stu->age=20;
    strcpy(stu->name,"abcdefg");
    error=pthread_create(&tidp,NULL,create,(void *)stu);
    if(error!=0)    {
        printf("pthread_create failed ");
        return -1;
    }
    pthread_join(tidp,NULL);
    return 0;
    }
```

使用命令 gcc -o thread_creat thread.c -lpthread 编译该命令，执行该命令的结果如图 8.2 所示，由图中可看出，在 pthread_creat 调用中传递的 stu 信息已经被线程函数所获得。

```
lyq@ubuntu:~/program/thread$ gcc -o thread2 thread.c -lpthread -g
lyq@ubuntu:~/program/thread$ ./thread2
The following is transferred to thread
STU age is 20
STU name is abcdefg
```

图 8.2　线程参数传递

通过该例子说明通过系统调用 pthread_creat 创建线程的同时可向线程传递相关参数。进程中的所有信息都是对线程进行共享的，包括程序代码、程序的全局内存和堆内存、栈以及文件描述符等。

【例 8-2】多线程共享进程信息实例。在一个进程中，创建两个线程，其中一个线程负责打印某变量的值，而另外一个线程负责改变该变量的值。

```
/*multhread.c*/
#include <pthread.h>
#include <stdio.h>
static int global=1;
void * t1_execute(void *arg){   //线程1执行的代码
    while(global<100) {
    printf("The value is %4d\n",global);
}
}
void *t2_execute(void *arg){//线程2执行的代码
    while(1) {
global++;     //改变进程变量 global 的值
sleep(1);
}
}
void main(){
int i=0;
pthread_t pid1,pid2;
int error1,error2;
error1=pthread_create(&pid1,NULL, t1_execute,(void *)&i);
error2=pthread_create(&pid2,NULL, t2_execute,(void *)&i);
if(error1!=0||error2!=0)       {
```

```
        printf("pthread_create failed ");
        return ;
     }
pthread_join(pid1,NULL);
pthread_join(pid2,NULL);
}
```

编译并执行该程序的结果如图 8.3 所示,线程 1 打印的全局变量的值被线程 2 所改变。

```
The global value is 4
The global value is 4
The global value is 4
The global value is 4
The global value is 4
The global value is 4
The global value is 4
The global value is 4
```

图 8.3 同一进程内的多个线程之间共享变量

8.2.2 线程终止 pthread_exit

线程的终止分为正常终止和非正常终止。线程主动调用 pthread_exit 或者执行到线程函数中的 return 语句从而正常终止。如果线程中调用 exit 语句,则该线程所在的整个进程结束。在其他线程的干预下或者执行非法指令而结束的情况成为非正常终止。pthread_exit 的用法见表 8.2。

表 8.2   pthread_exit 的用法

头文件	#include <pthread.h>
函数原型	void pthread_exit(void *ret_val);
参数	ret_val 线程退出时返回值指针,该值返回给 pthread_join
返回值	无

【例 8-3】线程中执行 exit 语句和 pthread_exit 语句之间的不同。下面用实例创建两个线程:一个线程通过一个死循环不断地输出;而另一个线程分别调用 exit 语句和 pthread_exit 语句,通过程序实际执行结果可分析这两条语句的区别。

```
/*multhread.c*/
#include <pthread.h>
#include <stdio.h>
#include <stdlib.h>
void * t1_execute(void *arg){
   while(1) {
   printf("in thread1\n");
}
}
void *t2_execute(void *arg){
sleep(2);
  pthread_exit(NULL); //用exit(0);语句替换
}
void main(){
pthread_t pid1,pid2;
int error1,error2;
error1=pthread_create(&pid1,NULL, t1_execute,NULL);
error2=pthread_create(&pid2,NULL, t2_execute, NULL);
```

```
    if(error1!=0||error2!=0)    {
      printf("pthread_create failed ");
        return -1;
    }
    pthread_join(pid1,NULL);
    pthread_join(pid2,NULL);
  return 0;
}
```

编译并执行上述程序，在执行 pthread_exit 语句时的结果如图 8.4 所示，此时线程 1 的结束并不影响进程也不影响线程 2 的执行。

将 pthread_exit 语句替换为 exit 语句，执行 exit 语句时的结果如图 8.5 所示，此时 exit 语句结束整个进程，因而线程 1 也被结束，从而循环不再执行，程序结束后，可看到 shell 的提示符。线程在终止时，其所占用的资源可能尚未释放，从而造成资源的浪费，为了解决该问题，可使用系统调用 pthread_cleanup_push 和 pthread_cleanup_pop。这两个系统调用指定在该两个系统调用之间的代码在线程终止时执行的函数。这两个系统调用的用法见表 8.3 和表 8.4。

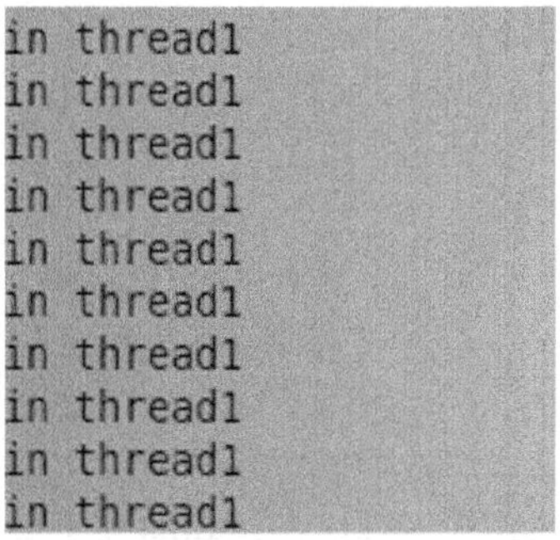

图 8.4 pthread_exit 的用法    图 8.5 pthread_exit 用法

表 8.3　　　　　　　　　　　　pthread_cleanup_push 调用

头文件	#include <pthread.h>
函数原型	void pthread_cleanup_push (void (*rtn)(void *),void *arg);
参数	rtn 指当线程要结束时需要执行的函数 arg 传递给该函数的参数
返回值	无

表 8.4　　　　　　　　　　　　pthread_clean_pop 调用

头文件	#include <pthread.h>
函数原型	void pthread_cleanup_pop(int execute)
参数	execute 为 0 表示禁止执行指定函数，非 0 时表示执行指定函数
返回值	无

pthread_cleanup_push()/pthread_cleanup_pop 采用先进后出的方式管理执行函数 void *rtn(void *)，在执行 pthread_cleanup_push()时压入函数栈，多次执行 pthread_cleanup_push()形成一个函数链即在线程终止时，按照堆栈中的先进后出的顺序执行函数。execute 参数表示是否执行指定函数。这两个系统调用务必要配套使用。这两个系统调用只对线程终止调用 pthread_exit 有效，而对 return 或者 exit 语句无效。

【例 8-4】编写一个程序，当线程结束时执行指定的多个函数。

```c
/*mulfunc.c*/
#include <pthread.h>
#include <stdio.h>
#include<stdlib.h>
void clean_1(void *arg){
   printf("%s\n", (char *)arg);
}
void *t1_execute(void *arg){
    pthread_cleanup_push(clean_1,"thread  first handler");
    pthread_cleanup_push(clean_1,"thread  second hadler");
   if ( *(int*)arg==1 )  pthread_exit(NULL);
   else   exit(0);
   pthread_cleanup_pop(0);
   pthread_cleanup_pop(0);
}
void main(){
pthread_t pid1;
int error1;
int i=1;
error1=pthread_create(&pid1,NULL, t1_execute,(void *)&i);
if(error1!=0)   {
   printf("pthread_create failed ");
      return ;
    }
   pthread_join(pid1,NULL);
 return ;
}
```

编译并执行上述程序，其结果如图 8.6 所示，其执行结果和下列两条语句的顺序是相反的。

```
pthread_cleanup_push(clean_1,"thread  first handler");
pthread_cleanup_push(clean_1,"thread  second hadler");
```

当 i 的值为 2 时，其结果如图 8.7 所示，说明这两个系统调用对 exit 语句无效。

```
lyq@ubuntu:~/program/thread$ ./mulfunc
thread  second hadler
thread  first handler
```

图 8.6 pthread_cleanup_push 和 pthread_cleanup_pop 系统调用

```
lyq@ubuntu:~/program/thread$ ./mulfunc
lyq@ubuntu:~/program/thread$
```

图 8.7 pthread_cleanup_push 和 pthread_cleanup_pop 系统调用

当 i 的值为 1 时，将 pthread_exit 语句替换为其他语句，如 printf("abc\n")语句来重新运行该程序，可得结果如图 8.8 所示，说明线程正常结束的情况下，pthread_cleanup_push 指定的函数也未执行。

```
lyq@ubuntu:~/program/thread$ ./mulfunc
abc
```

图 8.8 pthread_cleanup_push 和 pthread_cleanup_pop 系统调用

8.2.3　线程挂起 pthread_join

调用该系统调用的线程挂起自身并等待指定线程的结束，其所等待的线程必须是处于同一进程的线程。另外，一个线程不能被多个线程执行 pthread_join 操作，否则会返回错误。

pthread_join 的用法见表 8.5。

表 8.5　　　　　　　　　　　　　　pthread_join 用法

头文件	#include <pthread.h>
函数原型	int pthread_join(pthread_t thread,void **thread_return);
函数作用	等待线程号为 thread 的线程的结束
参数	thread 指等待线程 ID； thread_return 为指向 thread 线程返回值的指针
返回值	成功时，返回 0；失败时，返回错误编码

【例 8-5】编写一个程序，创建两个线程，第一个线程打印 1~5 数字，第二个线程在第一个线程结束后打印 6~10 这 5 个数字。

分析：在第二个线程中通过 pthread_join 调用等待第一个线程结束后，接着打印 6~10。

```
/*join.c*/
#include <pthread.h>
#include <stdio.h>
void *t1_exe(void *arg){
  int i ;
  printf("The first thread: \n") ;
  for(i=1 ;i<6 ;i++)
    printf("%d\n",i) ;
  fflush(stdout);
}
void *t2_exe(void *arg){
   int i ;
  pthread_join((pthread_t)arg, NULL) ;
  printf("The second thread: \n") ;
  for(i=6 ;i<11 ;i++)
    printf("%d\n",i) ;
}
void main() {
pthread_t pid1,pid2;
int error1,error2;
error1=pthread_create(&pid1,NULL, t1_exe,NULL);
error2=pthread_create(&pid2,NULL, t2_exe,(void *)pid1);
if (error1!=0||error2!=0)    {
    printf("pthread_create failed ");
       return ;
   }
pthread_join(pid2,NULL);
  return ;
}
```

编译并执行上述程序，其结果如图 8.9 所示。通过分析，可得到 pthread_join 调用实现了两个线程的同步，线程 2 在线程 1 运行完后才开始运行。

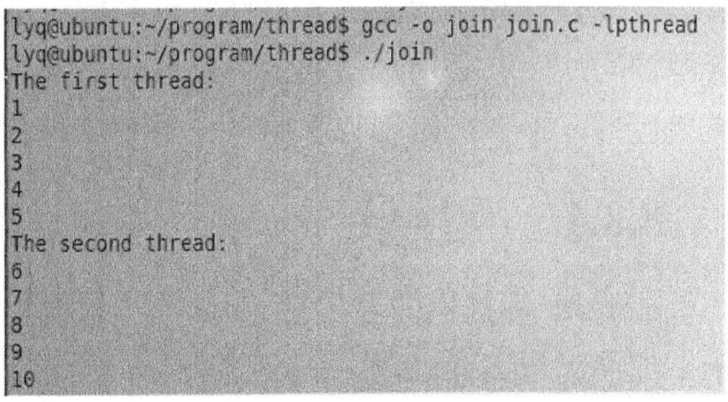

图 8.9　pthread_join 的用法

8.2.4 线程其他相关系统调用

线程的标识可通过调用 pthread_self 获得自身的线程号，其具体用法为 pthread_t pthread_self(void);。

【例 8-6】在新建立的线程中打印该线程的 id 和进程 id 号。

```c
/*tid.c*/
#include <pthread.h>
#include <stdio.h>
#include <unistd.h>
void *t1_exe(void *arg){
  printf("In new created thread\n") ;
  printf("My pid is %d and my pthread is %d\n",getpid(),(unsigned int)pthread_self());
}
void main() {
pthread_t pid1;
int error1;
error1=pthread_create(&pid1,NULL, t1_exe,NULL);
if (error1!=0)    {
    printf("pthread_create failed ");
       return ;
    }
printf("In main process\n") ;
printf("My pid is %d and my pthread is %d\n",getpid(),(unsigned int)pthread_self());
pthread_join(pid1,NULL);
    return ;
}
```

上述程序的结果如图 8.10 所示。从图中结果可看出，主进程和线程的进程号一样，都属于同一个进程，但线程 ID 不同。

```
lyq@ubuntu:~/program/thread$ ./tid
In main process
My pid is 3133 and my pthread is 3078104768
In new created thread
My pid is 3133 and my pthread is 3078101872
```

图 8.10 pthread_self 调用

8.3 线程的同步与互斥

多线程提高了程序的并发性以提高应用的效率，但其共享同一个进程的数据，为了防止共享资源访问冲突，必须采用同步与互斥机制实现对资源有效和有序的访问。线程的同步与互斥机制主要包括以下 3 种机制：互斥量、信号量以及条件变量。

8.3.1 互斥量

pthread 库提供的互斥量（mutex）机制可以防止多线程对共享资源的并发访问。互斥量相当于一把锁，可以保证以下 3 点。

（1）原子性：如果一个线程锁定了一个互斥量，那么临界区内的操作要么全部完成，要么一个也不执行。

（2）唯一性：如果一个线程锁定了一个互斥量，那么在它解除锁定之前，没有其他线程可以锁定这个互斥量。

（3）非繁忙等待：如果一个线程已经锁定一个互斥量，第二个线程又试图去锁定这个互斥量，则第二个线程将被挂起（不占用任何 CPU 资源），直到第一个线程解除对这个互斥量的锁定为止，第二个线程将被唤醒并继续执行，同时锁定这个互斥量。

8.3.2 互斥量的使用

互斥量的使用过程如下。

（1）互斥量声明和初始化。互斥量的初始化有两种方式：静态和动态方式。静态方式通过 PTHREAD_MUTEX_INITIALIZER 常量初始化互斥量 pthread_mutex_t，而动态方式使用系统调用 pthread_mutex_init() 来动态初始化，其用法见表 8.6。

表 8.6　　　　　　　　　　　　　　互斥量初始化

头文件	#include <pthread.h>
函数原型	int pthread_mutex_init(pthread_mutex_t *mutex, const pthread_mutexattr_t *mutexattr);
函数作用	初始化互斥量
参数	mutex 被初始化的互斥量；mutexattr 指定互斥属性，如果为 NULL 则使用缺省属性
返回值	成功时，返回 0；失败时，返回错误编码

互斥属性主要包括如下 4 种：

① PTHREAD_MUTEX_TIMED_NP，这是缺省值，也就是普通锁。当一个线程加锁以后，其余请求锁的线程将以队列的形式按照先后顺序阻塞并等待该线程的解锁，并在解锁后按优先级获得锁。这种锁策略保证了资源分配的公平性。

② PTHREAD_MUTEX_RECURSIVE_NP，嵌套锁，允许同一个线程对同一个互斥量加锁多次。如果是不同线程请求，则在该互斥锁的加锁线程解锁时重新竞争该互斥锁。

③ PTHREAD_MUTEX_ERRORCHECK_NP，检错锁，如果同一个线程请求同一个锁，则返回 EDEADLK，否则与 PTHREAD_MUTEX_TIMED_NP 类型动作相同。这样就保证当不允许多次加锁时不会出现最简单情况下的死锁。

④ PTHREAD_MUTEX_ADAPTIVE_NP，适应锁，动作最简单的锁类型，仅等待解锁后重新竞争。

（2）互斥量加锁：通过系统调用 pthread_mutex_lock 对互斥量进行加锁，其用法见表 8.7。

表 8.7　　　　　　　　　　　　　　互斥量加锁用法

头文件	#include <pthread.h>
函数原型	int pthread_mutex_lock(pthread_mutex_t *mutex)
函数作用	加锁互斥量。此后的代码直至调用 pthread_mutex_unlock 为止，均被上锁，即这段代码同一时间只能被一个线程调用执行（CPU 这段时间只执行该临界区代码）。当一个线程执行到 pthread_mutex_lock 处时，如果该锁此时被另一个线程使用，那此线程被阻塞，即程序将等待到另一个线程释放此互斥锁。
参数	mutex 对指定的互斥量进行加锁操作
返回值	成功时，返回 0；失败时，返回错误编码

（3）互斥量判断是否加锁：phread_mutex_trylock()语义与 pthread_mutex_lock()类似，不同的是在锁已经被占用时返回 EBUSY 错误而不是挂起等待。

（4）访问共享资源。

（5）互斥量解锁：pthread_mutex_unlock 调用对指定的互斥量进行解锁。一般而言，互斥量只能由加锁者进行解锁，具体情况需参考开发手册。pthread_mutex_unlock 的用法见表 8.8。

表 8.8　　　　　　　　　　　互斥量解锁用法

头文件	#include <pthread.h>
函数原型	int pthread_mutex_unlock(pthread_mutex_t *mutex)
函数作用	解锁互斥量
参数	mutex 对指定的互斥量进行解锁操作
返回值	成功时，返回 0；失败时，返回错误编码

（6）互斥量销毁：pthread_mutex_destroy()用于注销一个互斥量。其用法见表 8.9。

表 8.9　　　　　　　　　　　互斥量的销毁

头文件	#include <pthread.h>
函数原型	int pthread_mutex_destroy(pthread_mutex_t *mutex)
函数作用	销毁互斥量，释放它所占用的资源
参数	mutex 对指定的互斥量进行销毁操作
返回值	成功时，返回 0；失败时，返回错误编码

【例 8-7】采用多线程将数据写入文件。要求：现有一个数组，两个线程按照顺序分别访问该数组中的每个元素（哪个线程先执行，不做要求）。下面的两个实例中，第一个程序 nomutex.c 未采用线程互斥机制，另外一个 thread2.c 采用互斥机制，通过程序执行结果，可发现线程互斥机制的重要性。

```
/*nomutex.c*/
#include <pthread.h>
#include <stdio.h>
#include <unistd.h>
#include <errno.h>
#include <stdlib.h>
#include <string.h>
char str[]= "abcdefghijklmnopqrstuvwxyz123456789";
int index2=0;
void * t1_exe(void *arg){
     while (index2<strlen(str)-1){
         printf("The %dth element of array is %c\n",index2,str[index2]);
         sleep(1);
         index2++;
         }
    }
void main() {
pthread_t pid1,pid2;
int error1,error2;
error1=pthread_create(&pid1,NULL, t1_exe,NULL);
error2=pthread_create(&pid2,NULL, t1_exe,NULL);
if (error1!=0||error2!=0)    {
```

```
        printf("pthread_create failed ");
        return ;
    }
pthread_join(pid1,NULL);
pthread_join(pid2,NULL);
    return ;
}
```

上述程序的执行结果如图 8.11 所示，图中可看出第二个数组元素重复显示，使用互斥量的方法解决该问题，其代码如 withmutex.c 代码所示，其执行结果如图 8.12 所示。通过使用互斥量，共享变量得以互斥访问，不会产生不一致的情况。

```
/*withmutex.c*/
#include <pthread.h>
#include <stdio.h>
#include <unistd.h>
#include <errno.h>
#include <stdlib.h>
#include <string.h>
char str[]= "abcdefghijklmnopqrstuvwxyz123456789";
pthread_mutex_t mutex;  //互斥量
int index2=0;
void * t1_exe(void *arg){
    while (index2<strlen(str)-1){
    pthread_mutex_lock (&mutex);
        printf("The %dth element of array is %c\n",index2,str[index2]);
        sleep(1);
        index2++;
    pthread_mutex_unlock (&mutex);
        }
    }
void main() {
pthread_t pid1,pid2;
int error1,error2;
pthread_mutex_init (&mutex,NULL);   //初始化互斥量
error1=pthread_create(&pid1,NULL, t1_exe,NULL);
error2=pthread_create(&pid2,NULL, t2_exe,NULL);
if (error1!=0||error2!=0)    {
    printf("pthread_create failed ");
        return ;
    }
pthread_join(pid1,NULL);
pthread_join(pid2,NULL);
   return ;
}
```

```
lyq@ubuntu:~/program/thread$ ./nomutex2
The 0th element of array is a
The 1th element of array is b
The 1th element of array is b
The 2th element of array is c
The 3th element of array is d
The 4th element of array is e
The 5th element of array is f
The 6th element of array is g
```

```
lyq@ubuntu:~/program/thread$ ./withmutex
The 0th element of array is a
The 1th element of array is b
The 2th element of array is c
The 3th element of array is d
The 4th element of array is e
The 5th element of array is f
The 6th element of array is g
The 7th element of array is h
```

图 8.11　没有互斥量的并发访问　　　　　　图 8.12　互斥量的使用

8.3.3 信号量

互斥量可以让临界区代码同时仅能由一个线程进入,防止多线程对共享资源的访问导致结果不一致的问题。而信号量机制在进程通信一节里面已经介绍过,它可用于进程之间的同步与互斥,同样也能用于线程的同步与互斥。当用于互斥时,程序只需定义一个信号量,当用于同步时,可定义多个信号量。信号量的本质就是操作系统中所提到的 P/V 原语,通过 P 操作让进程挂起,通过 V 操作让挂起的进程继续运行。Linux 中的信号量本质上是一个非负的整数计数器,它被用来控制对公共资源的访问。

8.3.4 信号量的使用方法

信号量相关的系统调用都是对该计数器进行相关的操作,这些调用原型都在<semaphore.h>头文件中,都以 semi 开头,其主要使用过程为:

(1)根据需求,创建一个或者多个信号量;
(2)信号量根据需求适当初始化;
(3)创建多线程;
(4)线程对信号量进行相应的 P/V 操作;
(5)信号量的销毁。

与之相关的系统调用主要有:

(1)信号量初始化,其系统调用原型见表 8.10,value 参数指定信号量的初始值。如果 pshared 的值为 0,那么信号量将被进程内的线程共享,并且应该放置在所有线程都可见的地址上(如全局变量,或者堆上动态分配的变量)。如果 pshared 是非零值,那么信号量将在进程之间共享,并且应该存放在共享内存区域,所有可访问共享内存区域的进程都可以使用 sem_post、sem_wait 等对信号量进行操作。

表 8.10　　　　　　　　　　　　　信号量初始化

头文件	#include <semaphore.h>
函数原型	int sem_init (sem_t *sem, int pshared, unsigned int value);
函数作用	sem_init() 初始化一个 sem 信号量
参数	sem 为要初始化的信号量,pshared 参数指明信号量是由进程内线程共享,还是由进程之间共享,value 为信号量的初始值。
返回值	成功时,返回 0;失败时,返回-1,并设置相应的错误代码 errno

(2)信号量的 P 操作 sem_wait,sem_wait 操作相当于信号量 P 操作,如果信号量的 value 值为 0,则该调用阻塞当前进程;如果不为 0,则将 value 值减 1。其具体用法见表 8.11。

表 8.11　　　　　　　　　　　　　信号量的 P 操作

头文件	#include <semaphore.h>
函数原型	int sem_wait (sem_t *sem);
函数作用	信号量的 P 操作
参数	sem 为要操作的信号量
返回值	成功时,返回 0;失败时,返回-1,信号量值保持不变并设置相应的错误代码 errno

例如，若对一个值为 2 的信号量调用 sem_wait()，线程将会继续执行，该信号量的值将减 1。如果对一个值为 0 的信号量调用 sem_wait()，该线程就会挂起等待直到有其他线程增加了该信号量的值使其不再为 0 为止。如果有两个线程都在 sem_wait()中等待同一个信号量变成非零值，那么当它被第三个线程加 1 时，等待线程中只有一个能够对信号量做减法并继续执行，另一个还将处于等待状态。具体选择哪一个取决于线程调度算法。

（3）信号量的 V 操作 sem_post

若当前没有线程因为此信号量而阻塞，则将信号量中的计数器加 1。如果有线程因此阻塞，则唤醒其中一个线程，并将计数器的值保持为 1。它是原子操作。同时对同一个信号量做该操作的两个线程是不会冲突的，因为操作系统会保证只能有一个线程执行该操作。其用法见表 8.12。

表 8.12　　　　　　　　　　　　　　　信号量的 V 操作

头文件	#include <semaphore.h>
函数原型	int sem_post (sem_t *sem);
函数作用	信号量的 V 操作
参数	sem 为要操作的信号量
返回值	成功时，返回 0；失败时，返回-1，设置相应的错误代码 errno

（4）信号量的销毁

在不使用信号量的时候，要销毁信号量以释放其所占用的资源。信号量销毁系统调用见表 8.13。

表 8.13　　　　　　　　　　　　　　　信号量的销毁

头文件	#include <semaphore.h>
函数原型	int sem_destroy (sem_t *sem);
函数作用	信号量的销毁操作
参数	sem 为要销毁的信号量
返回值	成功时，返回 0；失败时，返回-1，设置相应的错误代码 errno

（5）信号量的其他调用

sem_getvalue 系统调用可获得当前信号量的值；sem_wait 和 sem_trywait 相当于 P 操作，它们都能将信号量的值减一，两者的区别在于若信号量的值小于零时，sem_wait 将会阻塞进程，而 sem_trywait 则会立即返回。

【例 8-8】利用信号量机制，分别实现线程的同步与互斥。

① 线程的互斥：创建两个线程，线程 1 对全局变量值（初始值为 1）加 1 并显示出来，而线程 2 对全局变量的值加倍并打印出来。这两个线程的执行顺序没有要求，但无法同时对全局变量操作。只要求不要同时访问共享变量，对于线程之间执行的顺序及次数无限制，例如，有可能线程 1，线程 2，线程 1，线程 2 这样的顺序执行，也可能线程 1，线程 1，线程 2，线程 1，线程 2 等这样的顺序执行。

② 线程的同步：在上述例子的基础上，要求线程 1 和线程 2 的功能轮流执行，即线程 1，线程 2，线程 1，线程 2……的顺序执行。

```
/*semmutex_thread.c*/
#include <pthread.h>
#include <stdio.h>
```

```c
#include<semaphore.h>
#include <stdlib.h>
#include <errno.h>
#define MAX 100
static sem_t sem; //互斥量
static int global=1;
void *t1_exe(void *arg){
   while (global<MAX) {
        sem_wait(&sem) ;
        printf("In thread1 before increment global=%d\n",global);
 global++;
        printf("In thread1 after increment global=%d\n",global);
        sem_post(&sem);
sleep(5);
  }
}
void *t2_exe(void *arg){
   while (global<MAX) {
        sem_wait(&sem) ;
        printf("In thread2 before double global=%d\n",global);
global*=2;
        printf("In thread2 after double global=%d\n",global);
        sem_post(&sem);
sleep(6);
 }
}
void main() {
pthread_t pid1,pid2;
int error1,error2;
if ( sem_init (&sem,0 , 1)==-1 ) {
  perror("sem initialized failed");
  exit(0);
}
error1=pthread_create(&pid1,NULL, t1_exe,NULL);
error2=pthread_create(&pid2,NULL, t2_exe,NULL);
if (error1!=0||error2!=0)    {
  printf("pthread_create failed ");
      return ;
   }
pthread_join(pid1,NULL);
pthread_join(pid2,NULL);
sem_destroy(&sem);
   return ;
}
```

```
lyq@ubuntu:~/program/thread$ ./semmutex
In thread2 before double global=1
In thread2 after double global=2
In thread1 before increment global=2
In thread1 after increment global=3
In thread1 before increment global=3
In thread1 after increment global=4
In thread2 before double global=4
In thread2 after double global=8
In thread1 before increment global=8
In thread1 after increment global=9
In thread2 before double global=9
In thread2 after double global=18
```

图 8.13 信号量的互斥使用

编译并执行上述程序，其结果如图 8.13 所示，从中可看出线程 1 和线程 2 分别独立执行，执行的先后顺序是随机的，且没有同时对全局变量的操作。

下面的程序实现了线程之间的同步，需要定义两个信号量，分别控制一个线程的行动，当某线程执行完后等待并通知另外一个线程继续操作。

```c
/*sync_thread.c*/
#include <pthread.h>
#include <stdio.h>
```

```
    #include <semaphore.h>
    #include <errno.h>
    #include<stdlib.h>
    #define MAX 100
    static sem_t sem1,sem2; //互斥量
    static int global=1;
    void *t1_exe(void *arg){
        while (global<MAX) {
     sem_wait(&sem1) ;
           printf("In thread1 before increment global=%d\n",global);
     global++;
           printf("In thread1 after increment global=%d\n",global);
           sem_post(&sem2);
    sleep(5);  }
    }
    void *t2_exe(void *arg){
          while (global<MAX) {
           sem_wait(&sem2) ;
           printf("In thread2 before double global=%d\n",global);
    global*=2;
           printf("In thread2 after double global=%d\n",global);
           sem_post(&sem1);
    sleep(6);
     }
    }
    void main() {
    pthread_t pid1,pid2;
    int error1,error2;
    if ( sem_init (&sem1,0 , 1)||sem_init(&sem2,0,0)==-1 ) {
      perror("sem initialized failed");
      exit(0);
    }
    error1=pthread_create(&pid1,NULL, t1_exe,NULL);
    error2=pthread_create(&pid2,NULL, t2_exe,NULL);
    if (error1!=0||error2!=0)     {
      printf("pthread_create failed ");
          return ;
      }
    pthread_join(pid1,NULL);
    pthread_join(pid2,NULL);
    sem_destroy(&sem1);
    sem_destroy(&sem2);
       return ;
    }
```

编译并执行上述程序，结果如图 8.14 所示。从图中程序是按照线程 1、线程 2……的顺序执行的，说明实现了所要求的同步功能。因此，程序输出的结果应该是线程 1 将全局变量的值由 1 变为 2，接着线程 2 将该全局变量的值由 2 变为 4，接着线程 1 将全局变量值变为 5，线程 2 将其变为 10……

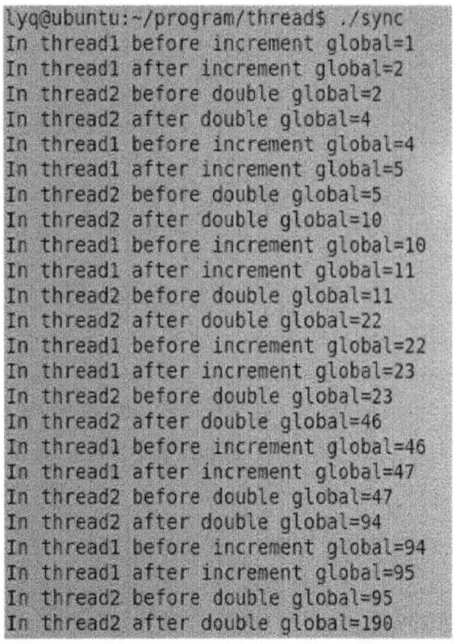

```
lyq@ubuntu:~/program/thread$ ./sync
In thread1 before increment global=1
In thread1 after increment global=2
In thread2 before double global=2
In thread2 after double global=4
In thread1 before increment global=4
In thread1 after increment global=5
In thread2 before double global=5
In thread2 after double global=10
In thread1 before increment global=10
In thread1 after increment global=11
In thread2 before double global=11
In thread2 after double global=22
In thread1 before increment global=22
In thread1 after increment global=23
In thread2 before double global=23
In thread2 after double global=46
In thread1 before increment global=46
In thread1 after increment global=47
In thread2 before double global=47
In thread2 after double global=94
In thread1 before increment global=94
In thread1 after increment global=95
In thread2 before double global=95
In thread2 after double global=190
```

图 8.14　信号量的同步使用

8.3.5 条件变量

与互斥锁不同，条件变量是用来等待而不是用来上锁的。条件变量用来自动阻塞一个线程，直到某特殊情况发生使得其等待的条件得以满足为止。通常条件变量和互斥锁同时使用。条件变量使线程阻塞等待某种条件出现。条件变量是利用线程间共享的全局变量进行同步的一种机制，主要包括两个动作：一个线程等待"条件变量的条件成立"而挂起；另一个线程使"条件成立"。条件的检测是在互斥锁的保护下进行的。使用时，条件变量被用来阻塞一个线程，当条件不满足时，线程往往解开相应的互斥锁并等待条件发生变化。一旦其他的某个线程改变了条件变量，相应的条件变量唤醒一个或多个正被此条件变量阻塞的线程。这些线程将重新锁定互斥量并重新测试条件是否满足。该方法将应用逻辑与互斥量结合起来使用，避免线程对互斥量频繁的加锁和解锁操作而不执行业务逻辑的情况。

例如，程序中有一个全局变量，程序创建两个线程，一个线程自动将全局变量加 1 操作，并将非 9 的倍数的值打印出来，而另外一个线程则当该全局变量值为 9 的倍数时，将该全局变量值打印出来。

8.3.6 条件变量的使用

（1）条件变量的初始化

可以在一条语句中生成和初始化一个条件变量，例如：pthread_cond_t my_condition=PTHREAD_COND_INITIALIZER;，也可以利用函数 pthread_cond_init 动态初始化。其用法见表 8.14。注意，不能由多个线程同时初始化一个条件变量。当需要重新初始化或释放一个条件变量时，应用程序必须保证这个条件变量未被使用。

表 8.14 条件变量的初始化

头文件	#include < pthread.h>
函数原型	int pthread_cond_init(pthread_cond_t *cond, const pthread_condattr_t *attr);
函数作用	条件变量初始化
参数	cond 条件变量 attr 条件变量属性，若参数 attr 为空，那么它将使用缺省的属性来设置所指定的条件变量
返回值	成功时，返回 0；失败时，返回-1，设置相应的错误代码 errno

（2）条件变量等待

条件变量等待系统调用如表 8.15 所示。

表 8.15 条件变量等待系统调用

头文件	#include < pthread.h>
函数原型	int pthread_cond_wait(pthread_cond_t *cond,pthread_mutex_t *mutex); int pthread_cond_timedwait(pthread_cond_t *cond,pthread_mutex_t mytex,const struct timespec *abstime);
函数作用	条件变量等待
参数	cond 条件变量 mutex 互斥锁
返回值	成功时，返回 0；失败时，返回-1，设置相应的错误代码 errno

该系统调用将解锁 mutex 参数指向的互斥量,并使当前线程阻塞在 cond 参数指向的条件变量上。当条件满足时,pthread_cond_wait 函数返回,相应的互斥量将被等待的某线程锁定。如果是多个线程等待同一个条件,则这些线程竞争该互斥量。但是在该系统调用返回后,仍然需要重新判断条件是否满足,因为在多个线程的情况下,有可能条件变量的值已经发生变化。这是因为,该系统调用的执行过程为:第一步,互斥量解锁;第二步,等待;当收到一个解除等待的信号(pthread_cond_signal 或者 pthread_cond_broad_cast)之后,pthread_cond_wait 马上需要做的动作是:第三步,对互斥量重新上锁。这 3 个步骤不构成原子操作,因此下列场景的出现是很有可能的:若线程 A 在收到信号满足的通知后,去对互斥量上锁,但是有可能被线程 B 先上锁并改变条件变量的值,然后解锁互斥量,然后线程 A 获得互斥量,但此时资源已经不可用了(过时)或者资源已经被其他线程修改过,所以线程 A 必须再次判断资源的可用性。函数 pthread_cond_timedwait 函数类型与函数 pthread_cond_wait 区别在于,如果等待的时间达到或是超过所引用的参数 abstime,它将结束并返回错误 ETIME。

(3)条件变量上的阻塞解除 pthread_cond_signal

该系统调用表示当条件变量发生变化时,通知阻塞在该条件变量上的线程,即被用来释放被阻塞在指定条件变量上的一个线程。唤醒阻塞在条件变量上的所有线程的顺序由调度策略决定,其用法见表 8.16。

表 8.16　　　　　　　　　　　条件变量阻塞解除系统调用

头文件	#include < pthread.h>
函数原型	int pthread_cond_signal(pthread_cond_t *cond);
函数作用	释放被阻塞在指定条件变量上的一个线程,如果没有线程被阻塞在条件变量上,那么调用 pthread_cond_signal()将没有作用
参数	cond 条件变量
返回值	成功时,返回 0;失败时,返回-1,设置相应的错误代码 errno

(4)释放条件变量 pthread_cond_destroy

其用法见表 8.17。

表 8.17　　　　　　　　　　　条件变量释放

头文件	#include < pthread.h>
函数原型	int pthread_cond_destroy(pthread_cond_t *cond);
函数作用	释放条件变量
参数	cond 条件变量
返回值	成功时,返回 0;失败时,返回-1,设置相应的错误代码 errno

【例 8-9】条件变量的使用。该例实现本节最初所提的功能。

```
/*cond.c*/
#include <pthread.h>
#include <stdio.h>
#include <stdlib.h>
#define MAX 100
pthread_mutex_t mutex;
pthread_cond_t cond ;
void *thread1(void *);
void *thread2(void *);
```

```c
int i=1;
int main(void)
{
    pthread_t t_a;
    pthread_t t_b;
    pthread_mutex_init (&mutex,NULL);   //互斥量的初始化
    pthread_cond_init (&cond,NULL);//条件变量的初始化
    pthread_create(&t_a,NULL,thread2,(void *)NULL);/*创建进程t_a*/
    pthread_create(&t_b,NULL,thread1,(void *)NULL); /*创建进程t_b*/
    pthread_join(t_b, NULL);/*等待进程t_b结束*/
    pthread_mutex_destroy(&mutex);
    pthread_cond_destroy(&cond);
    exit(0);
}

void *thread1(void *flag)
{
    for(i=1;i<=MAX;i++)
    {
        pthread_mutex_lock(&mutex);/*锁住互斥量*/
        if(i%9==0)
            pthread_cond_signal(&cond);/*条件改变,发送信号,通知t_b进程*/
        else
            printf("In thread1:%d\n",i);
        pthread_mutex_unlock(&mutex);/*解锁互斥量*/
        sleep(1);
    }
}

void *thread2(void *flag)
{
while(i<MAX)
    {
        pthread_mutex_lock(&mutex);
        printf("In thread2 before wait\n");
        if(i%9!=0)
            pthread_cond_wait(&cond,&mutex);/*等待并释放mutex*/
        printf("In thread2 after wait\n");
        if (i%9==0)
            printf("In thread2:%d\n",i);
        pthread_mutex_unlock(&mutex);
        sleep(1);
    }
}
```

该程序中,线程1通过for循环实现对全局变量i的增加,线程2判断i的值是否为9的倍数,如果不是,则使用条件变量等待。当线程i的值增加为9的倍数时,线程1通知线程2,线程2结束在条件变量上的等待,重新获取mutex互斥量锁,继续执行下面的操作。编译并执行上述程序,其结果如图8.15所示。从中可看出,线程1中实现对全局变量i的增加,并当其值为9的倍数时通知线程2,而线程2等待该条件变量值的满足,当接收到线程1发送的信号后,判断全局变量的情况并将值打印出来。将例子中线程1和线程2的代码中将与条件变量相关的语句删除后,再重新编译执行该程序,其结果如图8.16所示。从图中可以看出,线程2执行了大量的

加锁和解锁操作，但并没有具体执行任何业务逻辑。

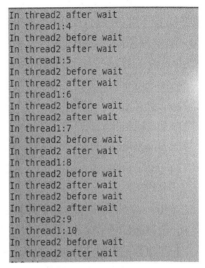

图 8.15　使用条件变量的程序　　　　图 8.16　未使用条件变量的程序

总　　结

线程是 Linux 编程中的重要一环，通过本章的学习，应主要掌握如下知识。

1. 线程和进程相比的特点：进程是资源分配单位，而线程是调度单位。线程是轻量级进程。

2. 学习了线程的创建、线程之间参数的传递、线程的等待，线程的同步与互斥，线程的销毁等相关系统调用用法，并通过实例了解具体的概念和使用方法。

3. 线程的并发性可以提高应用的效率，但是务必防止线程的并发性导致对共享资源访问的冲突问题，适当应用互斥和同步机制虽然会在效率方面产生影响，但可保护共享资源的一致性。

4. 线程的互斥机制可以使用互斥量、信号量机制。互斥量和条件变量的结合使用还可以提供同步访问资源机制。互斥量着眼于共享资源的互斥访问，信号量可以用于资源的互斥和同步访问，而条件变量则着眼于等待某种事件发生的情况，对于条件变量的互斥使用也要注意，因为线程有可能对条件变量进行并发访问。

5. 根据应用程序的需求，选择适当的互斥与同步机制。

习　　题

1. 选择一种互斥/同步机制实现生产者和消费者问题：现有一缓冲区字符数组，其大小为 100，有 2 个生产者分别随机产生某个 ASCII 字符，并将其按照顺序放入该数组中，有 5 个消费者，从该数组中读取数据并打印出来，当数组中的某个字符被读取出后，其所占用的空间得以释放，生产者可继续向其中放入数据。

2. 试分析和比较线程的几种同步与互斥机制的特点。

3. 编写一个程序,开启 3 个线程,这 3 个线程的 ID 分别为 A、B、C,每个线程将自己的 ID 在屏幕上打印 10 遍,要求输出结果必须按 ABC 的顺序显示;如:ABCABC……依次类推。

4. 请解释图 8.3 结果的原因,为何会连续显示多个"The global value is 4"?如何改进这一现象使得程序连续显示如下内容:

"The global value is 1"

"The global value is 2"

"The global value is 3"

"The global value is 4"

"The global value is 5"

……

5. 将例 8-9 的程序进行如下修改:

(1)创建新的进程 t_c,执行 thread1 函数;

(2)创建新的进程 t_d,执行 thread2 函数;

(3)要求通过参数区分线程 t_a 和 t_c;

(4)要求通过参数区分线程 t_b 和 t_d。

请给出执行结果,并解释原因。

第 9 章
Linux 网络编程

Linux 操作系统在网络领域中得到了广泛的应用，甚至是在嵌入式系统开发、物联网应用开发等领域。在这些领域中经常需要通过网络传输数据，因此 Linux 网络编程是 Linux 编程中很重要的一环。本章在介绍计算机网络基本概念的基础上，主要介绍了 Linux 操作系统下 Socket 编程的基本方法，网络编程高级 I/O、网络编程与并发性等主要内容。

9.1 计算机网络概述

计算机网络是指将地理位置不同的具有独立功能的多台计算机及其外部设备通过通信线路连接起来，在网络操作系统、网络管理软件及网络通信协议的管理和协调下，实现资源共享和信息传递的计算机系统。

9.1.1 计算机网络的组成及特点

计算机网络的发展经历了面向终端的单级计算机网络、计算机网络对计算机网络和开放式标准化计算机网络 3 个阶段。计算机网络的组成基本上包括计算机、网络操作系统、传输介质以及相应的应用软件 4 个部分。计算机网络系统是由网络硬件和网络软件组成的。在网络系统中，硬件构建一个物理连接的网络，而软件为用户提供更为丰富的应用，解决用户的具体需求问题，硬件是骨架而网络协议和软件是血肉。计算机网络具有如下特点：

（1）计算机网络建立的主要目的是实现计算机资源的共享。计算机资源主要是指计算机硬件、软件与数据；

（2）互连的计算机是分布在不同的地理位置的多台独立的"自治计算机"。连网的计算机既可以为本地用户提供服务，也可以为远程用户提供网络服务；

（3）互联的计算机之间遵循共同的网络协议。

计算机网络中，两个相互通信的实体处在不同的地理位置，其上的两个进程相互通信，需要通过交换信息来协调它们的动作达到同步，而信息的交换必须按照预先共同约定好的规则进行。这样的规则即网络协议。

9.1.2 计算机网络协议

网络协议是网络上所有设备（网络服务器、计算机及交换机、路由器、防火墙等）之间通信规则的集合，它规定了通信时信息必须采用的格式和这些格式的意义。大多数网络都采用分层的体系结构，每一层都建立在它的下层之上，同时向它的上一层提供服务，而把如何实现这一服务的细节对上一层加以屏蔽。一台设备上的第 n 层与另一台设备上的第 n 层进行通信的规则就是第 n 层协议。在网络的各层中存在着许多协议，接收方和发送方同层的协议必须一致，否则一方将无法识别另一方发出的信息。网络协议使网络上各种设备能够相互交换信息。常见的协议有：TCP/IP 协议、IPX/SPX 协议、NetBEUI 协议等。目前在广域网、城域网、局域网使用的主流协议为 TCP/IP 协议。

9.1.3 网络协议分层

TCP/IP（Transmission Control Protocol/Internet Protocol，传输控制协议/互联网协议）是 Internet 最基本的协议，简单地说，就是由 IP 协议和 TCP 协议组成的。TCP/IP 的开发工作始于 20 世纪 70 年代，是用于互联网的第一套协议。它起源于美国国防部的 ARPANET 项目，是目前事实上的网络互连标准。

TCP/IP 协议的开发研制人员将 Internet 分为 5 个层次，以便于理解，它也称为互联网分层模型或互联网分层参考模型，如图 9.1 所示。

| 应用层（第五层） |
| 网络传输层 TCP（第四层） |
| 网络互联网层 IP（第三层） |
| 数据链路层（第二层） |
| 物理层（第一层） |

图 9.1 TCP/IP 协议分层

（1）物理层：对应于网络的基本硬件，这也是 Internet 物理构成，即看得见的硬件设备，如 PC 机、互联网服务器、网络设备等，必须对这些硬件设备的电气特性作一个规范，使这些设备都能够互相连接并兼容使用。

（2）数据链路层：它定义了将数据组成正确帧的规程和在网络中传输帧的规程，帧是指一串数据，它是数据在网络中传输的单位。

（3）互联网层（IP）：本层定义了互联网中传输的数据的格式，以及从一个用户通过一个或多个路由器到最终目标的数据转发机制。IP 是 TCP/IP 使用的传输机制，它是一种不可靠的无连接数据报协议——尽最大努力服务。尽最大努力的意思是 IP 不提供差错检测或跟踪。IP 假定底层是不可靠的，因此尽最大努力传输到目的地，但没不保证。IP 为网络硬件提供逻辑地址。这一逻辑地址是一个 32 位的地址，即 IP 地址，该地址可用来表示数据传输的源地址和目标地址。网络上的路由器设备根据该 IP 地址将数据包转发到目的地。

（4）传输层：为两个用户进程之间建立、管理和拆除端到端的连接。该层被称为传输层，它包括 TCP 和 UDP 两种协议。传输层在应用层和 IP 层之间，是应用程序和网络操作的中介物。运输层协议的功能主要包括：创建进程到进程的通信；在运输层提供网络流量控制和传输差错控制机制。

（5）应用层：它定义了应用程序使用互联网的规程。

9.1.4 TCP/IP

TCP 协议采用滑动窗口协议完成流量控制，它使用确认分组、超时和重传来完成差错控制。TCP 是一种面向连接的、可靠的运输协议，所谓的连接就是在传输数据包之前，先在收发双方之间建立一种连接，即通过一种三次握手的协商机制在双方之间建立传输数据的准备。它的可靠性是建立在重传的基础上。TCP 利用端口区分同一台计算机上的进程。每个端口用整数表示，该整数为 16 位。相互通信的双方建立的连接通过端点区分。端点由（host,port）表示，其中 host 是主机的地址，port 则是该主机上的 TCP 端口号。某台计算上同时运行的每个进程使用的端口号必须是不同的。例如，端点（202.114.206.234,80）表示的是 IP 地址为 202.114.206.234 的主机上的 80 号 TCP 端口。一个 TCP 连接使用两个端点来识别，一般而言，进程的端口号是不同的，因此，这为一台机器向多个用户提供服务成为可能。例如，一台 HTTP 服务器的 80 端口可与分布在各地的具有不同 IP 地址和端口的客户机相连接。同时，该机器的 20 和 21 端口还可以向世界各地用户提供 FTP 服务。

UDP（User Datagram Protocol，用户数据报协议）也是传输层协议。UDP 同样使用端口号来完成进程到进程之间的通信，UDP 在运输层提供非常有限的流控制机制，在收到分组时没有流控制也没有确认。UDP 不负责为进程提供连接机制，它只从进程接收数据单元，并将其不可靠的交付给接收端。UDP 提供的是无连接的、不可靠的运输服务。UDP 适用于简单的请求-响应通信和网络条件好的情况，而较少考虑流控制和差错控制的进程。与 TCP 相比，使用 UDP 协议的好处在于：使用 UDP 协议传输信息流，可以减少 TCP 连接的过程，提高工作效率。UDP 协议的不足之处在于：当使用 UDP 协议传输信息流时，用户应用程序必须负责数据报的差错和流量控制。

IP 协议主要为每台主机分配一个 IP 地址，路由设备根据该地址实现它们之间数据报的传输。

9.1.5 Client/Server 模型

C/S（Client/Server）模型又称为客户机和服务器模型，它是一种软件系统体系结构。它分为客户端和服务器端，客户端一般负责与用户的交互，将用户的请求通过网络发送给服务器并接收服务器的处理结果并展示给用户；而服务器端负责对客户请求的处理，执行相应的业务逻辑并发送给客户端，它不直接与用户进行交互，也不向用户提供界面。通过它可以充分利用服务器端硬件环境的优势。目前大多数应用软件系统都是 Client/Server 形式的两层结构，例如网络聊天软件 QQ 即分为服务器端和客户端，网络邮箱服务也可分为信件收发终端例如 OUTLOOK、Foxmail 和电子邮箱服务器。在本章的例子基本都属于 C/S 模型。

9.1.6 Linux 网络编程概述

Linux 操作系统提供了丰富的网络功能，支持多种互联网协议，例如，TCP/IP 等。Linux 操作系统由于其免费，但同时在稳定性和可靠性等方面又很突出，在企业级服务器领域得到广泛的使用，如 Web 服务器、FTP 服务器、邮箱服务器等应用。

Linux 网络最初源于 BSD 的网络栈，具有一套简洁易用的用户接口，其接口范围包括了协议无关层（如通用 socket 层接口或设备层）到各种网络协议的具体层。

9.1.7 网络协议栈

图 9.2 给出了 Linux 内核中网络协议栈的基本架构。网络协议栈是由若干个层组成的，网络数据的流程是指在协议栈的各个层之间的数据报文传递。网络数据在内核中的处理过程主要是在网卡和协议栈之间进行的：从网卡接收数据，交给协议栈处理；协议栈将应用层传过来的需要发送的数据通过网络发出去。图 9.2 所示为各层间在网络数据传输时层间调用关系。从图中可看出，数据的流向主要有两种。应用层输出数据时，数据按照自上而下的顺序，依次通过插口层、协议层和接口层；当有数据到达的时候，自下而上依次通过接口层、协议层和插口层的方式，在内核层传递，最后传递到用户空间的用户应用。发送数据的时候，将数据由插口层传递给协议层，协议层 TCP/UDP 层添加 TCP/UDP 的封装、IP 层添加 IP 的封装，接口层的网卡添加以太网协议封装信息，最后通过网卡将数据发送到网络上。接收数据的过程是相反过程，当有数据到来

时，网卡中断处理程序将数据从以太网网卡的 FIFO 队列中接收到内核，传递给协议层，相关协议层按照相反顺序层层剥离相关协议的封装，即以太网层剥离以太网协议的封装格式，IP 层剥离 IP 头部、TCP/UDP 传输层剥离 TCP/UDP 首部后传递给插口层，插口层将最后得到的数据发送给接收进程。

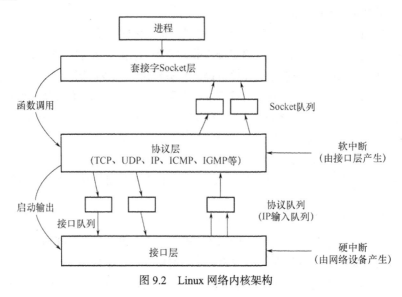

图 9.2　Linux 网络内核架构

9.2　Socket 编程

Socket 是 1983 年为 BSD UNIX 操作系统 4.2 中的一套应用程序接口，由加利福尼亚的伯克利大学开发，最初用于 UNIX 系统。如今，所有的现代操作系统都有一些源于 Berkeley 套接字接口的实现，它已成为连接 Internet 的标准接口。

9.2.1　什么是 Socket？

套接字（Socket）是一种通信机制或者提供了双方通信的一种接口，利用该接口客户/服务器系统能够跨网络，跨操作系统的通信。Socket 由 IP 地址和端口描述，可用于描述通信进程双方，即 Socket 起到通信端点的作用。Socket 的通信模型如图 9.3 所示，其交互过程如图 9.4 所示。

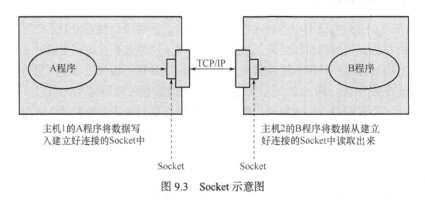

图 9.3　Socket 示意图

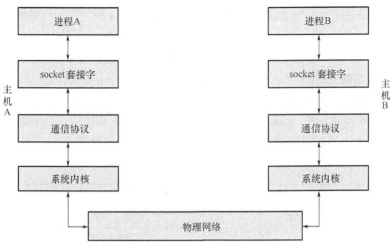

图 9.4　Socket 通信过程

9.2.2　Socket 编程基本系统调用

Socket 主要提供的 API 调用见表 9.1，开发人员可直接使用这些 API 开发网络程序，例如，网络聊天室、P2P 下载工具、棋牌客户端等软件。

表 9.1　　　　　　　　　　　　　Socket API 调用

函数	说明
socket()	创建一个新的套接字，Socket 用整型数值标识，并为它分配系统资源，客户端/服务器端都要用到
bind()	用于服务器端，将一个套接字与一个套接字地址结构相关联，即将服务器的 socket 绑定到指定的本地端口和 IP 地址
listen()	用于服务器端，使一个绑定的 TCP 套接字进入监听状态，等待客户端的请求
connect()	用于客户端，为客户端套接字分配一个未被占用的本地端口号，用于与服务器数据传输
accept()	用于服务器端。接受客户端发出的连接请求
send()/write()	往建立好的套接字发送数据
recv()/read()	从建立好的套接字接收数据
close()	系统释放分配给套接字的资源

（1）socket 系统调用

该系统调用使用方法见表 9.2。

表 9.2　　　　　　　　　　　　　Socket 系统调用

头文件	#include <sys/types.h> #include <sys/socket.h>
函数原型	int socket(int domain,int type,int protocol)
参数	domain　指网络传输时采取何种协议 type　指 Socket 的连接类型，共有 3 种 protocol　一般设为 0
返回值	当创建成功时，返回一个大于 0 的整数；失败时，返回-1，并设置 errno

Socket 中的 domain 又称为套接字的域，它用于指定 Socket 所使用的网络协议簇，其具体参数主要包括：AF_UNIX（或 PF_UNIX）、AF_INET（或 PF_INET）。其中 PF_*和 AF_*是等价的，只不过前者是 POSIX 标准定义的，后者是早期的 UNIX 操作系统定义的，目前在 Linux 操作系统中，这两个都是支持的。

AF_UNIX 指建立仅能用于 Unix/Linux 本地系统进程间通信的 Socket，而 AF_INET 是针对 Internet 的，即该方式建立的 Socket 可与远端的通信端进行连接通信，至于远端是何种操作系统，并不影响它们之上进程间的通信。

socket 的 domain 主要包括如下类型。

domain	含　义
AF_UNIX, AF_LOCAL	本地调用
AF_INET	IPv4 协议簇（最为常用）
AF_INET6	IPv6 协议簇
AF_IPX	IPX Novell 协议
……	……

type 参数类型主要包括：SOCK_STREAM、SOCK_DGRAM、SOCK_RAW。SOCK_STREAM 表示采用 TCP 协议，提供按顺序的、可靠、双向、面向连接的比特流。而 SOCK_DGRAM 表示采用 UDP 协议，套接字只会提供定长的、不可靠、无连接的通信。SOCK_RAW 表示原始套接字，一般当开发人员需要自行设置数据包格式或者参数时采用。

该系统调用的错误常见的有：

EACCES：无权创建指定类型或者协议的 socket；
EAFNOSUPPORT：不支持指定的协议簇；
EINVAL：未知协议或者协议簇不可用；
EMFILE：进程打开文件数达到最大值；
ENOBUFS 或 ENOMEM：内存不足
EPROTONOSUPPORT：socket 域不支持所指定的协议

这些错误信息可通过 perror 系统调用显示。

（2）bind 系统调用

该系统调用使用方法见表 9.3。该系统调用一般用在 Socket 调用成功之后，listen 调用之前。

表 9.3　　　　　　　　　　　　bind 系统调用

头文件	#include <sys/types.h> #include <sys/socket.h>
函数原型	int bind(int sockfd, struct sockaddr *my_addr, int addrlen)
参数	sockfd 指 socket 调用创建的套接字描述符 my_addr 指需要绑定的 IP 地址，一般指本地 IP 地址 addrlen 指 my_addr 参数的长度
返回值	当 bind 成功时，返回一个 0；失败时，返回-1，并设置 errno

sockaddr 结构体的定义如下：

```
struct sockaddr{
unisgned short as_family;
```

```
char sa_data[14]; 14 字节的协议地址，包含该 socket 的 IP 地址和端口号
};
```
但目前一般用下列结构体代替上述结构体：
```
struct sockaddr_in{
unsigned short sin_family;        //协议簇，类似于 socket 调用中的 domain，一般设为 AF_INET
unsigned short int sin_port;      //绑定的 TCP/UDP 协议的端口号
struct in_addr sin_addr;          //指定所绑定的 IP 地址
unsigned char sin_zero[8];        //填充 0 目的使 sizeof(sockaddr_in)==sizeof(sockaddr)
}
```
其中的 in_addr 结构体定义如下：
```
struct in_addr{
u_long s_addr;
};
```
在实际使用时，需要强制转换类型，以满足函数原型的类型要求。该系统调用常见错误类型有：

EBADF：无效的 socket 描述符

EINVAL：socket 已经绑定到某地址

ENOTSOCK：sockfd 是文件描述符而不是 socket 描述符

（3）listen 系统调用

该系统调用使用方法见表 9.4。该系统调用一般用在 bind 调用成功之后，accept 调用之前。当有多个用户同时请求连接时，服务器进程可将其放入到队列中等待处理，其中参数 backlog 表示该队列的长度。当请求数超过该队列时，多余的请求被丢弃掉。

表 9.4　　　　　　　　　　　　　listen 系统调用

头文件	#include <sys/types.h> #include <sys/socket.h>
函数原型	int listen(int sockfd,int backlog)
参数	sockfd 指绑定 IP 地址后的套接字 ID backlog 设置请求队列的最大长度
返回值	当监听成功时，返回 0；失败时，返回-1，并设置 errno

该系统调用常见错误如下：

EADDRINUSE：端口已经被占用

EBADF：无效的 socket 描述符

ENOTSOCK：参数 sockfd 不是套接字

EOPNOTSUPP：socket 不支持 listen 操作

（4）accept 调用

该系统调用使用方法见表 9.5。它的使用出现在 listen 调用之后。accept 调用取出队列里第一个连接请求，并且创建另一个和 sockfd 有相同属性的套接字。如果队列中没有连接请求，这个调用就将调用者阻塞，直到有新的请求为止。它让调用该 API 的进程阻塞等待连接请求，当有连接请求时，解除阻塞继续运行，否则就继续在该调用处阻塞。

accept 调用常见错误如下所示，有部分错误和上面的错误相同，不再列出。

EAGAIN 或 EWOULDBLOCK：socket 是非阻塞式的，而且当前没有客户端的连接请求，发生该错误时，只需重新 accept 即可。阻塞是指当队列中没有请求时继续等待在该系统调用处，而如果是非阻塞，当没有请求时也会返回，返

回给错误，程序员需对该错误进行处理，一般只需重新调用 accept 即可。

　　ECONNABORTED：连接被中止。

　　INTR：表示 accept 调用在接收请求之前被 Linux 的信号所中断，只需重新调用 accept 即可，程序员对该错误也须自行处理。

　　EINVAL：socket 套接字并未监听或者 addrlen 参数是无效的。

表 9.5　　　　　　　　　　　　　　accept 系统调用

头文件	#include <sys/types.h> #include <sys/socket.h>
函数原型	int accept(int sockfd, struct sockaddr *addr,int *addrlen)
参数	sockfd 指监听的 socket 描述符 addr 指连接成功后的客户端地址和端口等详细信息
返回值	当成功时，返回一个大于 0 的最低可用的 socket 文件描述符，并可通过该描述符发送或接收数据；失败时，返回-1，并设置 errno

（5）connect 调用

该调用向服务器端发送连接请求。用法见表 9.6。

表 9.6　　　　　　　　　　　　　　connect 调用

头文件	#include <sys/types.h> #include <sys/socket.h>
函数原型	int connect(int sockfd, struct sockaddr * serv_addr,int addrlen)
参数	向 sockfd 表示的 socket 发送连接请求 serv 表示服务器的地址信息
返回值	当成功时，返回 0；失败时，返回-1，并设置 errno

该系统调用常发生的几种错误类型如下。

　　ETIMEOUT-connection timed out：目的主机不存在，没有返回任何响应，如主机关闭，或者服务器忙无法及时响应。

　　ECONNREFUSED-connection refuse：连接请求发送后，由于各种原因无法建立连接，主机返回 RST（复位）响应，如主机监听进程未启用，TCP 取消连接等。

　　EHOSTUNREACH-no route to host：路由上引发了目的地不可达的 ICMP 错误。

　　EINPROGRESS--Operation now in progress（套接字为非阻塞套接字，且连接请求没有立即完成）。

其中第一个和第三个发生后，客户端会进行定时多次重试，当多次失败后才返回错误。当 connect 连接失败时，sockfd 套接口不再可用，必须关闭后重新执行 Socket 调用分配才行。

（6）数据发送调用

该系列调用主要包括了 send/sendto/write 3 种方法。write 方法和之前介绍的用法一样，只不过采用套接字描述符替换文件描述符。send 和 sendto 的主要区别在于 sendto 指定了报文接收方的 IP 地址，其用法详见表 9.7。

表 9.7　　　　　　　　　　　　　　数据发送调用

头文件	#include <sys/types.h> #include <sys/socket.h>
函数原型	int send(int sockfd, char *buff, int nbytes, int flags); int sendto(int sockfd, char *buff, int nbytes, int flags, struct sockaddr *to, int addrlen);

参数	向 sockfd 发送数据 buff 为发送数据缓冲区，nbytes 指发送数据的字节数 flags 参数可以是 0 或者下列常数： MSG_OOB 表示接收或发送带外数据 MSG_PEEK 表示监视进入信息 MSG_DONTROUTE 表示绕过路由 to 表示接收方的 IP 地址
返回值	当成功时，返回 0；失败时，返回-1，并设置 errno

其常见错误有：

EAGAIN EWOULDBLOCK: socket 为非阻塞模式。

EBADF: 无效的 socket 描述符。

ECONNRESET: 连接被对方重置。

EDESTADDRREQ: socket 非连接模式，未指定对方 IP 地址。

EFAULT: 发生段错误，参数指定了无效用户空间地址。

EINTR: 数据传输前收到系统的某个信号。

EINVAL: 传递了无效参数。

EMSGSIZE: socket 的类型要求以原子形式发送报文，但报文的大小无法满足该要求。

ENOBUFS: 网络接口的输出队列已满，这表示接口可能因为网络拥塞已经停止发送数据。

ENOMEM: 内存不足。

ENOTCONN: socket 未连接。

EOPNOTSUPP: flag 参数中的某些 bit 位对于该 socket 类型不合适。

EPIPE: 本地已经关闭面向连接的 socket，此时，进程将会收到 SIGPIPE 信号，除非设置 MSG_NOSIGNAL 参数。SIGPIPE 信号默认情况下会终止进程。

（7）数据接收调用

该系列调用主要包括了 recv/recvfrom/write 3 种方法。其用法和发送数据调用类似。其用法详见表 9.8。

表 9.8　　　　　　　　　　　　　　数据接收调用

头文件	#include <sys/types.h> #include <sys/socket.h>
函数原型	int recv(int sockfd, char *buff, int nbytes, int flags); int recvfrom(int sockfd, char *buff, int nbytes, int flags, struct sockaddr *from, int addrlen);
参数	向 sockfd 发送数据 buff 为接收数据缓冲区，nbytes 指接收数据的字节数 flags 参数可以是 0 或者下列常数：MSG_OOB 表示接收或发送带外数据，MSG_PEEK 表示监视进入信息 MSG_DONTROUTE 表示绕过路由。from 表示发送方 IP 地址
返回值	当成功时，返回 0；失败时，返回-1，并设置 errno

该调用常发生的错误类型和数据发送调用类似，这里主要介绍下接收数据发生错误时的可能原因，其他相同的就不再介绍。

EAGAIN: socket 为非阻塞式的，但是接收操作阻塞或者接收超时，对于该错误，程序只需继续接收数据即可即重新执行 recv 操作。

ECONNREFUSED: 远程主机拒绝该网络连接，尤其是该主机未运行远程服务。

EFAULT：接收缓冲器指针指向非法地址。
EINTR：数据接收操作在数据可用前被信号中断。

（8）关闭调用

当通信完毕后，使用 close(socket sock)关闭并释放 Socket 资源。

（9）网络编程有关的其他函数

① 网络字节序与主机字节序。

主机字节序是指数据存储的模式即大端（Big-Endian）和小端模式（Little-Endian）。之所以存在这两种模式的根本原因是数据在计算机中的存储基本单元是字，即使 123 这样的数字也占用 4 个字节的存储空间来存储，但这 4 个字节的存储空间都有不同的地址，那么在存储时，数据的高低位和存储空间地址的高地位的不同映射就导致了该问题的出现。下面为标准的大小端模式的定义：

a. 小端模式是低位字节存放在内存的低地址端，高位字节排放在内存的高地址端。

b. 大端模式是高位字节存放在内存的低地址端，低位字节排放在内存的高地址端。

例如，对于十六进制数 0x12345f，它的最低位字节为 5f，其次为 34，接着为 12。假设为该十六进制数分配一个字存储空间，该存储空间的地址范围假设为 2000H~2003H，对于小端模式，其存储形式为：

2000	2001	2002	2003
5f	34	12	00

对于大端模式，其存储形式为：

2000	2001	2002	2003
00	12	34	5f

网络字节序是指按照大端模式传输数据。网络上存在不同的操作系统，数据存储方式可能是大端模式也可能是小端模式，为了实现它们之间的正常通信，必须实现网络字节序和主机字节序之间的转换。Linux 编程提供了系列函数实现这两种字节序方式的转换。

```
#include <arpa/inet.h>
uint32_t htonl(uint32_t hostlong);
uint16_t htons(uint16_t hostshort);
uint32_t ntohl(uint32_t netlong);
uint16_t ntohs(uint16_t netshort);
```

上述调用中，h 代表 host，n 代表 network，l 代表参数类型为长整型，s 代表 short，因此，第一个和第二个函数是将主机字节序转换为网络字节序，而后面两个正好相反。unint32_t 和 uint16 分别代表无符号数 32 位和 16 位。

② 网络地址转换函数。

a. inet_addr：将网络地址转成二进制的数字。网络地址字符串是以数字和点组成的字符串，例如，"163.13.132.68"，这是为了方便人类操作而使用的，而在计算机内部采用二进制存储 IP 地址，因此需要该函数实现这两者之间的转换功能。

```
#include<sys/socket.h>
#include<netinet/in.h>
#include<arpa/inet.h>
unsigned long int inet_addr(const char *cp);
```

成功则返回地址字符串对应的二进制数据，失败返回-1。

b. inet_aton：用来将参数 cp 所指的网络地址字符串转换成网络字节序二进制数字，然后存于参数 inp 所指的 in_addr 结构中。函数原型为：

```
int inet_aton(const char * cp,struct in_addr *inp); 成功时返回非 0 值，否则返回 0。
```

c. inet_ntoa：将参数 in 所指的网络字节序二进制数字转换成字符串形式的网络地址，然后将指向此网络地址字符串的指针返回。函数原型为：

```
char * inet_ntoa(struct in_addr in);
```
成功则返回字符串指针，失败则返回 NULL。

d. inet_network()函数将字符串形式 IP 地址转换为主机字节序的 32 位 IP 地址。

```
unsigned long inet_network(const char *addr); addr 为点分十进制的字符串 IP 地址。
```
返回值为 32bit 二进制的主机字节序 IP 地址。

e. inet_lnaof()函数获取 IP 地址(网络字节序的形式)中的主机 ID(主机字节序的形式)。

```
unsigned long inet_lnaof(structin_addr addr); addr 网络字节序的 32 位 IP 地址结构
```
返回值：主机 ID(主机字节序)。

f. inet_netof()函数获取 IP 地址(网络字节序)中的网络 ID(主机字节序)。

```
unsigned long inet_netof(structin_addr addr);
```
addr 网络字节序的 32 位 IP 地址结构，返回网络 ID(主机字节序)。

下面通过一个实例演示这几个系统调用的结果。

点数形式的 IP 地址	inet_addr IP 地址的二进制形式	inet_aton 网络字节序	inet_ntoa 字符串网络地址	inet_network 主机字节序	inet_lnaof 主机号	inet_netof 网络号
10.20.30.40	28 1E 14 0A	28 1E 14 0A	10.20.30.40	0A 14 1E 28	1E 14 28	0A

下面演示字节序转换函数的具体用法。

【例 9-1】请将用户指定的点数形式的 IP 地址分别转换为二进制，主机字节序和网络字节序，并分别取得该 IP 地址的网络地址和主机地址。

```
#include <stdio.h>
#include<sys/socket.h>
#include<netinet/in.h>
#include<arpa/inet.h>
#include<string.h>
void main(int argc,char **argv) {
  char ipbuf[20]; //save ip address
  unsigned int ipint;//ip 地址的整数形式
  struct in_addr addrstr;
  char *ch=NULL;
  while (1) {
        printf("please input ip address\n");
        fgets(ipbuf,20,stdin);
        if ( !strcmp(ipbuf,"exit") ) break;
        ipbuf[strlen(ipbuf)-1]='\0';   //去掉 fgets 输入的\n
        printf("The binary of ip address %s is %x\n",ipbuf, inet_addr(ipbuf));
        printf("The host byte of binary ip address is %u\n",inet_network(ipbuf));
        inet_aton(ipbuf,&addrstr);
        ch=(char *)&addrstr;
        printf("The inet_aton result is %x\n",addrstr.s_addr);
        printf("The network byte of ip address is %x.%x.%x.%x\n",(*ch)&0xff,*(ch+1)
&0xff,*(ch+2),*(ch+3));
```

```
            printf("The host id of the ip address is %x\n", inet_lnaof(addrstr));
            printf("The network id of the ip address is %x\n", inet_netof(addrstr));
            addrstr.s_addr++;
            ch=(char *)&addrstr;
            printf("The new ip address is %s\n", inet_ntoa(addrstr));
            printf("The inet_aton result of new ip address is %x\n",addrstr.s_addr);
            printf("The network byte of new ip address is %x.%x.%x.%x\n",(*ch)&0xff,
*(ch+1)&0xff,*(ch+2),*(ch+3));
            printf("The host id of the new ip address is %x\n", inet_lnaof(addrstr));
            printf("The network id of new ip address is %x\n", inet_netof(addrstr));

    }
}
```

编译并执行上述程序，得到如图 9.5 所示结果。图中，输入的 IP 地址为 10.20.30.40，其二进制形式为 281e140a，这个数从低位到高位分别是 10、20、30 和 40 这四个数的 16 进制。主机字节序值为 0a141e28，该 IP 地址的网络地址为 a，它符合 A 类 IP 地址的定义。但是执行 addrstr.s_addr++;语句后，发现 IP 地址变化的是网络号而不是想要的主机号，因此，在改变 IP 地址的时候务必注意字节序。

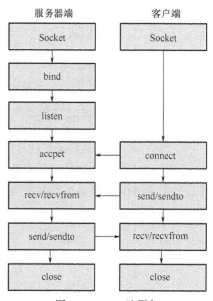

图 9.5 IP 地址相关函数用法

图 9.6 Socket 流服务

9.2.3 socket stream 服务

创建 Socket 时，socket 系统调用的 type 参数有 3 种，其中，SOCK_STREAM 代表数据流服务，即采用 TCP 传输协议。其使用模式如图 9.6 所示，服务器端和客户端所使用的 API 均已经列在图中。

【例 9-2】编写 TCP/IP 协议服务器客户端。编写一个服务器程序，服务器接收客户端发来的整型数据，将其加 1，然后再将结果返回给客户端，客户端将结果打印出来。

```
/*tcpserver.c*/
#include<stdio.h>
#include<sys/socket.h>
#include<error.h>
#include<stdlib.h>
#include<string.h>
#include<sys/types.h>
#include <netinet/in.h>
#include <arpa/inet.h>
#define PORT 8888
int main(){
```

```c
    int sock,new_sock;
    struct sockaddr_in my_addr,client_addr;
    int len;
    char buf[100];
    char buf2[128];
    int recdata=0;
    if( ( sock=socket(AF_INET,SOCK_STREAM,0 ) )<0){
        perror("socket create error!\n");
        exit(1);
    }
    memset(&my_addr,0,sizeof(my_addr));
    my_addr.sin_family=AF_INET;
    my_addr.sin_port=htons(PORT);
    my_addr.sin_addr.s_addr=INADDR_ANY;
    if ( bind( sock,(struct sockaddr*)&my_addr,sizeof(my_addr) )==-1 ){
        perror("bind error!\n");
        exit(1);
    }
    if(listen(sock,5)<0){
        perror ("listen error!\n");
        exit(1);
    }
    while (1) {
        len=sizeof(struct sockaddr);
        if( ( new_sock=accept(sock,(struct sockaddr*)&client_addr,&len ) )<0 ){
            perror ("accept error!\n");
            exit(1);
        }
        else{
            printf("server: get connection from %s,port %d socket %d \n",inet_ntoa(client_addr.sin_addr),ntohs(client_addr.sin_port),new_sock);
        }
    len=recv(new_sock,buf,100,0);
    if(len<0){
        printf("recv error!\n");
        exit(1);
    }
    else if(len == 0){
        printf("the client quit!\n");
        break;
    }
    else
    {
        buf[len]='\0';
        printf("receive message: %s \n",buf);
        recdata=atoi(buf);
        recdata++;
        sprintf(buf2,"%d",recdata);
        if ( send(new_sock,buf2,strlen(buf2),0 ) <0 )
            perror("send data failed\n");
    }
    }
    close(sock);
    close(new_sock);
    }
```

```c
/*tcpclient.c*/
/*tcpclient.c*/
#include<stdio.h>
#include<sys/socket.h>
#include<stdlib.h>
#include<string.h>
#include <netinet/in.h>
#include <arpa/inet.h>

#define PORT 8888
int main(int argc,char **argv){
    int sock;
    struct sockaddr_in my_addr;
    int len;
    char buf[100];
    char recbuf[100];
    if(argc <2){
        printf("Usage: %s <ip>\n",argv[0]);
        exit(1);
    }
    if((sock=socket(AF_INET,SOCK_STREAM,0))<0){
        perror("socket create error!\n");
        exit(1);
    }
    my_addr.sin_family=AF_INET;
    my_addr.sin_port=htons(8888);
    if(inet_aton(argv[1],(struct in_addr *)&my_addr.sin_addr.s_addr) == 0){
        perror ("change error!\n");
        exit(1);
    }
    if(connect(sock,(struct sockaddr*)&my_addr,sizeof(struct sockaddr))<0){
        printf("connect error!\n");
        exit(1);
    }
    printf("connected!\n");
    printf("Input data to send:\n ");
    fgets(buf,100,stdin);
    len=send(sock,buf,strlen(buf)-1,0);
    if(len<0){
        perror("send error!\n");
        exit(1);
    }
    sleep(1);
    len=recv(sock,recbuf,100,0);
    recbuf[len]='\0';
    if(len<0){
        perror("recv error!\n");
        exit(1);
    }
    printf("the received data from server is %s\n",recbuf);
    close(sock);
}
```

图 9.7 显示了客户端的连接情况，包括从哪个端口以及建立的 Socket 描述符的值，还读取了客户端通过该 Socket 发送的数据。而图 9.8 从中看出客户端连接到服务器后，向服务器发送数据后并等待服务器的返回数据 790，说明服务器将接收的数据加 1 后返回。

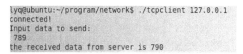

图 9.7 TCP Server 输出结果　　　图 9.8 TCP Client 输出结果

9.2.4 Socket 数据包服务

Socket 数据包服务是指传输时采用 UDP 协议，其模型如图 9.9 所示。跟数据流模型相比，UDP 的服务器没有 listen 和 accept 调用，客户端没有 connect 调用。

【例 9-3】编写 UDP 协议服务器客户端。编写一个服务器程序，服务器接收客户端发来的整型数据，并将其加 1，然后再将结果返回给客户端，客户端将结果打印出来。

将【例 9-2】的代码改为 UDP 版本，代码如下：

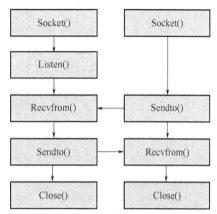

图 9.9 UDP 使用模型

```c
/*udpserver.c*/
#include <stdio.h>
#include <string.h>
#include <sys/types.h>
#include <sys/socket.h>
#include <errno.h>
#include <stdlib.h>
#include <netinet/in.h>
#include <arpa/inet.h>
int main(int argc, char **argv){
struct sockaddr_in s_addr,c_addr;
int sock;
socklen_t addr_len;
int len;
char buf[128];
char buf2[128];
int recdata=0;
if ((sock = socket(AF_INET, SOCK_DGRAM, 0)) == -1) {
perror("socket");
exit(1);
} else
printf("create socket connected.\n");
memset(&s_addr, 0, sizeof(struct sockaddr_in));
s_addr.sin_family = AF_INET;
s_addr.sin_port = htons(8888);
s_addr.sin_addr.s_addr = INADDR_ANY;
 if ((bind(sock, (struct sockaddr *) &s_addr, sizeof(s_addr))) == -1) {
perror("bind failed\n");
exit(1);
} else
printf("bind address to socket.\n");
addr_len = sizeof(c_addr);
while (1) {
 memset(buf,0,sizeof(buf));
len = recvfrom(sock, buf, sizeof(buf) - 1, 0, (struct sockaddr *) &c_addr, &addr_
```

```c
len);if (len < 0) {
    perror("recvfrom error\n");
    exit(errno);
}
buf[len] = '\0';
printf("recive come from %s:%d message:%s\n\r",inet_ntoa(c_addr.sin_addr), ntohs(c_addr.sin_port), buf);
recdata=atoi(buf);
recdata++;
sprintf(buf2,"%d",recdata);
    sendto(sock, buf2, strlen(buf2),0, (struct sockaddr *)&c_addr, addr_len);
}
close(sock);
return 0;
}

/*udpclient.c*/
#include <sys/types.h>
#include <sys/socket.h>
#include <stdio.h>
#include <string.h>
#include <stdlib.h>
#include <errno.h>
#include <stdlib.h>
#include <netinet/in.h>
#include <arpa/inet.h>
int main(int argc, char **argv){
int sock;
int addr_len;
int len;
char buff[128];
struct sockaddr_in s_addr;
if ((sock = socket(AF_INET, SOCK_DGRAM, 0)) == -1) {
perror("socket create failed");
exit(1);
} else
printf("socket create successful.\n");
s_addr.sin_family = AF_INET;
s_addr.sin_port = htons(8888);
memset(s_addr.sin_zero, '\0', sizeof(s_addr.sin_zero));
if (argc>2){
    s_addr.sin_addr.s_addr = inet_addr(argv[1]);
    strcpy(buff,argv[2]);
}
else {
    printf("input sever ip and parameter!\n");
    exit(0);
}
addr_len = sizeof(s_addr);
len = sendto(sock, buff, strlen(buff), 0, (struct sockaddr *) &s_addr, addr_len);
if (len < 0) {
perror("send error.\n");
exit(1);
}
 sleep(1);
len = recvfrom(sock, buff, sizeof(buff) - 1, 0, (struct sockaddr *) &s_addr, &addr_len);
```

```
if (len < 0) {
perror("recvfrom error.\n");
exit(1);
}
printf("receive from server %s\n",buff);
close(sock);
return 0;
```

编译并执行上述程序，服务器端和客户端的结果分别如图 9.10 和图 9.11 所示。UDP 服务器建立连接时不需要 accept 操作，客户端连接后可直接发送数据。

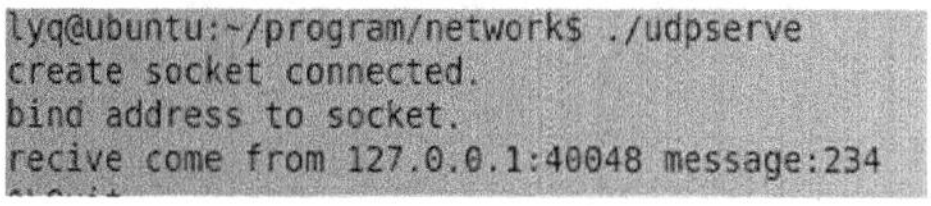

图 9.10　UDP Server 输出结果 　　　　　　图 9.11　UDP Client 输出结果

9.2.5　Socket 原始套接字服务

1．Socket 原始套接字介绍

原始套接字功能是 Socket 提供的 3 种服务中能力最强大的功能，它的强大功能体现在它的 raw 上，这是因为它允许开发人员直接根据需要构造网络协议报文头部，允许开发人员监听和查看网络报文。而上述两种类型即数据流服务和数据包服务只允许用户将自己的数据分别封装在 TCP 或者 UDP 报头之内，无法对报头进行修改。因此，Socket 原始套接字可以提供更为灵活和强大的功能，例如：

（1）能够构造处理 IP/TCP/UDP 报文；

（2）能够监听主机所在网络上传输的报文；

（3）处理链路层数据包。

很多网络诊断工具也是利用原始套接字来实现的，经常会使用到的有 tcpdump、ping 和 traceroute 等。tcpdump 用于截获网卡上的数据报文流量情况。其实现原理是创建 ETH_P_ALL 类型的链路层原始套接字，监听链路层报文并读取和解析报文数据并显示。ping 用于检查网络连接。实现原理是创建网络层原始套接字，指定协议类型为 IPPROTO_ICMP。ping 命令构造 ICMP_ECHO 请求报文，根据 ICMP 协议，被 ping 方收到该请求报文后会响应一个 ICMP ECHOREPLY 报文。ping 方通过原始套接字读取并解析该应答报文，并显示出应答报文的序号、TTL 等信息。traceroute 用于跟踪 IP 报文在网络中的路由过程。实现原理也是创建网络层原始套接字，指定协议类型为 IPPROTO_ICMP。原始套接字分为两种类型：工作于数据链路层和工作于网络层的原始套接字。

2．原始套接字工作过程

Linux 内核接收到网络数据后按如下规则处理。

（1）如果收到的报文为 TCP 和 UDP 协议数据包，则不会发送到工作在网络层原始套接字。如果套接字工作于数据链路层，系统会将所收到数据包都复制一份发送给该套接字。

（2）ICMP 等协议属于 IP 网络层，因此，当系统收到 ICMP 等网络数据报（非 TCP/UDP 协议报文）时，系统会将该报文复制一份发送给对应协议类型的网络层原始套接字处理。

（3）若网络层原始套接字使用 bind 绑定地址，那么内核只将收到目的地址为 bind 所绑定地址的 ICMP 和 EGP 等数据包发送给该套接字处理。

（4）若网络层原始套接字使用 connect 函数远程连接到其他机器，那么系统只将收到的源地址为 connect 指定的地址且协议为 ICMP 的数据包发送给该套接字处理。

（5）对于无法识别协议类型的数据报文，系统首先做必要的差错检验，接着检查是否存在匹配协议类型的网络层原始套接字，如果存在，则复制一份给该套接字；如果没有，就简单丢弃，并返回一个主机不可达的 ICMP 报文给源主机。

3. 原始套接字的使用

由于原始套接字可以由用户自行构造协议头部和监听网络数据包，因此，从安全角度考虑，只有系统管理员才能运行执行原始套接字操作的程序。原始套接字的创建和其他套接字的创建方法一样，都是通过 socket 调用实现的，即：

```
int sockfd = socket (domain, SOCK_RAW, protocol);
```

但与其他类型套接字相比，它的第 3 个参数（即协议）通常不为 0。其中 protocol 参数是类似 IPPROTO_xxx 或者 ETH_P_xxx 的某个值，定义在<netinet/in.h>头文件中，如 IPPROTO_ICMP、IPPROTO_UDP、IPPROTO_TCP 等，如图 9.12 所示。下面分别通过实例介绍原始套接字的基本应用和编程方法。

```
#define IPPROTO_IPIP            IPPROTO_IPIP
    IPPROTO_TCP = 6,        /* Transmission Control Protocol.  */
#define IPPROTO_TCP             IPPROTO_TCP
    IPPROTO_EGP = 8,        /* Exterior Gateway Protocol.  */
#define IPPROTO_EGP             IPPROTO_EGP
    IPPROTO_PUP = 12,       /* PUP protocol.  */
#define IPPROTO_PUP             IPPROTO_PUP
    IPPROTO_UDP = 17,       /* User Datagram Protocol.  */
#define IPPROTO_UDP             IPPROTO_UDP
    IPPROTO_IDP = 22,       /* XNS IDP protocol.  */
#define IPPROTO_IDP             IPPROTO_IDP
    IPPROTO_TP = 29,        /* SO Transport Protocol Class 4.  */
#define IPPROTO_TP              IPPROTO_TP
    IPPROTO_DCCP = 33,      /* Datagram Congestion Control Protocol.  */
#define IPPROTO_DCCP            IPPROTO_DCCP
    IPPROTO_IPV6 = 41,      /* IPv6 header.  */
#define IPPROTO_IPV6            IPPROTO_IPV6
    IPPROTO_ROUTING = 43,   /* IPv6 routing header.  */
```

图 9.12　原始套接字支持的协议类型

（1）数据链路层原始套接字

链路层原始套接字调用 socket()函数创建。第一个参数指定协议族类型为 PF_PACKET，第二个参数 type 可以设置为 SOCK_RAW 或 SOCK_DGRAM，第三个参数是协议类型（该参数只对报文接收有意义）。协议类型 protocol 不同取值的意义详见表 9.9。表中的 ETH 是 Ethernet 的缩写。即 socket(PF_PACKET, type, htons(protocol))调用创建该类型套接字。

表 9.9　　　　　　　　　　　　　　protocol 字段的取值

protocol	值	作　用
ETH_P_ALL	0x0003	套接字可收到的网络所有二层报文
ETH_P_IP	0x0800	套接字可收到目的地址为本机 IP 的报文，即剥离数据链路层头部
ETH_P_ARP	0x0806	可接收本机收到的所有 ARP 报文
ETH_P_RARP	0x8035	可收本机收到的所有 RARP 报文
自定义协议	比如 0x008	可收本机收到的所有类型为 0x008 的二层报文
不指定	0	不能用于接收，只用于发送

① 当 type 值为 SOCK_RAW 时，套接字接收/发送的数据为数据链路层协议数据，即报文的

数据链路层协议报头直到 TCP/UDP 报头都由开发人员构造。这种情况应用较为广泛，因为某些应用场景需要自定义第二层报文类型。

② 当 type 值为 SOCK_DGRAM 时，套接字接收到的数据报文会将数据链路层头部剥掉交给套接字。同时在发送时也无需手动构造数据链路层头部，只需从 IP 报头开始构造即可，而数据链路层报头由内核自动填充，该用法用得较少。

（2）网络层原始套接字

若想操作 IP 首部或传输层协议首部，需利用 socket()函数创建网络层原始套接字。第一个参数指定协议族的类型为 PF_INET，第二个参数为 SOCK_RAW，第三个参数 protocol 为协议类型（不同取值的意义见表 9.10），即 socktet(PF_INET, SOCK_RAW, protocol)。

表 9.10 protocol 取值

protocol	值	作　　用
IPPROTO_TCP	6	套接字接收 TCP 类型的报文
IPPROTO_UDP	17	套接字接收 UDP 类型的报文
IPPROTO_ICMP	1	套接字接收 ICMP 类型的报文
IPPROTO_IGMP	2	套接字接收 IGMP 类型的报文
IPPROTO_RAW	255	不能用于接收，只用于发送（需要构造 IP 首部）
OSPF	89	接收协议号为 89 的报文

下面就该类套接字在接收数据和发送数据时的用法进行分析。

① 接收报文。

网络层原始套接字接收到的报文数据是从 IP 报头开始的，即接收到的数据包含了 IP 协议头部，TCP/UDP/ICMP 等首部，以及数据部分。即收到的数据是只剥离了数据链路层后的数据。

② 发送报文。

发送报文时，需要由开发人员自行构造和封装 TCP/UDP 等协议首部。这种套接字也提供了发送时构造 IP 报头的功能，通过 setsockopt()给套接字设置上 IP_HDRINCL 选项，就可在发送时自行构造 IP 首部。

【例 9-4】编写一个原始套接字程序，监听本机网络接口卡上收到的数据报文并将基本信息打印出来。

```
#include <stdio.h>
#include <string.h>
#include <stdlib.h>
#include <ctype.h>
#include <errno.h>
#include <sys/types.h>
#include <sys/socket.h>
#include <netinet/in.h>
#include <arpa/inet.h>
#include <net/if.h>
#include <string.h>
#include <sys/ioctl.h>
int Open_Raw_Socket(void);   //以原始套接字的方式打开
int Set_Promisc(char *interface, int sock);   //设置网卡模式为混杂模式
int main() {
```

```c
    int sock;
    sock = Open_Raw_Socket();
    printf("raw socket is %d\n", sock);
    char buffer[65535];
    int bytes_recieved;
    size_t fromlen;
    struct  sockaddr_in from;
    struct ip *ip;
    struct tcp *tcp;
    // 设置网卡 eth0 为混杂模式
    Set_Promisc("eth0", sock);
    // 输出 TCP/IP 报头的长度
    printf("IP header is %d \n", sizeof(struct ip));
    printf("TCP header is %d \n", sizeof(struct tcp));
    while (1) {
        fromlen = sizeof(from);
        bytes_recieved = recvfrom(sock, buffer, sizeof(buffer),
            0, (struct sockaddr*)&from, &fromlen);   //从原始套接字读取数据
        printf("\nBytes recieved: %5d\n", bytes_recieved);
        printf("Source address: %s\n", inet_ntoa(from.sin_addr));
        ip = (struct ip*)buffer;  //
        if (ip->ip_p ==4) {   //如果为 IPv4 协议
            printf("Dest address is: %s\n", inet_ntoa(ip->ip_dst));
            printf("IP header Length is :%d\n", ip->ip_len);
            printf("Protocol: %d\n", ip->ip_p);
            printf("Type of Server: %d\n", ip->ip_tos);
            printf("Time to live is : %d\n",ip->ip_ttl);
            printf("Check Sum is : %d\n", ip->ip_sum);
            tcp = (struct tcp*)(buffer + 20);
    // IP 数据包和 TCP 数据包有 20 个字节的距离
            printf("Dest port is: %d\n", ntohs(tcp->th_dport));
            printf("Source port is: %d\n", ntohs(tcp->th_sport));
            printf("Seq number is : %d\n", tcp->th_seq);
            printf("Ack number is : %d\n", tcp->th_ack);
            printf("Flags is %d\n", tcp->th_flags);
        }
    }
    return 0;
}
// 建立一个原始 socket 句柄
int Open_Raw_Socket(void) {
    int sock;
    if ((sock = socket(AF_INET, SOCK_RAW, IPPROTO_TCP)) < 0) {   //该语句很重要，它告诉
我们监听的数据类型
        perror("raw socket create error\n");
        exit(1);
    }
    return sock;
}
// 设置 eth0 为混杂模式
int Set_Promisc(char *interface, int sock) {
    struct ifreq ifr;
    strncpy(ifr.ifr_name, interface, strnlen(interface, sizeof(interface)) + 1);
```

```
    if (ioctl(sock, SIOCGIFFLAGS, &ifr) == -1) {
        perror("set promisc error one if\n");
        exit(1);
    }
    ifr.ifr_flags |= IFF_PROMISC;  //设置网卡为混合模式
    if (ioctl(sock, SIOCGIFFLAGS, &ifr) == -1) {
        perror("Can not set PROMISC flag:");
        exit(1);
    }
    return 0;
}
```

编译并执行上述程序，其结果如图 9.13 所示。执行时，需要以管理员身份进行。从图中可看出，程序获得了网络数据报文的相关信息。

```
Bytes recieved:    662
Source address: 192.168.168.168
Dest address is: 10.10.243.198
IP header Length is :38402
Protocol: 6
Type of Server: 0
Time to live is : 62
Check Sum is : 1019
Dest port is: 37411
Source port is: 80
Seq number is : -262119240
Ack number is : -1394288167
Flags is 8
```

图 9.13　原始套接字应用

代码中使用了两个结构体：struct iphdr *iph，struct tcphdr *tcph。它们分别表示 IP 和 TCP 协议报头格式。其详细内容如下所示。

/usr/include/linux/ip.h　　//IP 报头

```
struct iphdr {
    __u8    tos;            //服务类型
    __be16  tot_len;        //总长度
    __be16  id;             //IP 报文标识 ID
    __be16  frag_off;       //片偏移
    __u8    ttl;            //生存时间
    __u8    protocol;       //协议
    __be16  check;          // 协议头部校验和
    __be32  saddr;          //源地址
    __be32  daddr;          //目的地址
}
```

/usr/include/linux/tcp.h　　//TCP 协议报头

```
struct tcphdr {
    __be16  source;         //源端口
    __be16  dest;           //目的端口
    __be32  seq;            //TCP 报文序号
    __be32  ack_seq;        //确认序号
    __u16   res1:4,         //保留位
```

```
    doff:4,              //TCP 报头长度
    fin:1,               //下列分别对应于 IPv4 报头中的 FIN/SYN/RST/PSH/ACK/URG 比特位
    syn:1,
    rst:1,
    psh:1,
    ack:1,
    urg:1,
    ece:1,
    cwr:1;
    __be16 window;       //滑动窗口大小
    __be16 check;        //校验和
    __be16 urg_ptr;      //紧急指针
};
```

上述字段可分别对应到图 9.14 中的 IP 报头和 TCP 报头。

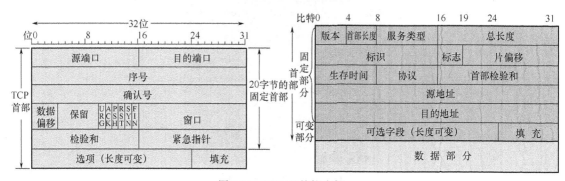

图 9.14 TCP/IP 协议头部

9.3 Linux 网络编程高级 I/O

网络编程中还涉及很多复杂但是又非常重要的功能，这些功能对于编写高效的网络服务程序至关重要。

9.3.1 Socket 阻塞/非阻塞方式

所谓阻塞是指当应用程序执行一个系统调用时，该进程等待该系统调用返回结果后才会继续运行后面的代码。因此阻塞通信是指在执行收发报文操作时，如执行 read/write 调用时，只有当这两个调用返回结果后（成功或者失败都是结果），下面的代码才会继续执行。这就类似于现实生活中，当去火车站窗口买火车票，告诉售票员你想买的车票信息，然后在窗口处等待售票员对你的请求的处理结果，或者有票或者无票。而非阻塞方式正好相反，进程执行非阻塞调用时，只是告诉系统去执行某个任务，然后返回，继续执行下面的程序代码。这种方式适合当用户请求执行一个需要较长时间才能完成的任务时的场合。用户请求操作系统开始执行任务，然后继续其他操作，过一段时间或者查询请求操作是否完成，或者当任务完成时，系统通知用户程序处理。例如，当某人去办理证件时，这种证件的办理需要时间较长，不可能用户长期等待在那里，可以先做其他事情，当证件完成时由工作人员通知用户或者用户过一段时间后去查询是否完成。

Linux 套接字执行 I/O 操作包括阻塞和非阻塞两种模式：

（1）阻塞模式下，在 I/O 操作完成前，执行操作的函数一直等候而不返回，该函数所在的线程会阻塞在这里；

（2）非阻塞模式下，套接字调用立即返回，而不管 I/O 是否完成。

在 Socket 相关系统调用中，例如，read/write/send/recv/connect 默认情况下都是阻塞调用，例如从 Socket 中读取数据的操作，当缓冲中没有数据的时候，读取操作会阻塞在此处并一直等待数据的到来，而写操作则当缓存区满时阻塞并等待缓冲区中有空闲，而 connect 操作则是等待内核完成 TCP 完成 3 次握手协议以建立连接之后继续下面的操作。当然也可以通过系统调用改变这些系统调用的阻塞方式为非阻塞方式。例如，客户端调用 connect()连接服务器端的 Socket，若客户端的 Socket 为阻塞模式，则 connect()会阻塞到连接建立成功或连接建立超时。

将 Socket 设置为非阻塞模式的方法可通过 fcntl 和 ioctl 系统调用实现。其使用方法分别如下。

方法一：fcntl 调用

```
#include <fcntl.h>
int flag;
if (flag = fcntl(fd, F_GETFL, 0) <0) {   //其中 GETFL 表示获取文件描述符相关属性
 perror("get flag error");
 exit(1);
}
flag |= O_NONBLOCK;   //通过或操作将文件描述符的非阻塞模式打开
if (fcntl(fd, F_SETFL, flag) < 0 {  // 将新的属性设置到该文件描述符中
 perror("set flag error");
 exit(1);
}
```

方法二：ioctl 调用

```
#include<unistd.h>
int b_on = 1;
ioctl (fd, FIONBIO, &b_on)
```
//FIONBIO 表示根据 ioctl 的 b_on 值清除或设置本套接口的非阻塞标志，1 表示设置非阻塞，0 表示清除非阻塞标志

阻塞与非阻塞模型分别如图 9.15 和图 9.16 所示。

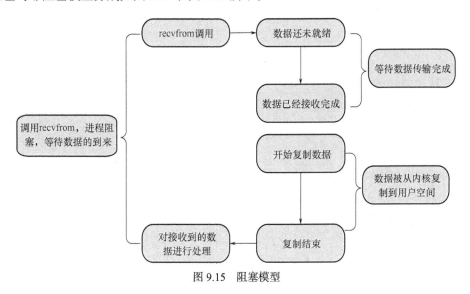

图 9.15　阻塞模型

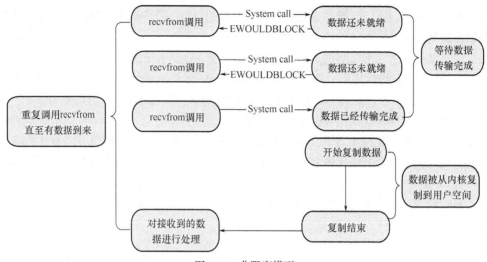

图 9.16 非阻塞模型

9.3.2 非阻塞 Socekt 用法

（1）非阻塞连接请求 connect

若为非阻塞模式，则调用 connect()后函数立即返回，如果连接不能马上建立成功（返回-1），且 errno 设置为 EINPROGRESS，此时 TCP 三次握手仍在继续。此时可调用 select()检测非阻塞 connect 是否完成。

【例 9-5】非阻塞模式的应用。对于非阻塞和阻塞模式 Socket 套接字，与之前的 connect 操作之间的不同。

分析：本实例主要比较非阻塞的立即返回和阻塞的等待返回两种不同之处，可在执行 connect 调用之前和之后分别调用 time 函数获取时间值 A 和时间值 B，并用 B 减去 A 得到 connect 调用所花费时间，通过比较该值可感受这两种模式的不同。

```
#include<sys/types.h>
#include<sys/socket.h>
#include<error.h>
#include <fcntl.h>
#include <time.h>
#include<unistd.h>
#include <netinet/in.h>
#include <arpa/inet.h>
#include <stdlib.h>
#include <stdio.h>
#include <sys/ioctl.h>
#include <errno.h>

void main(int argc,char**argv) {
 int sock;
struct sockaddr_in my_addr;
int asynflag=1;
time_t t1,t2;
if((sock=socket(AF_INET,SOCK_STREAM,0))<0){
perror("socket create error!\n");
exit(1);
```

```
}
my_addr.sin_family=AF_INET;
my_addr.sin_port=htons(8888);
if(inet_aton(argv[1],(struct in_addr *)&my_addr.sin_addr.s_addr) == 0){
  printf("%s chage error!\n",argv[1]);
  exit(1);
}
t1=time(NULL);
/*ioctl (sock, FIONBIO, &asynflag);*/
if(connect(sock,(struct sockaddr*)&my_addr,sizeof(struct sockaddr))<0){
  if (errno!=EINPROGRESS)    {
     perror("connect error!\n");
  }
}
t2=time(NULL);
printf("connect used time is %d second\n",(int)(t2-t1));
close(sock);
}
```

上述代码中，第一次执行时，随机输入一个有效的 IP 地址，此时属于阻塞模式。在阻塞模式下，Socket 一直等待连接建立成功或者超时。当将被注释的代码取消注释后，其执行结果如图 9.17 所示。非阻塞模式情况下，系统调用立即返回，因此在本例中可看出连接用时为 0，如图 9.18 所示。

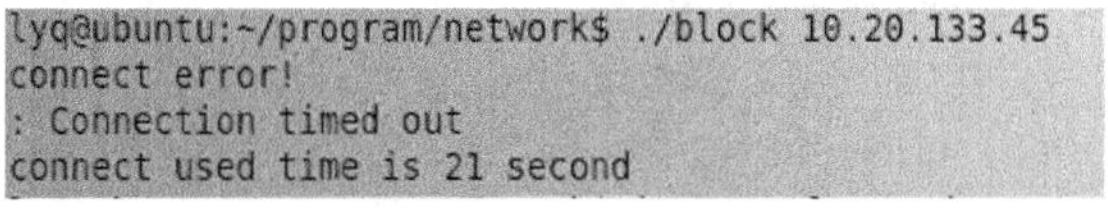

图 9.17　阻塞模式

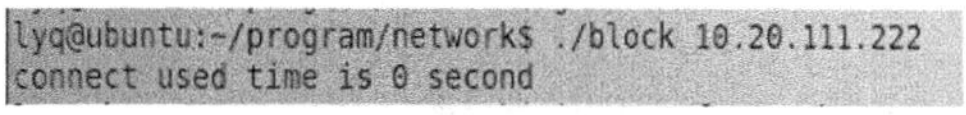

图 9.18　非阻塞模式

（2）非阻塞数据发送

对于数据发送，原理是类似的。非阻塞 Socket 在发送缓冲区没有空间时会直接返回错误号 EWOULDBLOCK，表示没有空间可写数据，如果错误号是其他值，则表明发送失败。若发送缓冲区中没有足够空间的话，则拷贝前面 N 个能够容纳的数据，返回实际拷贝的字节数。若有足够空间，则拷贝所有数据到发送缓冲区，然后返回。非阻塞的数据发送操作一般写法如下所示，其中的 write 操作可以由 send 等替换：

```
char buf[BUFSIZE];              //要发送的数据
int write_pos = 0;              //位置指针,表示从何处开始发送数据,0 表示第一个字符开始发送
int nLeft = nLen;               //剩余未发送的字符数
while (nLeft > 0){
int nWrite = 0;
if ((nWrite = write(sock_fd, buf+ write_pos, nLeft)) <= 0){
//从 buf+write 位置发送尚未发送出去的数据
if (errno == EWOULDBLOCK) {
    nWrite = 0;                 //重新发送
}
else return -1;                 //表示写失败
}
nLeft -= nWrite;                //减去已经成功发送的字节数
write_pos += nWrite;            //位置指针向后移动 nWrite 个字节
}
```

```
    return nLen;
}
```

（3）非阻塞数据读取

对于非阻塞 Socket 而言，无论 Socket 接收缓冲区中有无数据均立刻返回。读取调用返回值 retval 分为以下几种情况：

retval=0 时，表示对方已经关闭 Socket 连接，本端也应该关闭。

retval>0 时，分两种情况，如果 retval 值等于指定的读取字节数，则表示数据未读完，可继续读取。如果 retval 值小于指定的读取字节数，则表示数据已经读完。

retval<0 时，表示出错，但出错的原因由 errno 表示。

errno 为 EWOULDBLOCK，表示暂时无数据可读，可重读。

errno 为 EINTR 表示读取调用被信号中断，可重新尝试读取。

因此非阻塞的读取调用代码可这样写：

```
while (1) {
 if ( ( nread = read(sock_fd, buffer, len)) < 0){
if (errno == EWOULDBLOCK || errno==EINTR) {
    continue;        //继续下一次的读取
}
else  break;         //发生错误，停止读取
}
else if ( nread<len)   handle(data);      //正常处理读取的数据
else if (nread==len)   readcontinue;      //继续读尚未读完的数据。
}
```

（4）非阻塞接收连接 accept

对于阻塞方式的 accept，当连接请求队列中无建立好的连接时将阻塞，直到有可用的连接，才返回。非阻塞 Socket 调用无论有无连接请求都立即返回，如果没有连接时，返回的错误码为 EWOULDBLOCK，表示本来应该阻塞，此时，程序员应该继续执行 accept 操作。

9.3.3 Socket 与多路复用

阻塞模式使得程序需要等待数据，使得程序效率低下。而非阻塞模式需要由程序轮询查询系统调用的返回，并根据返回值进行处理，将非阻塞模式和 select/epoll 调用相结合，可以提高程序的效率。

1．select 多路复用

select 调用可用来检测某文件描述符集中哪个描述符是可以进行数据读写的，其使用模型如图 9.19 所示。select 本质上也是通过轮询发现所指定的描述符集中数据传送是否准备完成，如果完成，则可以进行读取和发送操作。当进行 select 调用时，该进程也被阻塞，因此，若 select 只查询一个描述符的情况时，相当于阻塞调用，而且性能还不如普通的阻塞调用，因为其涉及 select 和读取操作两个调用。因此 select 适用于需要等待或者轮询多个描述符的 I/O 操作时的情况。select 的执行过程如下：

（1）获得需要查询是否可读写的文件描述符列表；

（2）将此列表传递给 select；

（3）select 轮询列表中的每个描述符，查询是否有数据到达；

（4）当有描述符可操作时，select 通过设置一个变量中的若干位，告诉用户某个文件描述符

已经有输入的数据了，此时，可使用 FD_ISSET 调用判断是哪个描述符可读取。

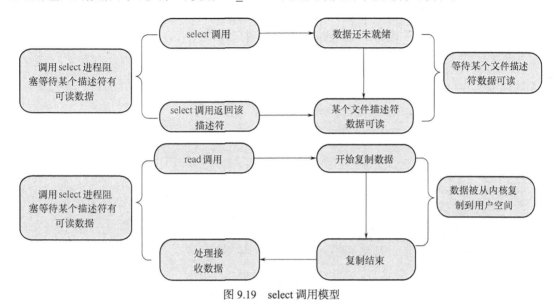

图 9.19　select 调用模型

select 调用见表 9.11。文件描述符集操作函数见表 9.12。

表 9.11　　　　　　　　　　　　　　select 调用

头文件	#include <sys/types.h> #include <sys/time.h> #include <unistd.h>
函数原型	int select(int numfds, fd_set *readfds, fd_set *writefds, fd_set *exeptfds, struct timeval *timeout)
函数参数	numfds：该参数值为需要监视的文件描述符的最大值加 1
	readfds：由 select() 监视的读文件描述符集合
	writefds：由 select() 监视的写文件描述符集合
	exeptfds：由 select() 监视的异常处理文件描述符集合
	timeout： NULL：永远等待，直到捕捉到信号或文件描述符已准备好为止 具体值：struct timeval 类型的指针，若等待了 timeout 时间还没有检测到任何文件描述符准备好，就立即返回 0：从不等待，测试所有指定的描述符并立即返回
返回值	成功：准备好的文件描述符；　0：超时；　1：出错

表 9.12　　　　　　　　　　　　　文件描述符集操作函数

FD_ZERO(fd_set *set)	清除一个文件描述符集
FD_SET(int fd, fd_set *set)	将一个文件描述符加入文件描述符集中
FD_CLR(int fd, fd_set *set)	将一个文件描述符从文件描述符集中清除
FD_ISSET(int fd, fd_set *set)	如果文件描述符 fd 为 fd_set 集中的一个元素，则返回非零值，可用于 select() 后测试文件描述符集中的哪个文件描述符是否有变化

程序运行的大部份时间都花费在不断调用 select（它将花费大部分 CPU 时间），直到有数据准备好读或取。此时，timer 就体现了它的意义。它决定 select 将等待多久。

【例 9-6】select 调用与非阻塞 Socket。通过 select 方式实现服务器程序，该服务器程序在不建立多进程或多线程的情况下，实现与多个客户端程序的通信。当客户端与服务器端建立连接成功后，服务器端将连接客户端的 IP 地址和端口等信息打印出来。

```c
#include <stdio.h>
#include <stdlib.h>
#include <unistd.h>
#include <errno.h>
#include <string.h>
#include <sys/types.h>
#include <sys/socket.h>
#include <netinet/in.h>
#include <arpa/inet.h>
#define MYPORT 8888      // the port users will be connecting to
#define BACKLOG 5        // how many pending connections queue will hold
#define BUF_SIZE 200
int fd_A[BACKLOG];       // accepted connection fd
int conn_amount;         // current connection amount
void showclient(){
    printf("client amount: %d\n", conn_amount);
}
int main(void)
{
    int sock_fd, new_fd;  // listen on sock_fd, new connection on new_fd
    struct sockaddr_in server_addr;   // server address information
    struct sockaddr_in client_addr;   // connector's address information
    socklen_t sin_size;
    int yes = 1;
    char buf[BUF_SIZE];
    int ret;
    int i;
    if ((sock_fd = socket(AF_INET, SOCK_STREAM, 0)) == -1) {
        perror("socket");
        exit(1);
    }
    if (setsockopt(sock_fd, SOL_SOCKET, SO_REUSEADDR, &yes, sizeof(int)) == -1) {
        perror("setsockopt");
        exit(1);
    }
    server_addr.sin_family = AF_INET;         // host byte order
    server_addr.sin_port = htons(MYPORT);     // short, network byte order
    server_addr.sin_addr.s_addr = INADDR_ANY; // automatically fill with my IP
    memset(server_addr.sin_zero, '\0', sizeof(server_addr.sin_zero));
    if (bind(sock_fd, (struct sockaddr *)&server_addr, sizeof(server_addr)) == -1) {
        perror("bind");
        exit(1);
    }
    if (listen(sock_fd, BACKLOG) == -1) {
        perror("listen");
        exit(1);
    }
    printf("listen port %d\n", MYPORT);
    fd_set fdsr;
    int maxsock;
    struct timeval tv;
```

```c
    conn_amount = 0;
    sin_size = sizeof(client_addr);
    maxsock = sock_fd;
    while (1) {
        // initialize file descriptor set
        FD_ZERO(&fdsr);
        FD_SET(sock_fd, &fdsr);
        // timeout setting
        tv.tv_sec = 30;
        tv.tv_usec = 0;
        // add active connection to fd set
        for (i = 0; i < BACKLOG; i++) {
            if (fd_A[i] != 0) {
                FD_SET(fd_A[i], &fdsr);
            }
        }
        ret = select(maxsock + 1, &fdsr, NULL, NULL, &tv);
        if (ret < 0) {
            perror("select");
            break;
        } else if (ret == 0) {
            printf("timeout\n");
            continue;
        }
        // check every fd in the set
        for (i = 0; i < conn_amount; i++) {
            if (FD_ISSET(fd_A[i], &fdsr)) {
                ret = recv(fd_A[i], buf, sizeof(buf), 0);
                if (ret <= 0) {        // client close
                    printf("client[%d] close\n", i);
                    close(fd_A[i]);
                    FD_CLR(fd_A[i], &fdsr);
                    fd_A[i] = 0;
                } else {        // receive data
                    if (ret < BUF_SIZE)
                        memset(&buf[ret], '\0', 1);
                    printf("client[%d] send:%s\n", i, buf);
                }
            }
        }
        // check whether a new connection comes
        if (FD_ISSET(sock_fd, &fdsr)) {
            new_fd = accept(sock_fd, (struct sockaddr *)&client_addr, &sin_size);
            if (new_fd <= 0) {
                perror("accept");
                continue;
            }
            // add to fd queue
            if (conn_amount < BACKLOG) {
                fd_A[conn_amount++] = new_fd;
                printf("new connection client[%d] %s:%d\n", conn_amount,
                        inet_ntoa(client_addr.sin_addr), ntohs(client_addr.sin_port));
                if (new_fd > maxsock)
                    maxsock = new_fd;
            }
            else {
```

```
                        printf("max connections arrive, exit\n");
                        send(new_fd, "bye", 4, 0);
                        close(new_fd);
                        break;
                }
            }
            showclient();
        }
        // close other connections
        for (i = 0; i < BACKLOG; i++) {
            if (fd_A[i] != 0) {
                close(fd_A[i]);
            }
        }
        exit(0);
}
```

该服务器程序流程图如图 9.20 所示。当然上述程序还有一个缺陷,就是随着客户程序的不断断开和连接,maxfd 的值会越来越大,直到超出 select 调用可以接受的范围,但是,由于文件描述符最低可用原则,因此,当 accept 调用结束后,需要通过循环从已有的文件描述符中查找一个最大的作为 maxfd,这样可防止这种情况的出现。

执行如下的客户端程序:

```
/*client.c*/
#include<stdio.h>
#include<sys/socket.h>
#include<stdlib.h>
#include<string.h>
#define PORT 8888
int main(int argc,char **argv){
int sock;
struct sockaddr_in my_addr;
int len;
char buf[100];
char recbuf[100];
if(argc <2){
printf("Usage: %s  <message>",argv[0]);
exit(1);
}
if((sock=socket(AF_INET,SOCK_STREAM,0))<0){
perror("socket create error!\n");
exit(1);
}
my_addr.sin_family=AF_INET;
my_addr.sin_port=htons(PORT);
if(inet_aton("127.0.0.1",(struct in_addr *)&my_addr.sin_addr.s_addr) == 0){
perror ("change error!\n");
exit(1);
}
if(connect(sock,(struct sockaddr*)&my_addr,sizeof(struct sockaddr))<0){
perror("connect error!\n");
exit(1);
}
len=send(sock,argv[1],strlen(argv[1])-1,0);
if(len<0){
perror("send error!\n");
```

```
exit(1);
}
sleep(1);
close(sock);
}
```

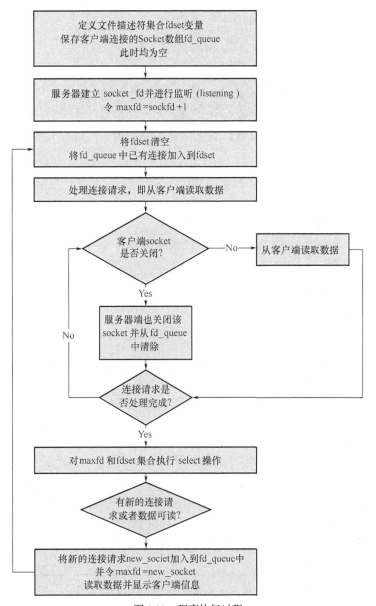

图 9.20　程序执行过程

编译上述程序，并执行如下命令执行多个客户端程序，向服务器发送连接请求和数据。

```
./client 1111 & ./client 2222 & ./client 333 &
```

执行结果如图 9.21 所示。

2. poll 多路复用

poll 调用也可实现 select 功能，它是由贝尔实验室实现的，而 select 是由 Berkely 研制而来的，目前主要的 UNIX/Linux 操作系统均支持这两种用法。poll 调用见表 9.13。

```
lyq@ubuntu:~/program/network$ ./select2
listen port 8888
new connection client[1] 127.0.0.1:47878
client amount: 1
new connection client[2] 127.0.0.1:47879
client amount: 2
new connection client[3] 127.0.0.1:47877
client amount: 3
client[0] send:222
client[1] send:111
client[2] send:333
client amount: 3
client[0] close
client[1] close
client[2] close
client amount: 3
timeout
timeout
```

图 9.21　select 多路复用服务器

表 9.13　　　　　　　　　　　　poll 调用

头文件	#include <sys/types.h> #include <poll.h>
函数原型	int poll(struct pollfd *fds, int numfds, int timeout)

参数	fds：struct pollfd 结构的指针，用于描述需要对哪些文件的哪种类型的操作进行监控
	struct pollfd
	{
	　int fd; /* 需要监听的文件描述符 */
	　short events; /* 需要监听的事件 */
	　short revents; /* 已发生的事件 */
	}
	events 成员描述需要监听哪些类型的事件，可以用以下几种标志来描述。
	POLLIN：文件中有数据可读
	POLLPRI:：文件中有紧急数据可读
	POLLOUT：可以向文件写入数据
	POLLERR：文件中出现错误，只限于输出
	POLLHUP：与文件的连接被断开，只限于输出
	POLLNVAL：文件描述符是不合法的，即它并没有指向一个成功打开的文件
	numfds：需要监听的文件个数，即第一个参数所指向的数组中的元素数目
	timeout：表示 poll 阻塞的超时时间（毫秒）。如果该值小于等于 0，则表示无限等待

函数返回值	成功：返回大于 0 的值，表示事件发生的 pollfd 结构的个数 0：超时；1：出错

【例 9-7】通过 poll 调用实现网络服务器和客户端的功能。要求：客户端从标准输入读入数据，发送到服务器端，服务器端将收到的客户信息打印出来。客户端程序可利用【例 9-7】的程序，下面只给出服务器端的程序代码，里面演示了 poll 调用的实现方法。

```
#include <unistd.h>
#include <sys/types.h>
#include <sys/socket.h>
#include <netinet/in.h>
#include <arpa/inet.h>
#include <stdlib.h>
#include <errno.h>
```

```c
#include <stdio.h>
#include <string.h>
#include <poll.h> /* poll function */
#include <limits.h>
#define MAXLINE 10240
#ifndef OPEN_MAX
#define OPEN_MAX 40960
#endif
void handle(struct pollfd* clients, int maxClient, int readyClient);
int main(int argc, char **argv)
{
    int servPort = 6888;
    int listenq = 1024;
    int listenfd, connfd;
    struct pollfd clients[OPEN_MAX];
    int  maxi;
    socklen_t socklen = sizeof(struct sockaddr_in);
    struct sockaddr_in cliaddr, servaddr;
    char buf[MAXLINE];
    int nready;
    memset(servaddr.sin_zero, '\0', sizeof(servaddr.sin_zero));
    servaddr.sin_family = AF_INET;
    servaddr.sin_addr.s_addr = htonl(INADDR_ANY);
    servaddr.sin_port = htons(servPort);
    listenfd = socket(AF_INET, SOCK_STREAM, 0);
    if (listenfd < 0) {
        perror("socket error");
    }
    int opt = 1;
    if (setsockopt(listenfd, SOL_SOCKET, SO_REUSEADDR, &opt, sizeof(opt)) < 0) {
        perror("setsockopt error");
    }
    if(bind(listenfd, (struct sockaddr *) &servaddr, socklen) == -1) {
        perror("bind error");
        exit(-1);
    }
    if (listen(listenfd, listenq) < 0) {
        perror("listen error");
    }
    clients[0].fd = listenfd;
    clients[0].events = POLLIN;
    int i;
    for (i = 1; i< OPEN_MAX; i++)
        clients[i].fd = -1;
    maxi = listenfd + 1;
    printf("pollechoserver startup, listen on port:%d\n", servPort);
    printf("max connection is %d\n", OPEN_MAX);
    for ( ; ; ) {
        nready = poll(clients, maxi + 1, -1);
         if (nready == -1) {
           perror("poll error");
        }
        if (clients[0].revents & POLLIN) {
            connfd = accept(listenfd, (struct sockaddr *) &cliaddr, &socklen);
            sprintf(buf, "accept form %s:%d\n", inet_ntoa(cliaddr.sin_addr), cliaddr.sin_port);
```

```
                printf(buf, "");
                for (i = 0; i < OPEN_MAX; i++) {
                    if (clients[i].fd == -1) {
                        clients[i].fd = connfd;
                        clients[i].events = POLLIN;
                        break;
                    }
                }
                if (i == OPEN_MAX) {
                    fprintf(stderr, "too many connection, more than %d\n", OPEN_MAX);
                    close(connfd);
                    continue;
                }
                if (i > maxi)
                    maxi = i;
                --nready;
            }
            handle(clients, maxi, nready);
        }
    }

    void handle(struct pollfd* clients, int maxClient, int nready) {
        int connfd;
        int i, nread;
        char buf[MAXLINE];
        if (nready == 0)
            return;
        for (i = 1; i< maxClient; i++) {
            connfd = clients[i].fd;
            if (connfd == -1)
                continue;
            if (clients[i].revents & (POLLIN | POLLERR)) {
                nread = read(connfd, buf, MAXLINE);//读取客户端socket流
                if (nread < 0) {
                    perror("read error");
                    close(connfd);
                    clients[i].fd = -1;
                    continue;
                }
                if (nread == 0) {
                    printf("client close the connection");
                    close(connfd);
                    clients[i].fd = -1;
                    continue;
                }
buf[nread]='\0';
printf("Server received data is %s\n",buf);
                if (--nready <= 0)//没有连接需要处理，退出循环
                    break;
            }
        }
    }
```

客户端执行./client 111 & ./client 222 & ./client 333 命令同时发送 3 次连接请求，并传送不同数据给服务器，其结果如图 9.22 所示。

```
lyq@ubuntu:~/program/network$ ./a.out
pollechoserver startup, listen on port:6888
max connection is 40960
accept form 127.0.0.1:26276
accept form 127.0.0.1:26532
accept form 127.0.0.1:26788
Server received data is 333
Server received data is 222
Server received data is 111
```

图 9.22　poll 使用

3. epoll 系统调用

epoll 是 Linux 内核中的一种可扩展 I/O 事件处理机制，最早在 Linux 2.5.44 内核中引入，可被用于代替 POSIX select 和 poll 系统调用，并且在具有大量连接请求时能够获得较好的性能。epoll 基于 I/O 的事件通知机制，由系统通知用户哪些 SOCKET 触发了哪些相关 I/O 事件，事件中包含对应的文件描述符以及事件类型，这样应用程序可以针对事件做相应的处理。相比原先的 SELECT 模型（用户主动依次检查 SOCKET），变成被动等待系统告知处于活跃状态的 SOCKET，性能提升不少（不需要依次遍历所有的 SOCKET，而只是对活跃 SOCKET 进行事件处理）。因此，与 select、poll 调用相比，它具有如下特点：

（1）epoll 没有最大并发连接限制，上限是最大可以打开文件的数目，这个数字一般远大于 2048(select 可以监听的文件描述符不超过 2048)；

（2）效率提升，epoll 最大的优点就在于它只关心"活跃"的连接（即有数据的描述符），而跟连接总数无关，因此在实际的网络环境中，epoll 的效率远高于 select 和 poll、select，这两个需要轮询文件描述符集合，集合越大，扫描消耗时间越多；

（3）内存拷贝，epoll 使用"共享内存"，而 select 需要将内核的描述符消息传递给用户空间。

epoll 的使用模型如图 9.23 所示。具体过程如下。

（1）创建监听 Socket 并将该 Socket 描述符设定为非阻塞模式，调用 listen 在该套接字上监听客户端的连接请求。

（2）使用 epoll_create()创建文件描述，设定可管理的最大 socket 描述符数目。

（3）将监听 Socket 注册进 epoll 中进行监测。

（4）epoll 监视启动，epoll_wait()等待 epoll 事件发生。

（5）如果 epoll 事件表明有新的连接请求，则调用 accept()函数，并将新建立连接添加到 epoll 中。若为读写或者报错等，调用对应的处理函数。

（6）继续监视，直至停止。

epoll 的使用主要包括 3 个系统调用。

（1）创建 epoll

int epoll_create（int size）

该函数生成一个 epoll 专用文件描述符，其中的参数是指定生成描述符的最大范围。

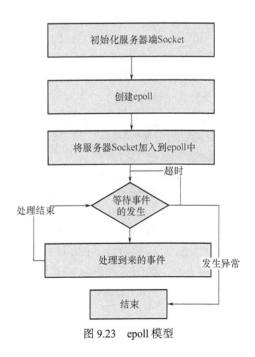

图 9.23　epoll 模型

（2）epoll 控制

int epoll_ctl（int epfd, int op, int fd, struct epoll_event *event）

该函数用于控制某文件描述符上的事件，可以注册事件，修改事件，删除事件。参数用法如下：

epfd 是指由 epoll_create 产生的 epoll 专用文件描述符；

op 表示操作类型，具体包含：

EPOLL_CTL_ADD 注册事件；

EPOLL_CTL_MOD 修改事件；

EPOLL_CTL_DEL 删除事件；

fd 代表要控制的文件描述符；

event 参数指向结构体 epoll_event 的指针；

结构体 epoll_event 被用于注册所感兴趣的事件和回传所发生待处理的事件，定义如下：

```c
typedef union epoll_data {
    void *ptr;
    int fd;
    __uint32_t u32;
    __uint64_t u64;
} epoll_data_t;//保存触发事件的某个文件描述符相关的数据
struct epoll_event {
    __uint32_t events;      /* epoll event */
    epoll_data_t data;      /* User data variable */
};
```

其中 events 字段表示感兴趣的事件，取值如下。

EPOLLIN：表示对应的文件描述符可以读；

EPOLLOUT：表示对应的文件描述符可以写；

EPOLLPRI：表示对应的文件描述符有紧急的数据可读；

EPOLLERR：表示对应的文件描述符发生错误；

EPOLLHUP：表示对应的文件描述符被挂断；

EPOLLET：表示对应的文件描述符有事件发生。

如果调用执行成功返回 0，不成功返回-1，并设置相应的 errno 值。

（3）事件等待函数

int epoll_wait（int epfd,struct epoll_event * events,int maxevents,int timeout）

该函数用于查询所感兴趣的 I/O 事件的发生。

参数如下。

epfd：由 epoll_create 生成的 epoll 专用的文件描述符；

events：用于回传等待处理的事件数组；

maxevents：每次能处理的事件数；

timeout：等待 I/O 事件发生的超时值（ms）；-1 永不超时，直到有事件产生才触发，0 表示立即返回。

成功：返回发生的事件数；失败：-1，并设置 errno 值。

【例 9-8】采用 epoll 机制实现【例 9-9】的功能。

```c
#include <unistd.h>
#include <sys/types.h>     /* basic system data types */
#include <sys/socket.h>    /* basic socket definitions */
#include <netinet/in.h>    /* sockaddr_in{} and other Internet defns */
#include <arpa/inet.h>     /* inet(3) functions */
```

```c
#include <sys/epoll.h>      /* epoll function */
#include <fcntl.h>          /* nonblocking */
#include <stdlib.h>
#include <errno.h>
#include <stdio.h>
#include <string.h>
#define EPOLLSIZE 10
#define LINE 1024
int handle(int connfd);                     //处理连接请求
int setnonblocking(int sockfd)        //设置socket为非阻塞模式
{
    if (fcntl(sockfd, F_SETFL, fcntl(sockfd, F_GETFD, 0)|O_NONBLOCK) == -1) {
        return -1;
    }
    return 0;
}
int main(int argc, char **argv){
    int  servPort = 6888;
    int listenq = 1024;                     //允许的最大连接请求数
    /*listenfd: 监听 socket ; connfd: 连接 socket ; epollfd : epoll_create 返回
值;nfds:epoll_wait 返回的数据可操作的描述符个数; n 循环变量;curfds 当前的文件描述符数;
acceptCount 连接数*/
    int listenfd, connfd, epollfd, nfds, n, nread, curfds,acceptCount = 0;
    struct sockaddr_in servaddr, cliaddr;   //服务器地址和客户端地址
    socklen_t socklen = sizeof(struct sockaddr_in);
    struct epoll_event ev;
    struct epoll_event events[EPOLLSIZE];
    char buf[LINE];  /*数据缓冲区，保存接收数据*/
    /*设置服务器信息*/
    memset(servaddr.sin_zero, '\0', sizeof(servaddr.sin_zero));
    servaddr.sin_family = AF_INET;
    servaddr.sin_addr.s_addr = htonl (INADDR_ANY);
    servaddr.sin_port = htons (servPort);
    listenfd = socket(AF_INET, SOCK_STREAM, 0);
    if (listenfd == -1) {
        perror(" create socket failed");
        return -1;
    }
    int opt = 1;
    setsockopt(listenfd, SOL_SOCKET, SO_REUSEADDR, &opt, sizeof(opt));
    if (setnonblocking(listenfd) < 0) {
        perror("setnonblock error");
        return -1;
    }
    if (bind(listenfd, (struct sockaddr *) &servaddr, sizeof(struct sockaddr)) == -1)
    {
        perror("bind error");
        return -1;
    }
    if (listen(listenfd, listenq) == -1)
    {
        perror("listen error");
        return -1;
    }
```

```c
    /* 创建 epoll 句柄,把监听 socket 加入到 epoll 集合里 */
    epollfd = epoll_create(EPOLLSIZE);
    ev.events = EPOLLIN | EPOLLET;   //监听是否有数据可读
    ev.data.fd = listenfd;           //检查监听 socket 是否可操作
    if (epoll_ctl(epollfd, EPOLL_CTL_ADD, listenfd, &ev) < 0)
    {
        fprintf(stderr, "epoll set insertion error: fd=%d\n", listenfd);
        return -1;
    }
    curfds = 1;//当前文件描述符集合1
    printf("epoll server startup, port: %d\n", servPort);
    for (;;) {
        /* 等待事件的到来 */
        nfds = epoll_wait(epollfd, events, curfds, -1);
        if (nfds == -1)
        {
            perror("epoll_wait");
            continue;
        }
        /* 处理所有事件,这些事件存放在数组 events 中 */
        for (n = 0; n < nfds; n++)
        {
            if (events[n].data.fd == listenfd)   //如果描述符为监听 socket
            {
                connfd = accept(listenfd, (struct sockaddr *)&cliaddr,&socklen); //接收请求并建立连接
                if (connfd < 0) {
                    perror("accept error");
                    continue;
                }
                sprintf(buf,"accept form %s:%d\n", inet_ntoa(cliaddr.sin_addr), cliaddr.sin_port);
                printf("The%dth connection:%s", ++acceptCount, buf);
                if (curfds >= EPOLLSIZE) {
                    fprintf(stderr, "too many connection, more than %d\n", EPOLLSIZE);
                    close(connfd);
                    continue;
                }
                if (setnonblocking(connfd) < 0) {
                    perror("setnonblocking error");
                }
                ev.events = EPOLLIN | EPOLLET;   //将连接 socket 放入到监控对象中
                ev.data.fd = connfd;
                if (epoll_ctl(epollfd, EPOLL_CTL_ADD, connfd, &ev) < 0)
                {
                    perror("epoll_ctl failed");
                    return -1;
                }
                curfds++;
                continue;   //继续查询 监听和连接 socket
            }
            // 处理客户端请求
```

```
            if (handle(events[n].data.fd) < 0) {
                epoll_ctl(kdpfd, EPOLL_CTL_DEL, events[n].data.fd,&ev);
                curfds--;        }
        }
    }
    close(listenfd);
    return 0;
}
int handle(int connfd) {
    int nread;
    char buf[LINE];
    nread = read(connfd, buf,LINE);//读取客户端socket流数据
    if (nread == 0) {
        printf("client close the connection\n");
        close(connfd);
        return -1;
    }
    if (nread < 0) {
        perror("read error");
        close(connfd);
        return -1;
    }
    return 0;
}
```

下面是对该例子的说明：

（1）此处只是介绍了 epoll 基本模型，在实际应用中，为了提高 epoll 的效率，一般在监视线程中只做监视，将事件交付其他线程处理；

（2）为了提高事件处理的效率，尽量避免在有事件时开辟线程处理，一般在系统启动时会创建线程池，将事件交与线程池中的空闲线程进行处理。

9.4　Linux 网络并发编程

网络服务器往往同时要接收多个客户端的数据传输请求，如果用一个进程来负责处理，远远无法满足实际的需求，因此，本节重点介绍网络并发编程，通过并发操作提高网络服务器程序的性能，增强客户端的使用体验。

基于多进程的网络编程模型如图 9.24 所示。该模型和之前的主要区别在于服务器端通过创建子进程为客户端的数据收发提供服务。从图中可看出，主进程实现 socket 的建立、绑定和监听，当有新的客户端连接请求时，新建立一个子进程与该连接进行数据传输，而父进程继续等待其他客户的请求，这种方式的优点提高服务器的响应时间，如果采用单进程的方式，则必须只有对一个客户的请求处理完成后，才能继续处理下一个客户请求，而该方式可提高并发性，即子进程在对请求进行处理的同时，父进程可接收下一个客户的请求。在该模型中，父进程主要工作如下：

（1）创建服务端 socket 并监听；

（2）接受客户端的连接请求；

（3）创建子服务进程。

子进程的主要工作如下：

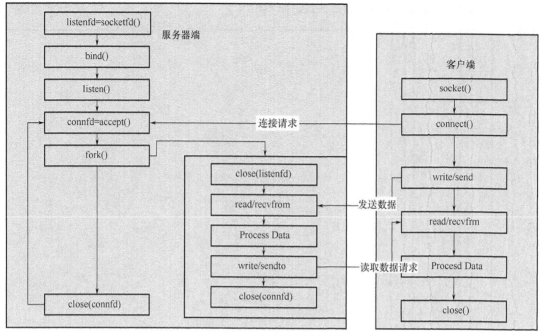

图 9.24　多进程网络编程模型

（1）处理客户端请求并作出应答；
（2）每个子进程对应处理一个客户端的请求；
（3）当请求较多时创建较多子进程。

实际使用时，可让子进程的工作由该子进程的子进程来执行，这主要是为了防止当子进程结束后，如果父进程不等待该子进程，则其将变为僵尸进程，而父进程不用等待孙子进程的退出。

【例 9-9】将【例 9-6】改为多进程的版本。

```c
/*forksocket.c*/
/*forksocket.c*/
#include <stdio.h>
#include <stdlib.h>
#include <unistd.h>
#include <errno.h>
#include <string.h>
#include <sys/types.h>
#include <sys/socket.h>
#include <netinet/in.h>
#include <arpa/inet.h>
#define PORT 8888      //服务器提供服务的端口
#define BACKLOG 5      // 同时连接请求数
#define BUF_SIZE 200
char buf[BUF_SIZE];
int conn_amount;    // current connection amount
void showclient()
{
    printf("client amount: %d\n", conn_amount);
}
/*处理连接请求，读取发送过来的数据并显示*/
void handle_conn( int connsocket) {
```

```c
        while(1) {
            int    ret = recv(connsocket, buf, sizeof(buf), 0); //从该socket读取数据
                if (ret <= 0) {          //客户端关闭,则服务器端也该该socket关闭
                    printf("client %d close\n", connsocket);
            conn_amount--;
            close(connsocket);
            showclient();
                break;
            }
        else {        // 接收数据
                    if (ret < BUF_SIZE)
                        memset(&buf[ret], '\0', 1);
                    printf("client %d send:%s\n", connsocket,buf);
                }
}
    }
int main(void)
{
    int sock_fd, newconn_fd;  // 分别定义监听和成功连接后新的socket
    struct sockaddr_in server_addr;      // 服务器IP地址
    struct sockaddr_in client_addr; // 客户端的IP地址
    socklen_t sin_size;      // 结构体长度
    int yes = 1;
    int pid,ppid;
    if ((sock_fd = socket(PF_INET, SOCK_STREAM, 0)) == -1) {
        perror("socket failed");
        exit(1);
    }
    if (setsockopt(sock_fd, SOL_SOCKET, SO_REUSEADDR, &yes, sizeof(int)) == -1) {
        perror("setsockopt failed");
        exit(1);
    }
    server_addr.sin_family = AF_INET;
    server_addr.sin_port = htons(PORT);
    server_addr.sin_addr.s_addr = INADDR_ANY;  // 自动绑定本机IP地址
    memset(server_addr.sin_zero, '\0', sizeof(server_addr.sin_zero));
    if (bind(sock_fd, (struct sockaddr *)&server_addr, sizeof(server_addr)) == -1) {
        perror("bind error");
        exit(1);
    }
    if (listen(sock_fd, BACKLOG) == -1) {   //在新建socket上监听是否有连接请求
        perror("listen error");
        exit(1);
    }
    printf("listening at  port %d\n",PORT);
    conn_amount = 0;   //连接数
    sin_size = sizeof(client_addr);
    while (1) {
      newconn_fd = accept(sock_fd, NULL,NULL); //等待客户请求
        if (newconn_fd <= 0) {
            perror("accept error");
            printf("the newconn_fd is %d\n",newconn_fd);
            continue;
```

```
                        }
                else {
                    conn_amount++;
                    showclient();
                    pid=fork();
                    if (pid<0) {
                            perror("fork failed");
                            exit(1);
                    }
                    else if (pid==0) { //  子进程

                        ppid=fork();
                        if (ppid<0) {
                            perror("fork failed");
                            exit(1);
                            }
                        else if (ppid==0) { //子进程的子进程
                            //处理连接请求
                                    handle_conn(newconn_fd);
                        }
                        //close(sock_fd);
                    }
                 }
            }
        close(sock_fd) ;
        }
```

编译上述程序，并执行命令 ./client test1111 & ./client test2222 & ./client 333 &，让这 3 个程序同时跟服务器相连，服务器执行结果如图 9.25 所示。从图中可以看出连接数的变化情况。

```
lyq@ubuntu:~/program/network$ ./a.out
listening at  port 8888
client amount: 1
client amount: 2
client amount: 3
client 4 send:test2222
client 5 send:333
client 6 send:test1111
client 6 close
client amount: 2
client 5 close
client amount: 1
client 4 close
client amount: 0
```

图 9.25 多进程服务器端

同样的方式，多进程也可改为多线程的方式进行。多进程/多线程的服务模型的优点是模型简单，提高了通信的效率，但其缺点在于服务器端需采用阻塞式方式等待数据，需要等待客户请求的到达。与之相比，select 调用是在同一个进程内同时在多个打开的套接字上等待数据可用的方法来处理多个客户请求。它也可以实现同时处理多个请求的功能，可以一次提供对多个套接字的服务，避免了多个进程之间的同步与互斥问题，但却需要不同的在多个套接字上进行轮询。

总 结

本章主要讲述了 Linux 操作系统下网络编程的基本知识，主要包括有：

1. 计算机网络的基本概念和分层模型，TCP/IP 协议分层以及传输层协议，IP 层协议的基本知识和各自特点，计算机网络环境下 C/S 模型与 Socket 模型。

2. Linux 操作系统下计算机网络编程的基本系统调用和基本过程，包括：socket/bind/listen/accept/send/recv/close 等调用以及每种调用的常见返回错误，以及如何实现 C/S 模型。

3. 为实现网络编程的其他函数，例如，网络字节序和主机字节序的数据转换、Socket 选项配置（如阻塞和非阻塞模式）等。

4. Socket 的 3 种类型编程模型和方法，即数据报服务、数据流服务、原始套接字等。这 3 种类型用在不同的场合下，其中第 3 种方法最灵活，能力最强。

5. Socket 编程的阻塞与非阻塞模式以及 select/poll/epoll 调用，重点掌握和理解 select 多路复用方法。

6. Socket 多进程/多线程服务器端编程模型。

习 题

1. 简述 Linux 网络编程的基本实现过程。
2. 简述 TCP 和 UDP 协议的不同点以及它们编程的各自实现过程。
3. 写出 IP 地址 10.20.30.40 的二进制形式、主机字节序、网络字节序、网络地址以及主机地址。
4. 比较 select 调用和多进程/线程实现的并发性之间的区别和各自优缺点。
5. 编写一服务器和客户端程序，要求：客户端程序将本地某文件通过 socket 传递给服务器。具体实现过程为：客户端首先将文件名称传递给服务器，其次，客户端告诉服务器端数据传输的开始，当结束时，客户端告诉服务器端数据传输的终止，并关闭客户端的连接。
6. 采用多进程或多线程的方式实现第 5 题的要求。
7. 思考实际应用中的 FTP 协议是如何设计和实现的，并分析 Linux 操作系统中 FTP 协议的源代码。
8. 利用原始套接字编写程序实现监听并显示网络数据包的以太网报头、IP 报头以及 TCP 报头信息。
9. 请问，在【例 9-2】中，addrstr.s_addr++语句执行后，为什么 IP 地址变为了 11.20.30.40？这说明此时的 IP 地址是大端模式还是小端模式？如何将 10.20.30.40 变为 10.20.30.41？请写出相应的语句。
10. 将【例 9-8】用 select 实现。
11. 将【例 9-8】改写为基于多线程的服务器与客户端的数据传送。

第 10 章
Linux 下的数据库编程

Linux 操作系统作为网络服务器得到了广泛应用，而服务器需要采用数据库保存用户的各种信息，如账户信息、交易信息、产品信息等。通过本章的学习，读者应了解 Linux 下的数据库编程基本概念，掌握 C 语言通过数据库 API 对数据库实现连接、数据库创建、数据表创建、数据查询、数据更新、数据删除等操作。

10.1 MySQL 数据库简介

MySQL 是一个关系型数据库管理系统，由瑞典 MySQL AB 公司开发，目前属于 Oracle 公司。它先是由 SUN 公司收购，而后者又被 Oracle 收购。Mysql 是最流行的开源关系型数据库管理系统之一，在 WEB 应用方面 MySQL 是目前最好的 RDBMS（Relational Database Management System，关系数据库管理系统）应用软件之一。MySQL 所使用的 SQL 语言是用于访问数据库的最常用标准化语言。MySQL 软件采用了双授权政策，分为社区版和商业版，由于其体积小、速度快、总体成本低，尤其是开放源码这一特点，一般中小型网站的开发都选择 MySQL 作为网站数据库。由于其社区版的性能卓越，搭配 PHP 和 Apache 可组成良好的开发环境。

MySQL 关系型数据库于 1998 年 1 月发行第一个版本。它使用系统核心提供的多线程机制提供完全的多线程运行模式，提供了面向 C、C++、Java、Perl、PHP、Python 以及 Tcl 等编程语言的编程接口（APIs），支持多种字段类型并且提供了完整的操作符支持查询中的 SELECT 和 WHERE 操作。

10.1.1 Linux 数据库编程应用

Linux 操作系统在服务器领域已经得到广泛的应用，如 Web 服务器。在 Web 服务器中，用户的相关信息，如账户信息，购买商品信息等必须保存在 Web 服务器中，在高性能服务器中，服务器端程序可通过 C 语言将这些信息保存到数据库服务器中，也可读取保存在其中的信息并返回给 Web 客户端。在嵌入式领域开发中，开发版上运行嵌入式 Linux 操作系统，而开发版经常需要将外部设备例如各种传感器感知的数据保存到数据库中，为了提高效率，一般采用 C 语言直接对嵌入式数据库（例如，SQLite 等）进行操作。在网络环境中，为了高效率地采集网络设备的数据，经常采用 C 语言在 Linux 环境下操作，为了保存数据，需要 C 语言调用数据库的 API 实现数据的各种 DDL 操作。因此，Linux 数据库编程应用非常广泛，学习使用 Linux 下的 C 实现数据库操作是很有意义的。

各种高级语言都可以通过某种方式，如 ODBC、JDBC 等方式实现对数据库的操作。本章节主要介绍 Linux 下 C 语言的数据库操作。MySQL 数据库是应用非常广泛的一种开源数据库，因此这里介绍 C 对 MySQL 的操作方法。当然其他数据库也支持 C API 实现对数据库的 DDL 操作。

10.1.2　MySQL API 的两种形式

MySQL 为 C 语言调用 MySQL 提供了 MySQL C API 调用。客户端使用该 API 可与 MySQL 数据库服务器进行通信，执行 DDL 操作等。在使用时，在源程序中包含相关头文件，在编译时，在编译指令中加入库文件，当然前提是系统中必须正常安装 C API 库文件。该库文件的使用方式有两种。

（1）libmysqlclient：该方式下，客户端程序和数据库服务器处于独立的不同进程中，客户端通过网络与数据库服务器进行通信。

（2）libmysqld：该方式下，数据库服务器嵌入在客户端应用程序中，作为应用程序的一部分，即客户端与数据库服务器端的通信通过私有进程的方式进行，该方式的优点在于用户程序和数据库紧耦合在一起，方便应用的部署和提高效率；libmysqld 方式更为精简和高效；降低维护成本；终端用户无需关心 mysql 数据库。但是该方式的缺点是在同一时刻只能有一个程序连接该数据库等。

上述两种方式的 API 接口都是一样的，这里采用第一种方式。

获得 mySQL C API 的两种方法为：

（1）安装 MySQL 服务器版，该版本包含了上述两种 API 接口方式；

（2）安装 MySQL Connector/C 发布版，其只包含第一种方式。

10.1.3　MySQL C API 的使用

为了简单起见，假设在某电脑上安装 MySQL 服务器版本，下面的例子和该服务器运行在同一台服务器中，具体的安装方式取决于用户所使用的 Linux 发行版，这里采用第一种方式实现客户端和数据库服务器的通信。在编译使用 MySQL 的 C API 的客户端程序时，需要链接到相应的库文件。mysql 的库文件有两种形式：以 libmysqlclient.a 命名的静态库文件和以 libmysqlclient.so 命名的动态链接库文件。

在构建 MySQL C 客户端程序时，需要注意以下操作。

（1）在编译命令中通过-I 选项告诉编译器程序中所使用的头文件的位置，例如，如果头文件存放在/usr/local/mysql/include 中，则编译命令中需要增加选项：

```
-I /usr/local/mysql/include。
```

（2）编译时，需要通过选项-lmysqlclient –lz 告诉编译器使用 mysql 的库文件。

（3）编译时，需要通过-L 选项告诉编译器从何处查找库文件，例如，假设库文件在/usr/local/mysql/lib 目录下，则使用下列参数：

```
-L /usr/local/mysql/lib -lmysqlclient -lz。
```

10.2　Linux 数据库编程基本方法

Linux 数据库 C 编程的基本使用方法如图 10.1 所示。首先定义并初始化与数据库连接和操作相关的数据结构变量；其次建立到数据库的连接；接着执行相应的 DDL 操作，如 select/delete/insert/update 等语句；最后关闭数据库连接释放资源。

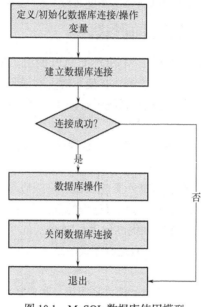

图 10.1 MySQL 数据库使用模型

10.3 MySQL 数据库数据结构及 API

MySQL 提供的 C API 接口中描述了一些基本的数据结构和 API，这些是利用 C 对 MySQL 操作的基础，我们这里从数据结构和 API 分别介绍。

10.3.1 数据结构

（1）MYSQL：该数据结构代表到数据库的一个连接，几乎所有的 MySQL 操作函数都用到该数据结构。

（2）MYSQL_RES：该数据结构代表数据库操作返回的结果集。

（3）MYSQL_ROW：该数据结构代表数据表中的一行数据。

（4）MYSQL_FIELD：该数据结构包括了关于数据表中字段的元数据信息，例如字段名称、字段类型、字段大小等。具体细节可查看 MySQL 文档。

（5）MYSQL_FIELD_OFFSET：该数据结构代表字段集中的偏移量，即一行数据包括多个字段，第一个字段编号为 0，该结构表示其他字段相对第一个字段的偏移量。

（6）my_ulonglong：用来表示数据表中行数的字段，它的取值范围为 0~1.8e19。

（7）my_bool:mysql 中的布尔类型。

10.3.2 MySQL 操作 API

对 MySQL 数据库进行操作的主要 C API 见表 10.1。这里只列出部分最主要的函数。

表 10.1　　　　　　　　　　　　　　　　MySQL 函数

函 数 名 称	函 数 描 述
mysql_init()	初始化一个 MySQL 结构
mysql_library_init()	初始化 MySQL C API
mysql_library_end()	结束 MySQL C API
mysql_real_connect()	连接到指定的 MySQL 服务器
mysql_query()	执行一个以空字符结尾的 SQL 查询字符串
mysql_real_query()	执行一个可被计数的 SQL 查询字符串
mysql_store_result()	返回 SQL 语句执行结果的结果集给客户
mysql_free_result()	释放结果集使用的内存
mysql_affected_rows()	执行 SQL 查询语句影响的行数
mysql_num_rows()	返回一个结果集中行的数量
mysql_num_fields()	返回一个结果集中列的数量
mysql_fetch_row()	从结果集中取得下一行
mysql_fetch_lengths()	返回当前行中所有列的长度
mysql_fetch_fields()	返回所有字段结构的数组
mysql_get_server_info()	返回服务器信息
mysql_get_client_info()	返回客户端信息
mysql_get_host_info()	返回描述连接信息
mysql_fetch_field()	返回表的下一个字段的类型
mysql_fetch_field_direct()	返回字段编号所指定的字段的类型
mysql_errno()	返回最近被调用的 MySQL 函数的出错编号
mysql_error()	返回最近被调用的 MySQL 函数的出错消息
mysql_close()	关闭到数据库服务器连接
mysql_change_user()	改变在一个打开的连接上的用户和数据库
mysql_create_db()	创建一个数据库（不推荐使用该函数，使用 CREATE 语句）
mysql_drop_db()	删除一个数据库（不推荐使用该函数，使用 DROP 语句）
mysql_select_db()	选择服务器中某个数据库
mysql_thread_id()	返回当前线程的 ID
mysql_kill()	杀死一个给定的线程
mysql_list_dbs()	返回与指定的正则表达式匹配的数据库名
mysql_list_tables()	返回与指定的正则表达式匹配的数据表名
mysql_list_fields()	返回与指定正则表达式匹配的列名
mysql_num_fields()	获取结果集中的列数
mysql_num_rows()	获取结果集中的行数
mysql_sqlstate()	返回最近的 SQLSTATE 错误代码
mysql_ping()	检查对服务器的连接是否正在工作，必要时重新连接
mysql_set_character_set()	设置当前连接默认字符集，在保存中文等字符时需要使用该 API

续表

函 数 名 称	函 数 描 述
mysql_row_tell()	获得当前行游标位置，即当前可以被读取的行在结果集的位置
mysql_row_seek()	定位到结果集的某个游标位置上
mysql_more_results()	是否还有行可读
mysql_commit()	提交本次事务
mysql_rollback()	退回本次事务
mysql_shutdown()	关闭数据库服务器

1. MySQL API 的一般用法

根据上述 API，一个 MySQL 客户端程序使用这些 API 的基本过程如下：

（1）通过调用函数 mysql_library_init()初始化 MySQL 库，在编译时，需要使用-libmysqlclient 或者-libmysqld 标记，前者为独立的 MySQL 服务器，后者为嵌入应用程序中的 mysql 服务器；

（2）调用函数 mysql_init 初始化到数据库的连接并调用函数 mysql_real_connect()连接服务器；

（3）执行 SQL 语句并处理执行结果；

（4）调用 mysql_close()关闭到 MySQL 服务器的连接；

（5）调用 mysql_library_end()函数结束 MySQL 库的使用。

使用 mysql_library_init()和 mysql_library_end()这两个函数的目的在于初始化和终止 MySQL 库的使用。对于嵌入式服务器的情况，这两个函数还有启动和停止数据库服务器的功能。在单线程情况下，mysql_library_init()函数可不调用，mysql_init()会自动调用它。mysql_library_init()和 mysql_init()是线程不安全的，因此，务必在创建新线程之前调用该函数或者通过互斥锁机制保护该函数的安全使用。

接下来通过 mysql_real_connect()函数通过指定 mysql 服务器地址、用户名和密码等信息来连接到服务器上。

连接成功后，可执行 SQL 操作，对于非 select 操作，如 INSERT、UPDATE、DELETE 等操作可通过函数 mysql_affected_rows()得到影响的行数。对于 select 操作，将查询结果以结果集返回给客户端，客户端可通过两种方法处理结果集：一种是通过函数 mysql_store_result()将结果集所有数据一次返回给客户端；另外一种是通过函数 mysql_use_result()一行一行地检索结果集并返回给客户端。这两种方法各有利弊，前者将数据全部返回给客户端，对数据的一行一行处理全部在客户端上执行，可节省服务器的资源。客户端可通过函数 mysql_data_seek() 或者 mysql_row_seek()改变当前读取行的位置，因此更加灵活，只是在返回数据时，占用网络带宽和客户端的内存资源，对于客户端而言，一般采用该方式。而第二种方式客户端每次从服务器读取一行数据到客户端进行处理，节省网络带宽和客户端内存资源的占用，但是占用服务器资源，因为服务器需要长时间保存该结果集，另外，只能一行一行地按照顺序读取数据，无法随机读取。这两种方式可根据应用的实际需求选择合适的方法。当 mysql_query 执行失败时，为了避免在执行 SQL 操作时区分 select 和非 select 操作，可使用函数 mysql_field_count()。使用方法如图 10.2 所示。

2. MySQL API

下面只列出基本的 API。

第 10 章 Linux 下的数据库编程

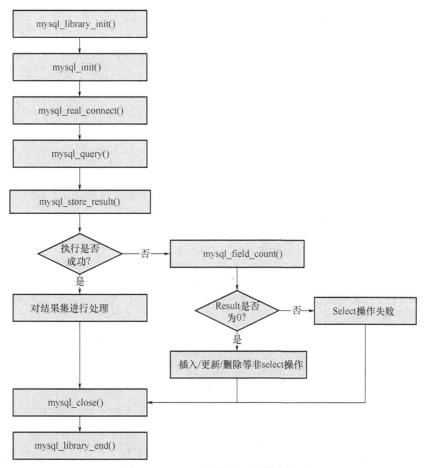

图 10.2 MySQL 数据库 API 使用流程

（1）mysql_library_init：库初始化

```
#include<mysql.h>
int mysql_library_init(int argc, char **argv, char **groups)
```
参数：argc 和 argv 类似于 main 函数的 argc 和 argv，主要用于向嵌入的数据库服务器传递参数。
典型用法：mysql_library_init(0, NULL, NULL)。
返回值：0 表示执行成功，非 0 表示执行失败

（2）mysql_init：数据库初始化

```
#include <mysql.h>
MYSQL *mysql_init(MYSQL *mysql);
```
返回值：成功返回初始化后的 MySQL 句柄；错误返回 NULL，表示没有足够内存可分配

（3）mysql_real_connect：数据库连接

```
#include <mysql.h>
MYSQL *mysql_real_connect(MYSQL *mysql, const char *host, const char *user, const char *passwd, const char *db, unsigned int port, const char *unix_socket, unsigned int client_flag)
```
参数：(1) mysql，初始化后的 MYSQL 对象；(2) host，数据库 IP 地址或者主机名称；(3) user，数据库用户名；(4) passwd，口令；(5) db，连接的数据库名；(6) port，连接服务器端口号；(7) unix_socket，指定连接使用的套接字或者命名管道；(8) client_flag 客户标识，该标识可用来指定一些功能，例如 CLIENT_COMPRESS 表示采用压缩协议，该参数一般情况下为 0。

返回值：成功返回 MySQL 连接句柄；错误返回 NULL。这里简单列出一些错误。

CR_CONN_HOST_ERROR 连接服务器失败

CR_CONNECTION_ERROR 连接本地服务器失败

CR_IPSOCK_ERROR 创建 IP socket 失败

CR_OUT_OF_MEMORY 内存不足

CR_SOCKET_CREATE_ERROR 创建 SOCKET 失败

下列代码演示了该函数的使用：

```
mysql_init(&mysql);
if (!mysql_real_connect(&mysql,"host","user","passwd","database",0,NULL,0))
{
    fprintf(stderr, "Failed to connect to database: Error: %s\n",
    mysql_error(&mysql));
}
```

（4）mysql_real_query：执行数据库操作

```
#include <mysql.h>
int mysql_real_query(MYSQL *mysql, const char *query)
```

参数：(1) mysql, 连接的 MYSQL 句柄；(2) query, 查询命令，以'\0'为结束的字符串作为 SQL 语句操作。(3) length 命令长度。

返回值：成功返回 0，错误返回非 0

返回错误：

CR_COMMANDS_OUT_OF_SYNC 命令未按指定顺序执行

CR_SERVER_GONE_ERROR MySQL 服务器已经不再提供服务

CR_SERVER_LOST 执行 SQL 操作期间，连接失效

CR_UNKNOWN_ERROR 未知错误发生

执行由参数 query 指向的 SQL 查询，它应该是一个 length 个字节的字符串。查询必须由一个单个的 SQL 语句组成。如果允许使用多条语句，则这些语句在 query 参数中由分号分割。

（5）mysql_store_result：保存查询结果

```
#include <mysql.h>
MYSQL_RES *mysql_store_result(MYSQL *mysql)
```

参数：mysql：建立连接成功的 MYSQL 类型

返回值：成功返回 SQL 操作执行的结果，错误返回 NULL

保存执行结果成功后，可调用 mysql_num_rows() 得到结果集合的行数，调用 mysql_fetch_row() 从结果集合中取出行，还可使用 mysql_row_seek 或者 mysql_row_tell 定位或者查找行的位置。使用完结果集后必须调用 mysql_free_result() 释放查询结果以释放内存资源。当发生错误后，可调用 mysql_error() 得到错误信息。

（6）mysql_fetch_row：获取一行内容

```
#include <mysql.h>
MYSQL_ROW mysql_fetch_row(MYSQL_RES *result)
```

返回值：成功返回一行的 MYSQL_ROW 结构，错误返回 NULL

检索结果集合的下一行。在 mysql_store_result() 之后使用，如果没有更多的行时，mysql_fetch_row() 返回 NULL。假设用 row 表示该调用返回的结果，则访问第一行可通过 row[0] 访问，row[mysql_num_fields(result)-1] 则为最后一行。下列代码演示了如何通过该函数遍历数据表数据的功能。

```
MYSQL_ROW row;   //保存返回的结果集
```

```
unsigned int num_fields;     //列数
unsigned int i;              //循环变量
……//执行查询
num_fields = mysql_num_fields(result);      //获得列数
while ((row = mysql_fetch_row(result)))     //从结果集取得一行,并判断该行是否为NULL
{
    unsigned long *lengths;
    lengths = mysql_fetch_lengths(result);  //以数组获得当前每一列的长度
    for(i = 0; i < num_fields; i++)         //访问每一列数据
    {
        printf("[%.*s] ", (int) lengths[i],
               row[i] ? row[i] : "NULL");
    }
    printf("\n");
}
```

（7）mysql_fetch_field：获取内容

```
#include <mysql.h>
MYSQL_FIELD *mysql_fetch_field(MYSQL_RES *result)
```
返回值：成功返回当前列的 MYSQL_FIELD 结构，当没有更多的列时，返回 NULL
因此，访问每行数据中每一列的数据可采用下列代码：
```
MYSQL_FIELD *field;
while((field = mysql_fetch_field(result)))
{
    printf("field name %s\n", field->name);
}
```

可采用 MYSQL_FIELD *mysql_fetch_fields(MYSQL_RES *result) 以数组的形式获得一行的所有列数据。其用法可采用如下代码：

```
unsigned int num_fields;
unsigned int i;
MYSQL_FIELD *fields;
num_fields = mysql_num_fields(result);
fields = mysql_fetch_fields(result);                    //获取当前行的所有列
for(i = 0; i < num_fields; i++)
{
    printf("Field %u is %s\n", i, fields[i].name);     //打印列的名称
}
```

（8）mysql_num_fields：查询列的数量

```
#include <mysql.h>
unsigned int mysql_num_fields(MYSQL_RES *result)
unsigned int mysql_num_fields(MYSQL *mysql)
```
返回值：返回结果集合中列的数量，第一种用法的参数是执行 MySQL 操作后的结果集，第二种用法是建立连接后的 MYSQL 类型。

（9）释放查询结果的内存

```
#include <mysql.h>
void mysql_free_result(MYSQL_RES *result)
```

（10）创建数据库

```
#include <mysql.h>
int mysql_create_db(MYSQL *mysql, const char *db)
```
返回值：成功返回 0，错误返回非 0

创建一个名称为 db 数据库。

（11）删除数据库

```
#include <mysql.h>
int mysql_drop_db(MYSQL *mysql, const char *db)
```
返回值：成功返回 0，错误返回非 0
参数：（1）mysql 连接的句柄；（2）db 要删除的数据库名称

（12）关闭连接

```
#include <mysql.h>
void mysql_close(MYSQL *mysql)
```
关闭打开了的服务器连接。

（13）返回错误

```
#include <mysql.h>
unsigned int mysql_errno(MYSQL *mysql)
```
返回值：错误代码值，如果没有错误发生返回 0
```
#include <mysql.h>
char *mysql_error(MYSQL *mysql)
```
返回值：一个描述错误的字符串，如果没有错误发生返回空字符串

这两个系统调用分别返回最近的操作函数执行发生的错误代码和错误信息。

（14）行位置

```
#include <mysql.h>
MYSQL_ROW_OFFSET mysql_row_seek(MYSQL_RES *result, MYSQL_ROW_OFFSET offset)
```
参数：result 查询结果集；offset 指行位置偏移量，是 mysql_row_tell 返回值或者 mysql_row_seek 的返回值。该值不是整型值，如果想使用数字作为偏移量，可使用 mysql_data_seek 函数代替，其作用是一样的。
返回值：之前的行位置

将结果集 result 的行游标设置到指定的位置上。该函数可让客户端在结果集中任意位置读取行数据，不需从第一行开始。该函数只能用在使用 mysql_store_result()获取结果集的情况下。

```
#include <mysql.h>
MYSQL_ROW_OFFSET mysql_row_tell(MYSQL_RES *result)
```
返回结果集中当前的行位置。

（15）事务处理

在执行对数据表添加、修改、删除等操作后，可通过 mysql_commit()函数将更改结果保存到数据库中，也可通过 mysql_rollback()函数取消修改。

```
#include <mysql.h>
my_bool mysql_commit(MYSQL *mysql);  提交当前的事务，成功返回 0，不成功返回非 0。
my_bool mysql_rollback(MYSQL *mysql);  回退当前的事务，成功返回 0，不成功返回非 0。
```

10.4 MySQL 数据库编程实例

下面通过一个简单学生信息管理系统实例演示 MySQL 数据库的基本使用，包括数据库的创建、数据表创建、记录的插入、记录的删除、记录的查询等基本操作。

该学生信息管理系统通过 MySQL 数据库保存学生基本信息，例如，学号、姓名、性别、邮箱、院系等信息。因此，第一步，首先设计保存该信息的数据库名称为 student，其次建立保存

学生基本信息的表格名称为 stuinfo，其基本结构见表 10.2。

表 10.2　　　　　　　　　　　　　stuinfo 表

字 段 名 称	字 段 描 述	字 段 类 型
stuid	学号	INT
stuname	姓名	TEXT
gender	性别	TEXT
mailbox	邮箱	TEXT
studep	所在院系	TEXT

创建上述表格的 SQL 语句可以写为：

```
CREATE TABLE stuinfo(stuid INT, stuname TEXT, gender TEXT,mailbox TEXT,studep TEXT);
```

【例 10-1】学生信息记录系统。

```c
/*stuinfo.c*/
#include "mysql.h"
#include <stdio.h>
#include <stdlib.h>
#include <string.h>
struct student        //对应于表的列属性
{
int id;               //学号
char name[20];        //姓名
char sex[6];          //性别
char mailbox[40];     //邮箱地址
char studep[100];     //所在院系
};

/*初始化数据库*/
MYSQL * initial(MYSQL *con){

    if (mysql_library_init(0, NULL, NULL)) {
    fprintf(stderr, "Could not initialize MySQL library.\n");
    return ;
    }
        con = mysql_init(NULL);
    return con;
}
/*连接数据库*/
MYSQL * myconnect(MYSQL *con,char *username,char *passwd,char *hostip,char *db){

    if( mysql_real_connect(con,"localhost","root","root",db, 0, NULL, 0)==NULL ) {
    printf("connect failed\n");
    }
    return con;
}

void createDB(MYSQL *con,char *cmd) {

    if (mysql_query(con,cmd))
    {
```

```c
            printf("createDB failed");
    }
    else
        printf("Create Database successful\n");
}
void createTable(MYSQL *con,char *db,char *cmd){

    if ( mysql_select_db(con,db) ){
        printf("select DB failed\n");
    }
    if (mysql_query(con,cmd))
    {
        printf("createTAble failed\n");
    }
    else
        printf("Create table successful\n");
}
void displayTable(MYSQL *con,char *query)
{
    MYSQL_RES *mysql_res;
    MYSQL_ROW mysql_row;
    int i,j;
    int num_row,num_col;
    if( ( mysql_real_query(con, query, (unsigned int)strlen(query))) != 0){
        printf("Query failed\n");
    }
    // 保存查询结果
    if ( (mysql_res = mysql_store_result(con) ) == NULL ){
        printf("Store result failed\n");

    }
// 获取查询结果的行数、列数
    num_row = mysql_num_rows(mysql_res);
    num_col = mysql_num_fields(mysql_res);
    printf("row number = %lu, col number = %lu\n", num_row, num_col);
    printf("**************************************************\n");
// 逐行显示结果
    for(i=0; i<num_row; i++){
// 从保存的查询结果中获取下一行内容
    if ((mysql_row = mysql_fetch_row(mysql_res)) == NULL){
            break;
        }
    // 获取列长度的数组
    mysql_fetch_lengths(mysql_res);
    for(j=0; j<num_col; j++){
        //printf("Column[%u] length=%lu\n", j, lengths[j]);
        // 打印一行中各列的值
        printf("%s\t", mysql_row[j]?mysql_row[j]:"NULL");
        }
    printf("\n");
    }
    printf("**************************************************\n");
    // 释放保存的查询结果
    mysql_free_result(mysql_res);
```

```c
    }
    void insertData(MYSQL *con){
      struct student student1;
      char query[1024];
      printf("please input student id : \n");
    scanf("%d", &student1.id);
    getchar();
    printf("please input student name:\n ");
    scanf("%s", student1.name);
    getchar();
    printf("please input student sex(male/female):\n ");
    scanf("%s", student1.sex);
    getchar();
    printf("please input student phone: \n");
    scanf("%s", student1.mailbox);
    getchar();
    printf("please input student department: \n");
    scanf("%s", student1.studep);
    getchar();
    sprintf(query, "insert into stuinfo(id, stuname, gender,mailbox,studep) values(%d,
'%s', '%s', '%s', '%s')", student1.id, student1.name, student1.sex, student1.mailbox,
student1.studep);
      if( ( mysql_real_query(con, query, (unsigned int)strlen(query))) != 0 ){
         mysql_rollback(con);
         printf("insert failed\n");
      }
      mysql_commit(con);
      displayTable(con,"select * from stuinfo");
      }
      void deleteData(MYSQL *con){
         int id;
         char query[1024];
         printf("please input student id to be deleted\n");
         scanf("%d",&id);
         sprintf(query, "delete from stuinfo where id=%d",id);
     if( ( mysql_real_query(con, query, (unsigned int)strlen(query))) != 0 ){
        mysql_rollback(con);
        printf("delete failed\n");
       }
    mysql_commit(con);
    if ( mysql_affected_rows(con)>0 )
      printf("delete successful\n");
    displayTable(con,"select * from stuinfo");
    }
    int menu(){
       int choose;
      {
        printf("********************************\n");
        printf("******student information system****\n");
        printf("********************************\n");
        printf("1.  create database\n");
        printf("2.  create table\n");
        printf("3.  insert data\n");
        printf("4.  delete data\n");
        printf("5.  update data\n");
        printf("please input choose\n");
```

```
        scanf("%d",&choose);
        getchar();
        return choose;
      }
    }
    void handleMenu(MYSQL *mysql){
      int choose;
      while (1) {
        choose=menu();
        switch(choose) {
        case 1:  createDB(mysql,"create database student");break;
        case 2:  createTable(mysql,"student","create table stuinfo(id INT, stuname TEXT,
gender TEXT,mailbox TEXT,studep TEXT)");break;
        case 3:  insertData(mysql); break;
        case 4:  deleteData(mysql); break;
        case 5:  //updateData(mysql); break;
        case 0:  printf("exit\n"); return; break;
        }
      }
    }
    int main(void)
    {
      MYSQL *mysql_handle=NULL;
      mysql_handle=initial(mysql_handle);
      if ( NULL==mysql_handle ) {
           fprintf(stderr, "%s\n","initialize failed");
           exit(1);
        }
       mysql_handle=myconnect(mysql_handle,"root","root","localhost","");
      handleMenu(mysql_handle);
      mysql_close(mysql_handle);
      mysql_library_end();
      return(0);
    }
```

使用上述程序的主要步骤如下。

（1）安装 mysql 服务器和客户端，在 Fedora 下使用 yum install mysql-server mysql-client 命令即可安装。

（2）安装 mysql 开发包，在 Fedora 下使用 yum install libmysqlclient-dev。

（3）使用命令 mysql -h localhost -u root –p 连接数据库，然后输入管理人员密码，可登录 mysql 服务器之前务必启动 mysql 服务器。

（4）在 mysql 提示符下输入 show databases 查看所有数据库信息，如图 10.3 所示。

```
mysql> show databases;
+--------------------+
| Database           |
+--------------------+
| information_schema |
| mysql              |
+--------------------+
2 rows in set (0.06 sec)
```

图 10.3 查看数据库

（5）执行命令 gcc –o stuinfo stuinfo.c –L/usr/lib/mysql –llibmysql –I/usr/include/mysql –g，编译该程序。

（6）stuinfo 的主要功能执行过程如图 10.4、图 10.5、图 10.6 所示。

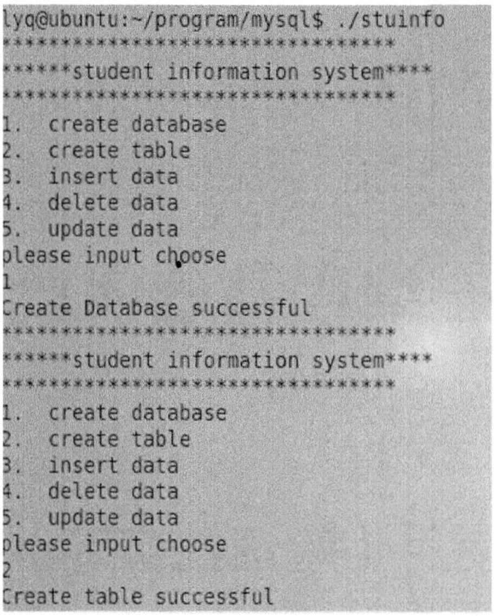

图 10.4　数据库和数据表创建

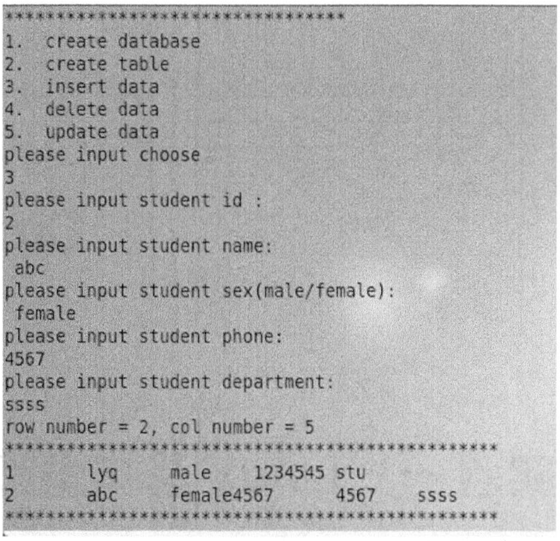

图 10.5　数据插入

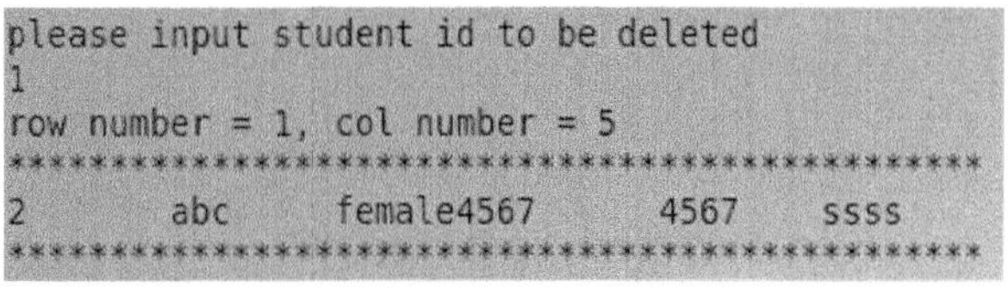

图 10.6　删除编号为 1 的学生记录

总　　结

1. 本章简介了 MySQL 数据库的特点和作用。
2. 简介了在 Linux 下通过 C 语言对 MySQL 进行操作的重要作用和意义。
3. 介绍了 MySQL C API 如何在 Linux 下使用，如何在编译时指定库文件。
4. 介绍了 MySQL C 的数据结构和主要的操作函数。
5. 介绍了对 MySQL 进行编程开发的基本模型和过程。
6. 通过一个实例介绍了 MySQL 的 Linux 环境下的 C 编程实现。

习　　题

1. 简述 Linux 下对 MySQL 进行 C 编程的主要应用场景和作用。
2. 请查阅相关资料，说明 MySQL API 对 MySQL 是否还支持其他数据库功能。例如，如何支持存储过程？
3. 对【例 10-1】进行扩展，增加一个学生成绩表格 score 保存学生成绩，实现对学生成绩的查询、录入、修改功能。当删除一个学生基本信息时，如何级联删除该学生的成绩信息？

附录
Linux 编程基础实验

实验一 Linux 基本命令使用（验证性实验）

1. **实验目的**

（1）了解 Linux 的环境

（2）熟悉 Linux 常用命令

（3）熟悉 VI 编辑器的使用

2. **实验环境**

（1）PC 一台

（2）安装虚拟机版的 Linux 操作系统

3. **实验预习**

（1）熟悉 Linux 操作系统特点

（2）熟悉 Linux 命令的使用方法

（3）熟悉 Linux 的常用命令

（4）了解 VI 编辑器的使用

4. **实验内容**

（1）Linux 基本命令

（2）VI 编辑器的使用

5. **实验步骤**

（1）打开 vmware 软件，启动 Linux 系统。

（2）用 root 用户名和密码登入系统中。

（3）打开一终端窗口，然后在其中输入以下命令实验。

（4）Linux 系统中的帮助命令 man。分别输入 man 1 write；man 2 write；man man，掌握前两种命令的区别，了解 man 帮助命令中的 section 参数含义。

（5）常用操作命令，请分别实验如下命令，见表附.1。

（6）打开 VI 编辑器。在终端中输入 VI 或者 VI filename 名称。如果 file 文件不存在，将建立此文件；如该文件存在，则打开该文件。

（7）VI 提供 2 种工作模式：输入模式（insert mode）和命令模式（command mode）。

表附.1　　　　　　　　　　　　常用命令

命令类型	命令名	功能	使用举例
目录命令	ls	显示当前目录下内容	$ls -l↵
	pwd	显示当前目录	$pwd↵
	cd	转换当前目录	$cd 路径名 $cd； $cd -；↵
	cp	复制文件	$cp 源文件 目标文件↵
	mkdir	创建新目录	$mkdir 目录名↵
	rmdir	删除目录	$rmdir 目录名↵
文件操作	cat	显示及合并文件内容	$cat 文件名； $cat file1 file2
	rm	删除文件	$rm 文件名 注意参数的使用，比如 -i,-f, -p
	mv	移动文件	$mv 源文件 目标文件
	more	分页显示	$ls –l|more↵
	chmod	改变文件权限	$chmod 777 文件名↵
	find	查找文件	$find / *.c 从/目录下查找 c 文件
	grep	文件中查找字符串	$grep aaa file1 ;自己可用 vi 编写一个文件，然后在文件中查找字符串
	tar	压缩文件命令	$tar cvf text.tar *.txt，将所有.txt 文件压缩到 text.tar 文件中
磁盘管理	du	显示目录使用多少空间	$du 目录名称
	df	显示磁盘使用情况	$df –k//如何以 MB 的形式显示磁盘使用情况？查看 man 帮助
管道命令	|	连接多条命令，将前面命令的输出连接到下一条命令的输入	ls –l | grep aaa //查找有 aaa 的行，可实现查找 owner 为 aaa 或者文件名称为 aaa 的文件
			ls –l / | more 分页显示/目录下的所有文件
			ps –o pid ppid,sid,command |cat |cat 仔细分析该命令的结果
重定向命令	>文件名	标准输出重定向到文件中，若文件存在，则覆盖	ls –l > a.txt
	<文件名	标准输入重定向到文件	cat <a.txt
	>>文件名	标准输出重定向到文件中，若文件存在，则追加	ls –al >> a.txt ，此时，查看 a.txt 的内容
系统命令	shutdown	关闭、重启系统	$shutdown –h now
	kill	终止进程命令	$kill -9 进程 pid
	date	显示日期时间	
	who	显示当前在线用户	
	clear	清屏	$clear↵
	adduser	创建新用户	#adduser↵
	ps	显示进程状态	$ps↵

使用者进入 VI 后，即处在命令模式下，此刻键入的任何字符皆被视为命令，可进行删除、修改、存盘、查找、替换等操作。要输入信息，应转换到输入模式。

（8）根据表附.2 命令均可进入编辑模式指令。

表附.2

a(append)	在光标之后加入资料
A	在该行之末加入资料
i(insert)	在光标之前加入资料
I	在该行之首加入资料
o(open)	新增一行于该行之下，供输入资料用
O	新增一行于该行之上，供输入资料用

（9）使用 Esc 命令从编辑模式进入一般或者命令模式。以表附.3 命令文件保存、退出 VI。

表附.3

：q!	离开 VI，并放弃刚在缓冲区内编辑的内容
：wq	将缓冲区内的资料写入磁盘中，并离开 VI
：ZZ	同 wq
：x	同 wq
：w	将缓冲区内的资料写入磁盘中，但并不离开 VI
：w 文件名	以文件名保持当前文件
：q	离开 VI，若文件被修改过，则要被要求确认是否放弃修改的内容，此指令可与：w 配合使用

（10）vi 下的光标移动命令见表附.4。

表附.4　　　　　　　　　　　　　光标移动命令

移动光标 h、j、k、l。	分别控制光标左、下、上、右移一格
Ctrl+b：	上滚一屏
Ctrl+f：	下滚一屏
Ctrl+d：	下滚半屏
Ctrl+u：	上滚半屏
G：	移到文件最后
w：	移到下个字的开头
b：	跳至上个字的开头

（11）删除命令见表附.5。

表附.5　　　　　　　　　　　　　删除命令

x：	删除当前光标所在后面一个字符
#x：	删除当前光标所在后面#个字符。例如，5x 表示删除 5 个字符
dd：	删除当前光标所在行
#dd：	删除当前光标所在后面#行。例如，5dd 表示删除自光标算起的 5 行
X：	删当前光标的左字符
D：	删至行尾

（12）更改及替代命见表附.6。

表附.6　　　　　　　　　　　更改及替换命令

命令	功能
cw:	更改光标处的字到此单字的字尾处
c#w:	例如，c3w 表示更改 3 个字
cc:	修改行
C:	替换到行尾
r:	取代光标处的字符
R:	取代字符直到按 ESC 为止

（13）复制及复原命令见表附.7。

表附.7　　　　　　　　　　　复制命令

命令	功能
yw:	拷贝光标处的字到字尾至缓冲区
p:	把缓冲区的资料贴上来
yy:	拷贝光标所在之行至缓冲区
#yy:	例如，5yy，拷贝光标所在之处以下 5 行至缓冲区
u:	复原至上一操作
g:	列出行号及相关信息

（14）vi 查找和替换命令见表附.8。

表附.8　　　　　　　　　　　查找及替换命令

命令	功能
/word	向后寻找字符串"word"
?word	向前寻找字符串"word"
:n1,n2s/word1/word2/g	替换 n1 行至 n2 行之间的字符串 word1 为 word2
:1,$s/word1/word2/g	全文本替换字符串 word1 为 word2
:g/word1/s/word2/g	将字符串 word1 替换为 word2

（15）从本步骤开始操作。输入文字。

① Shell 提示符下输入 VI 命令。

② 输入"a"或者"i"转换到编辑模式。

③ 输入"I am a Chinese boy."回车。

④ 输入"I like UNIX."。

⑤ 键入"Esc"，返回一般模式。

（16）替换其中的文字。

① 将光标移动到"am"的 a 下。

② 键入"cw"进入编辑模式。

③ 输入"are"后，键入"Esc"键返回一般模式。

I are a Chinese boy

I like UNIX

（17）在上述 VI 文件中查找字符串"I"。

① 在一般模式下，键入"/I"。光标即转移到字符"I"处。

② 键入"n"，光标到下一个"I"处。

（18）将上述 vi 文件中的"I"替换为"You"。

① 在一般模式下，键入":1,$s/I/You/g"，回车。

② 即可看到更改后的结果。

（19）复制及删除。

① 在一般模式下，移动光标到第 1 行。

② 输入 dd 命令。

③ 移动光标到"You like UNIX"行末。

④ 输入 yy 将其拷贝到缓冲区中。

⑤ 移动光标到目标位置，输入 p 即可将缓冲区内容粘贴到此处。结果为：

You like UNIX

You like UNIX

⑥ 输入 2yy，将上述两行也复制，然后也粘贴到文末。

You like UNIX

You like UNIX

You like UNIX

You like UNIX

（20）保存及退出。

① 在一般模式下输入 :w a.txt，将其保存为 a.txt 文件。

② 输入:q 退出 VI。

或者

输入 q! 强制退出，不保存。

6. 实验思考

（1）请比较 Linux 的命令模式和 Windows 的所见即所得模式各自的特点和优势。

（2）请分析 Linux 环境下如何采用命令方式配置网卡的 IP 地址、网关和掩码。

（3）重定向是由 Shell 程序实现的还是由被执行的命令本身实现的？为什么？并分析重定向的原理是什么？

（4）请简要分析管道的原理和实现过程。

实验二　Linux Shell 编程（设计性实验）

1. 实验目的

（1）熟悉 Shell 环境和 Shell 的执行

（2）熟悉 Shell 的基本语法和语句

（3）了解 Shell 程序的调试方法

2. 实验环境

（1）PC 一台

（2）安装虚拟机版的 Linux 操作系统

3. 实验预习

(1) 熟悉 Shell 语法

(2) 熟悉 Shell 控制语句

(3) 熟悉 Shell 基本实例

(4) 了解 Shell 的调试

4. 实验内容

(1) 编写 Shell 程序

(2) 调试和执行 Shell 程序

5. 实验步骤

编写实现如下两个题目的要求:

(1) 编写一个 Shell 程序,从/etc/passwd 文件中读取出所有的系统用户名称和用户所属的组名称。(有多种方法,要求务必使用教材中的知识编程实现,当然也可以尝试 sed、awk 等其他方法。)

(2) 将某目录下面所有的文件名后面加上所有者的名字,如 a.txt 的所有者为 owner,修改后为 a[owner].txt 文件。

基本要求:

① 使用方法为 usage: 程序名称 目录名称

若没有"目录名称"参数,则修改当前目录下文件名称。

② 对目录中的子目录不做变化。

③ 给出实验结果。

选作要求:

① 对目录中的子目录也执行同样功能,也就是说递归执行;

② 将修改后的文件的名称复原,即将 a[owner].txt 文件名称改为 a.txt。

6. 实验思考

(1) 请问,和高级语言相比,Shell 编程有什么特点?

(2) 如果采用 C 语言实现上述两个题目的要求,请问,和 Shell 相比,哪个工作量会更大些?并思考在何种情况下使用高级语言编写程序实现自己需要的功能,在何种情况下采用 Shell 程序实现?

实验三　Makefile 实验(验证性和设计性)

1. 实验目的

(1) 了解 Linux 的环境

(2) 熟悉 Linux 常用命令

(3) 熟悉 VI 编辑器的使用

2. 实验环境

(1) PC 一台

(2) 安装虚拟机版的 Linux 操作系统

3. 实验预习

（1）熟悉 Makefile 的原理

（2）熟悉 make 命令的使用

（3）熟悉 Makefile 中的规则编写

4. 实验内容

（1）make 命令的使用

（2）Makefile 文件的编写

5. 实验步骤

（1）为单个文件编写 makefile，假设当前有一个名为 hello.c 的程序，代码如下：

编写 hello.c 程序

```
#include <stdio.h>
int main(void)
{
      printf("Hello world!\n");
      return 0;
}
```

（2）在 hello.c 所在目录编写 Makefile，其内容如下：

```
=====makefile 开始======
CC = gcc
all:hello.o
    $(CC) -o hello hello.o
hello.o:hello.c
    $(CC) -c -o hello.o hello.c
clean:
    rm *.o hello
```

（3）执行命令 make all 并查看当前目录下是否有 hello 和 hello.o 文件，并说明为什么。

（4）再次执行 make all，查看此时显示的提示，并解释出现该现象的原因。

（5）执行 make clean。

（6）再执行 make all，此时显示的内容是什么？并解释和步骤 4 不同的原因是什么？

（7）为多个文件编写 Makefile，假设有 menu.c，music.c，picture.c，menu.h 4 个文件，menu.c 文件内容如下：

```
#include<stdio.h>
#include"menu.h"
int main(void)
{
   int choice;
   printf("----welcome you ! -----\n");
   printf(" *** 1  music!   ***\n");
   printf(" *** 2  picture! ***\n");
   printf("----have a choice!-----\n");
   scanf("%d",&choice);
   switch(choice)   {
          case 1:
             music();
             break;
          case 2:
             picture();
             break;
```

```
        }
        printf("Good Bye!\n");
          return 0;
}
```

music.c 文件内容如下:

```
#include<stdio.h>
void music(void)
{
    printf("Listen to music!\n");
}
```

picture.c 文件内容如下:

```
#include<stdio.h>
void picture(void)
{
    printf("Have a look at picture!\n");
}
```

menu.h 文件内容如下:

```
void music(void);
void picture(void);
```

(8) 根据上述文件之间的依赖关系，编写如下 Makefile:

```
CC=gcc
all:menu.o music.o picture.o
  $(CC) menu.o music.o picture.o -o menu
menu.o:menu.c menu.h
  $(CC) -c menu.c -o menu.o
music.o:music.c
  $(CC) -c music.c -o music.o
picture.o:picture.c
  $(CC) -c picture.c -o picture.o
    clean:
rm *.o
```

(9) 执行 make all 命令，查看执行结果。

(10) 将上述 Makefile 根据 Makefile 内部变量进行改变，改为下面的内容重新执行 make:

```
CC=gcc
all:menu.o music.o picture.o
  $(CC) $^ -o menu
menu.o:menu.c menu.h
  $(CC) -c $< -o $@
music.o:music.c
  $(CC) -c $< -o $@
picture.o:picture.c
  $(CC) -c $< -o $@
clean:
  rm *.o menu
```

(11) 继续将上述 Makefile 改为采用隐式规则执行，如下所示:

```
CC=gcc
all:menu.o music.o picture.o
  $(CC) $^ -o menu
%.o:%.c
  $(CC) -c -o $@ $<
clean:
  rm *.o menu
```

6. 实验思考

（1）请简述 make 的执行过程和原理。

（2）什么是伪目标？它的作用是什么？

实验四　　GCC/GDB 实验

1. 实验目的

（1）了解 Linux 的编译调试环境

（2）熟悉 GCC 的使用

（3）熟悉 GDB 的使用

2. 实验环境

（1）PC 一台

（2）安装虚拟机版的 Linux 操作系统

3. 实验预习

（1）熟悉 GCC 的基本用法

（2）熟悉 GDB 的基本用法

4. 实验内容

（1）GCC/GDB 基本用法

（2）GDB 调试功能

（3）静态库和动态库的创建和使用

实验内容一，GCC/GDB 基本用法，步骤如下：

（1）输入如下程序并将其保存为 test.c：

```
#include <stdio.h>
main()
{
   int i,j;
   j=0;
   for (i=0;i<10;i++)
   {
       j+=5;
      printf("now a==%d\n",j);
   }
}
```

（2）使用 gcc –g test.c 命令编译生成可执行文件 a.out。

（3）执行 Gdb a.out 命令。

（4）输入 list 命令。

（5）输入 break 8 命令。

（6）输入 run 命令。

（7）输入 awatch j 命令。

（8）输入 cont 命令。

（9）查看显示结果。

（10）输入 quit 命令。

（11）执行 gdb a.out 命令。

（12）输入 break 8 命令。

（13）输入 ignore 1 3 命令。

（14）输入 run 命令。

（15）输入 cont 命令。

（16）输入 quit 命令。

（17）执行 gdb a.out 命令。

（18）输入 break 6 命令。

（19）输入 display j*2 命令。

（20）输入 run 命令。

（21）输入 cont 命令。

（22）输入 info display 命令。

（23）输入 set j=500 命令。

（24）输入 cont 命令。

（25）输入 exit 命令。

实验内容二，动态/静态链接库文件的生成，步骤如下：

输入如下程序代码段：

```
/*main.c*/
#include "mytool1.h"
#include "mytool2.h"
int main(int argc, char **argv)
{
mytool1_print("hello");
mytool2_print("hello");
}

/*mytool1.c*/
#include "mytool1.h"
void mytool1_print(char *print_str)
{
printf("This is mytool1 print %s\n",print_str);
printf("In mytool1\n");
printf("In mytool1\n");
printf("In mytool1\n");
printf("In mytool1\n");
}

/*mytool2.c*/
#include "mytool2.h"
void mytool2_print(char *print_str)
{
printf("This is mytool2 print %s\n",print_str);
printf("In mytool2\n");
printf("In mytool2\n");
printf("In mytool2\n");
printf("In mytool2\n");
printf("In mytool2\n");
}
```

```
/*mytool1.h*/
#ifndef _MYTOOL_1_H
#define _MYTOOL_1_H
void mytool1_print(char *print_str);
#endif

/*mytool2.h*/
#ifndef _MYTOOL_2_H
#define _MYTOOL_2_H
void mytool2_print(char *print_str);
#endif
```

使用静态库执行步骤：

（1）执行如下命令，将源代码编译成.o 文件

```
gcc -c mytool1.c  mytool1.h 得到 mytool1.o 目标文件
gcc -c mytool2.c 得到 mytool2.o mytool2.h 目标文件
```

（2）由.o 文件生成静态库文件

```
ar cr libmylib.a mytool2.o mytool1.o
```

其中，mylib 为静态库的名称

（3）使用上述生成的静态库里面定义的函数

```
gcc -o main main.c -L. -lmylib
```

（4）执行./main 命令。

（5）使用 ls –l main 命令查看 main 文件的大小。

（6）执行命令 rm libmylib.a 删除静态库文件。

（7）重新执行./main 命令，查看结果。

使用动态库执行步骤：

（1）gcc -shared –fPCI -o libmylib.so mytool2.o mytool1.o;

（2）使用该链接库编译 main 程序

```
gcc -o main main.c -L. -lmylib;
```

（3）ls -l main 查看 main 文件的大小，发现比使用静态库的文件要小；

（4）要将 libmylib.so 文件拷贝到/usr/lib 目录中或者执行命令把当前目录添加到库搜索路径中：

```
export LD_LIBRARY_PATH=$LD_LIBRARY_PATH:;
```

（5）./main 执行程序；

（6）rm libmylib.so 删除该动态库文件。

执行./main 程序，并解释为什么？

6. 实验思考

（1）静态库和动态库的区别是什么？各自的优缺点是什么？

（2）如何使用 GDB 调试程序中发现的段错误？

实验五　Linux 文件系统编程

1. 实验目的

（1）了解系统编程概念

（2）熟悉 Linux 系统编程方法
（3）熟悉 Linux 常用的系统调用

2. 实验环境
（1）PC 一台
（2）安装虚拟机版的 Linux 操作系统

3. 实验预习
（1）熟悉文件系统调用
（2）熟悉信号及信号处理机制

4. 实验内容
（1）Linux 文件系统调用 read/write/open
（2）信号及处理机制 signal

5. 实验步骤
请编写完成下面两个题目的要求，题目一：
（1）在当前目录下新建文件 test.txt 文件，里面随机输入多行数据；
（2）执行 tail -5 test.txt 命令，查看执行结果，并说明该命令的作用；
（3）根据该命令的作用，自行编写一个程序，实现 tail –n test.txt 的功能；
（4）执行 tail –f test.txt 命令，打开另外一个终端窗口，切换到同一个目录，输入命令 ls –l >>test.txt，查看命令 tail –f test.txt 的输出结果；
（5）分析上述命令的结果，并分析其实现的原理，并在理解该原理的基础上自己编写程序实现同样的功能。

题目二：
（1）输入编译和执行下列信号有关的程序(需要安装 curses 库文件，具体安装取决于你所使用的 Linux 操作系统发行版)：

```c
/* bounce1d.c*/
#include <stdio.h>
#include <curses.h>
#include <signal.h>
#include "set_ticker.h"
/* some global settings main and the handler use */
#define MESSAGE "hello"
#define BLANK "    "
int row;    /* current row     */
int col;    /* current column  */
int dir;    /* where we are going */

int main()
{
    int delay;              /* bigger => slower */
    int ndelay;             /* new delay        */
    int c;                  /* user input       */
    void move_msg(int);     /* handler for timer */

    initscr();/*curse library,to display graphic in screen*/
    crmode();
    noecho();
    clear();
```

```c
    row = 10;           /* start here          */
    col = 0;
    dir = 1;            /* add 1 to row number */
    delay = 200;        /* 200ms = 0.2 seconds */

    move(row,col);      /* get into position   */
    addstr(MESSAGE);    /* draw message        */
    signal(SIGALRM, move_msg );
    set_ticker( delay );

    while(1)
    {
      ndelay = 0;
      c = getch();
      if ( c == 'Q' ) break;
      if ( c == ' ' ) dir = -dir;
      if ( c == 'f' && delay > 2 ) ndelay = delay/2;
      if ( c == 's' ) ndelay = delay * 2 ;
      if ( ndelay > 0 )
        set_ticker( delay = ndelay );
    }
    endwin();
    return 0;
}

void move_msg(int signum)
{
  signal(SIGALRM, move_msg); /* reset, just in case */
  move( row, col );
  addstr( BLANK );
  col += dir;                  /* move to new column */
  move( row, col );            /* then set cursor    */
  addstr( MESSAGE );           /* redo message       */
  refresh();                   /* and show it        */

  /* now handle borders */
  if ( dir == -1 && col <= 0 )
    dir = 1;
  else if ( dir == 1 && col+strlen(MESSAGE) >= COLS )
    dir = -1;
}
/*set_ticker.c*/
#include "set_ticker.h"
set_ticker( n_msecs )
{
        struct itimerval new_timeset;
        long    n_sec, n_usecs;
        n_sec = n_msecs / 1000 ;
        n_usecs = ( n_msecs % 1000 ) * 1000L ;
        new_timeset.it_interval.tv_sec  = n_sec;     /* set reload       */
        new_timeset.it_interval.tv_usec = n_usecs;   /* new ticker value */
        new_timeset.it_value.tv_sec     = n_sec ;    /* store this       */
        new_timeset.it_value.tv_usec    = n_usecs ;  /* and this         */
        return setitimer(ITIMER_REAL, &new_timeset, NULL);
}
```

```
/*set_ticker.h*/
#ifndef SET_TICKET_H
#define SET_TICKET_H
#include <stdio.h>
#include <sys/time.h>
#include <signal.h>
#endif
```

（2）输入 f、s、空格键，查看程序运行结果。

（3）查看源代码，掌握程序实现原理。回答问题：程序中如何对 SIG_ALARM 信号处理？如何定时？

6. 实验思考

（1）当某个文件被多个程序并发访问时，如何实现进程之间的同步和互斥？

（2）当 read/write 调用被信号中断时，应该怎么处理？

实验六 Linux 多进程与进程间通信

1. 实验目的

（1）熟悉 Linux 系统编程方法

（2）熟悉 Linux 常用的系统调用

2. 实验环境

（1）PC 一台

（2）安装虚拟机版的 Linux 操作系统

3. 实验预习

（1）熟悉进程创建/线程创建系统调用

（2）熟悉进程间通信的系统调用

4. 实验内容

（1）Linux fork 调用

（2）进程间通信系统调用：管道通信/消息队列

5. 实验步骤

（1）编写一程序，实现如下功能。

编写一个程序，创建两个子进程，父进程向管道中按照顺序输入数字 1 2 3 4 5 6……，另外两个子进程分别从管道中按照顺序读出奇数和偶数，即子进程 1 读出的数据应该是 1 3 5 7 9……，而子进程读出的数据应该是 2 4 6 8 10…数据，要求按先读奇数，再读偶数的顺序进行。

（2）创建一个消息队列文件，编写两个程序，程序 1 不停地随机产生某种消息类型并发送到队列中，程序 2 在执行时，读取指定的消息类型。程序 2 创建两个线程，这两个线程分别读取指定的两个消息类型，当队列中有指定类型时，读取并显示消息数据，如果没有，则继续等待。

6. 实验思考

（1）多进程和多线程相比，各自的优点和缺点是什么？

（2）多线程的性能是否一定比多进程的性能好？如果不是，请举例并实验说明。

参考文献

[1] Bruce Molay. Unix/Linux 编程实践教程 [M]. 北京：清华大学出版社，2009.

[2] gcc 规范[EB/OL]　http:// gcc.gnu.org/

[3] mysql API[EB/OL]　https://dev.mysql.com/doc/refman/5.0/en/c-api-implementations.html

[4] mySQL C 编程[EB/OL]　http://zetcode.com/db/mysqlc/

[5] GDB 规范[EB/OL]　http://gdb.gnu.org/

[6] Make 工具[EB/OL]　http://www.gnu.org/software/make/

[7] 於岳. Linux 实用教程[M]. 北京：人民邮电出版社，2014.